智能制造工程师系列

电气控制技术

主　编　孟淑丽　于福华　张伟鹏

副主编　熊国灿　王红英　史晓飞　张　垚

参　编　陈　虹　蔡长运　李俊粉　魏仁胜

杨　军　王建明

机械工业出版社

本书以智慧园区建设为载体，引用大量企业实例，面向电气产品生产制造与运行维护等职业岗位，选取六个学习情境（自动物流分拣线传输带安装与调试、电动葫芦安装与调试、消防水泵安装与调试、消防风机安装与调试、新能源路灯系统运行、机床的维修排障）进行案例讲解，并且设置大量自修习题及视频，贴近生活和生产实际，具有非常强的可操作性，并附有企业实际生产工序流程和拓展材料，便于读者参考。

本书既可作为职业院校电气自动化技术及相关专业的教材，也可作为电气设计及调试人员的参考书。

本书配有教学视频（扫描书中二维码直接观看）及电子课件等教学资源，需要配套资源的教师可登录机械工业出版社教育服务网 www.cmpedu.com 免费注册后下载。

图书在版编目（CIP）数据

电气控制技术 / 孟淑丽，于福华，张伟鹏主编 . —北京：机械工业出版社，2022.6（2024.7 重印）
（智能制造工程师系列）
ISBN 978-7-111-70944-2

Ⅰ . ①电…　Ⅱ . ①孟…　②于…　③张…　Ⅲ . ①电气控制 – 高等职业教育 – 教材　Ⅳ . ① TM921.5

中国版本图书馆 CIP 数据核字（2022）第 097715 号

机械工业出版社（北京市百万庄大街 22 号　邮政编码 100037）
策划编辑：罗　莉　　　　责任编辑：罗　莉
责任校对：张晓蓉　张　薇　封面设计：鞠　杨
责任印制：刘　媛
涿州市般润文化传播有限公司印刷
2024 年 7 月第 1 版第 4 次印刷
184mm × 260mm • 16.5 印张 • 398 千字
标准书号：ISBN 978-7-111-70944-2
定价：59.00 元

电话服务　　　　　　　　网络服务
客服电话：010-88361066　机　工　官　网：www.cmpbook.com
　　　　　010-88379833　机　工　官　博：weibo.com/cmp1952
　　　　　010-68326294　金　　书　　网：www.golden-book.com
封底无防伪标均为盗版　　机工教育服务网：www.cmpedu.com

前　言

本书是高职高专电气自动化技术及相关专业的电气控制类课程入门教材，由技术经验丰富的企业高级工程师和从事电气自动化专业课程教学多年的一线教师共同编写而成。本书的任务内容贴近生活和生产实际，具有可操作性。本书既可作为职业院校电气自动化技术及相关专业的教材，也可作为电气设计及调试人员的参考书。

本书依托北京经济管理职业学院西门子智能制造工程师学院项目的支持，依据轨道交通电气设备装调 1+X 证书中的初级、中级和高级的技能要求，以人工智能专业群中智慧园区建设为载体，面向电气产品生产制造与运行维护等职业岗位（群），在内容的组织与安排上有以下特点：

1. 融入思政元素，强化育人目标，从知识讲解到实操演练，不同环节设置不同思政元素，不刻板说教，采用潜移默化的方式体现思政元素。

2. 采用活页式教材形式，项目化课程设计，注重体现标准化，打破教学原有体系，教材选取多个学习情境，以项目带知识点，重构教学体系，做到用什么讲什么，针对性强，目标明确，且设置大量自修习题，帮助学生完成学习任务。

3. 强调校企合作，引入大量企业实际案例，与多家企业合作，了解企业需求，挖掘适合教学的企业案例，以企业标准要求学生实训，解决学校和企业的衔接问题。

本书由北京经济管理职业学院的孟淑丽、于福华，北京德科联创电气有限公司的张伟鹏担任主编，北京经济管理职业学院的熊国灿、王红英，北京市新媒体技师学院的史晓飞、北京德科联创电气有限公司的张垚担任副主编。北京经济管理职业学院的陈虹、蔡长运、李俊粉、魏仁胜、杨军、王建明参与了编写及审阅工作。张伟鹏和张垚为本书提供了大量的企业实际案例，北京经济管理职业学院电气自动化专业学生张郑冉、高墨涵、刘鑫、刘涵、肖菲、曾艺参与绘图和校稿工作，北京经济管理职业学院有关领导和同事也给予了很多支持和帮助，在此一并表示衷心感谢。

限于编者水平，书中难免存在不妥之处，恳请读者提出宝贵意见，以便今后修订和完善。

编　者

思政引导

电气柜里的工匠精神

电气柜在生活中无处不在，小到住宅区里的电气柜、消防柜，大到电力系统的高低压配电柜、高压环网柜、开关柜等，电气柜一直在为生活服务，为社会生产助力，电气柜的生产安全、使用效率影响着社会发展。为了生产出高质量的电气柜，让我们一起秉持严肃认真的态度来探寻电气柜里的工匠精神。

一、坚持信念，追逐梦想

2019 年，第 45 届世界技能大赛在俄罗斯喀山举行，来自江西省电子信息技师学院的肖星星同学在电气装置项目中与 40 多个国家和地区的选手进行巅峰对决后，脱颖而出，为中国代表团夺得一枚金牌。电气柜装配，很普通的一项工作，做好了一样可以去拿世界冠军为国争光，一样可以为社会主义现代化国家的建设增砖添瓦，心中有信仰，脚下有力量，未来有方向，梦想就会实现。

二、甘于奉献，大爱无疆

新冠肺炎疫情暴发以来，无数普普通通的医护人员、社区工作人员和党员志愿者，他们舍小家为大家，逆行出征，在抗疫一线的平凡岗位奉献自己的力量。电气柜的装配也是很普通的工作，但生产生活离不开电气柜，做好平凡的工作就是爱国，就是奉献，是对社会最大的回馈。

三、一丝不苟，严肃认真

工作中，要秉承“安全第一”的理念，培养严谨、认真的工作态度，一丝不苟地对待工作，严肃认真地执行规章制度，遵守职业规范，培养懂法规、守纪律、遵守安全工作制度的工作素养。

四、耐心细心，专注坚持

装配电气柜，首先要看懂电气图，按照图样要求安装元器件，选择不同颜色、线径的导线，要打线号，给导线做接线端子等，电气柜里的工作复杂繁琐，需要同学们耐心细

心、不骄不躁、专注坚持、踏踏实实地做好每一步工作。

五、精益求精，追求完美

工匠精神的内涵是精益求精，精雕细琢，追求完美和极致，这也是装配电气柜的终极目标，电气柜有时会放置在室外或高温高湿等条件更为恶劣的环境，为保证电气柜长久安全地使用，装配电气柜时应严谨认真，确保每个部件、每个接头的质量，采取严格的检测标准，不惜花费时间精力，孜孜不倦，打造最优质的产品。

六、专业敬业，矢志创新

专业与敬业同行，责任与担当共存，热爱本职工作，忠实于自己的使命和责任，坚守目标，信守承诺，直面挑战，开拓进取，大胆探索，不断追求技术新高度。

习近平总书记在致首届全国职业技能大赛的贺信中强调：各级党委和政府要高度重视技能人才工作，大力弘扬劳模精神、劳动精神、工匠精神，激励更多劳动者特别是青年一代走技能成才、技能报国之路，培养更多高技能人才和大国工匠，为全面建设社会主义现代化国家提供有力人才保障。

同学们，希望你们在学习和工作中，能秉持工匠精神，爱岗敬业、执着专注、勇于创新、严守规则，在普通平凡的岗位上实现人生价值。

素养引导

实训室 8S 管理制度

实训室 8S
管理制度

作为电气自动化专业人才，工作人员自身的职业素养将直接影响在工作中对岗位胜任的情况，职业素养的培养将从遵守实训室 8S 管理制度开始。8S 管理制度源于企业管理制度，强调执行力和纪律性，目的是消除隐患、节约成本和时间、提升文化素养。

一、整理（Seiri）： 区分要用和不用的物品，将不用的物品清除掉。

目的：把“空间”腾出来活用，增加作业面积，塑造清爽的工作环境。

实施要领：对工作范围全面检查，包括看得到的和看不到的，对需要的物品调查使用频度，决定日常用量及放置位置。

二、整顿（Seition）： 要用的东西依规定定位、定量摆放整齐，明确标示。

目的：不用浪费时间找东西。创造整齐的工作环境。

实施要领：规定放置方法，方便取用，不超出规定的工作范围，放置场所和物品标识要一一对应。

三、清扫（Seiso）： 清除工作场所内的脏污，并防止污染的发生。

目的：消除“脏污”，保持工作场所干净、明亮。

实施要领：执行例行扫除，清理污秽，形成责任与制度；建立清扫基准作为规范。

四、清洁（Seiketsu）： 将整理、整顿、清扫的实施做法制度化，规范化。

目的：通过制度化来维持成果，并显现“异常”之所在。

实施要领：整理、整顿、清扫工作要彻底，定期检查，形成奖惩制度，加强执行。

五、素养（Shitsuke）： 人人依规定行事，从心态上养成好习惯。长期坚持才能养成良好的习惯。

目的：提高工作人员素质，培养遵守规章制度的习惯。

实施要领：培训共同遵守的有关规则、规定，加强工作人员教育。

六、安全（Safety）： 管理上制定正确作业流程，配置适当的工作人员监督指示功能；对不合安全规定的因素及时举报消除，加强工作人员安全意识教育。

目的：预知危险，防患于未然。

实施要领：制定正确工作流程，适时监督指导，制定机器设备操作守则，明确岗位应知应会。

七、节约（Saving）：减少企业的人力、成本、空间、时间、库存、物料消耗等因素。

目的：养成降低成本习惯，加强工作人员“减少浪费”意识的教育。

实施要领：能用到的东西尽可能利用，以自己就是主人的心态对待企业的资源，加强时间管理意识，时间也是一种资源，浪费时间等于浪费生命。

八、学习（Study）：深入学习各项专业技术知识，从实践和书本中获取知识，同时不断地向同事及师傅（同学及老师）学习，完善自我，提升自己的综合素质。

目的：学习长处，完善自我，提升综合素质使企业得到持续改善、培养学习性组织。

实施要领：学习各种新的技能技巧，不断满足个人和企业的发展；与人共享，能达到互补、互利，互补知识面与技术面的薄弱，互补能力的缺陷，提升整体的竞争力与应变能力。

8S 管理制度从精神层面提高素质，培养具有顽强、坚韧品质的工作人员，是一个企业挑战难关的坚实后盾。

希望大家在学习和工作中，都能严格遵守 8S 管理制度，养成良好的习惯，提高职业素养。

二维码清单

名称	二维码	页码	名称	二维码	页码
素养引导　实训室 8S 管理制度		VI	学习单元一　任务七 -1　电气系统图识读与绘制		37
学习单元一　任务一　低压断路器识别与检测		3	学习单元一　任务七 -2　电动机单向连续运行控制电路识读与分析		37
学习单元一　任务二　交流接触器识别与检测		9	学习单元一　任务七 -3　电动机单向连续运行控制电路安装与调试		37
学习单元一　任务三　热继电器识别与检测		15	学习单元一　任务八　电动机延时起动控制电路安装与调试		45
学习单元一　任务四　时间继电器识别与检测		20	学习单元一　任务九 -1　电动机顺序起停控制电路识读与分析		51
学习单元一　任务五　中间继电器识别与检测		26	学习单元一　任务九 -2　顺序启动控制电路安装与调试		51
学习单元一　任务六　熔断器和按钮识别与检测		30	学习单元一　单元任务考核		59

（续）

名称	二维码	页码	名称	二维码	页码
学习单元二　任务十　行程开关识别与检测		67	学习单元四　单元任务考核		131
学习单元二　任务十二 –1 电动机正反转控制电路识读与分析		75	学习单元五　智慧新能源实训平台介绍		139
学习单元二　任务十二 –2 双重联锁正反转电路安装与调试		75	学习单元五　任务十九　可编程序控制器（PLC）电气控制系统认知		141
学习单元二　任务十三　电动机自动往返控制电路识读与分析		83	学习单元六　单元二十 X62W 型万能铣床控制电路识读与分析		161
学习单元二　任务十四　电动机制动控制电路识读与分析		87	学习单元六　任务二十一 X62W 型万能铣床控制电路故障分析		172
学习单元二　单元任务考核		93	学习单元六　单元任务考核 –1　CA6140 车床电气控制线路分析		181
学习单元三　任务十六　电动机Y – △减压起动控制电路安装与调试		107	学习单元六　单元任务考核 –2　CA6140 车床常见电气故障检修（一）		181
学习单元三　任务十七　电动机减压起动控制电路识读与分析		113	学习单元六　单元任务考核 –3　CA6140 车床常见电气故障检修（二）		181
学习单元三　单元任务考核		117	附录　拓展材料 –1　电气安装中的配件和工具		209
学习单元四　任务十八 –1 双速电动机控制电路识读与分析		125	附录　拓展材料 –2　电气安装中的操作流程（企业）		209
学习单元四　任务十八 –2 双速电动机控制电路安装与调试		125	附录　拓展材料 –3　电气安装中的机械设备		209

目 录

学习单元一

智慧园区——

自动物流分拣线传输带安装与调试

智慧园区以“园区 + 互联网”为设计理念，融入社交、移动、大数据和云计算，将产业集聚发展与城市生活居住的不同空间有机组合，形成社群价值关联、圈层资源共享、土地全时利用的功能复合型城市空间区域。园区包括工业园区、产业园区、物流园区、科技园区、创意园区等。

单元任务概述：

智慧园区规划建设集智慧快递、菜鸟云仓、电商孵化于一体的综合性、现代化、智慧型的现代物流服务综合体。该项目设备主体为全自动智能物流分拣线，货物通过带式输送机“跑”上智能分拣线，再由高速扫码机识别货物编码将货物分类，最后通过不同的支传输带，运送到相应的道口，不仅分拣速度更快，精确度也更高。物流分拣中心传输带现场如图 1-1 所示。

图 1-1 物流分拣中心传输带

本单元项目需要搭建传输系统，包含主传输带和支传输带，传输带都由三相异步电动机带动运行，工作过程为起动时按下起动按钮，支传输带先起动，起动 2min 后主传输带自动起动运行，停止时按下停止按钮，主传输带先停止运行，停止 2min 后支传输带自动停止运行。根据工作要求，设计传输带的电气控制系统图。

本学习单元的目标是识读自动物流分拣线传输带运行电气原理图。在教学的实施过程中完成以下目标：

1. 认识电气图中所有低压电器，掌握图形符号和文字符号，理解其结构和工作原理。

2. 完成电动机单向连续运行控制电路的安装与调试任务，分析电气原理图推导工作过程，绘制布置图和接线图，按图安装元器件并正确接线调试。

3. 完成电动机延时起动控制电路的安装与调试任务，会识读电气原理图、接线图，掌握自检和调试的基本方法。

4. 完成电动机的自动顺序起停控制电路的安装与调试任务，根据工作要求设计电气控制原理图，初步理解电气设计思路。

5. 培养主动学习和科学的思维能力，以及严谨、规范的工作作风和安全意识，严格按照规范流程完成任务，实施过程符合 8S 管理制度要求，有耐心和毅力分析解决操作中遇到的问题。

学完本学习单元内容，学生可根据图样自行分析传输带的电气控制系统图，完成单元考核任务。

任务一　低压断路器识别与检测

任务工单

<table>
<tr><td>任务名称</td><td colspan="4"></td><td>姓名</td><td></td></tr>
<tr><td>班级</td><td></td><td>组号</td><td colspan="2"></td><td>成绩</td><td></td></tr>
<tr><td>工作任务</td><td colspan="6">◆ 扫描二维码，观看低压断路器的微课
◆ 阅读资讯内容，完成引导问题
◆ 在实训室元器件库中，根据低压断路器的外形和标识，正确选出塑壳式低压断路器和微型低压断路器各一个
◆ 使用万用表检测断路器的好坏</td></tr>
<tr><td>任务目标</td><td colspan="6">知识目标
● 重点掌握低压断路器的分类和工作原理，正确区分不同脱扣器的功能
● 重点掌握低压断路器的图形符号和文字符号
● 掌握低压断路器的技术指标含义
技能目标
● 能从外观正确选取不同型号的低压断路器
● 能正确使用万用表检测低压断路器的好坏
● 能正确安装低压断路器
职业素养目标
● 安全意识：严格遵守操作规范和操作流程
● 自主学习：主动完成任务内容，提炼学习重点
● 团结合作：主动帮助同学，善于协调工作关系</td></tr>
<tr><td rowspan="4">任务分配</td><td>职务</td><td colspan="2">姓名</td><td colspan="3">工作内容</td></tr>
<tr><td>组长</td><td colspan="2"></td><td colspan="3"></td></tr>
<tr><td>组员</td><td colspan="2"></td><td colspan="3"></td></tr>
<tr><td>组员</td><td colspan="2"></td><td colspan="3"></td></tr>
</table>

低压断路器识别与检测

扫描二维码，观看低压断路器的微课。

【资讯】

低压断路器旧称自动空气开关，集控制和多种保护功能于一体，在正常情况下可用于不频繁地接通和断开电路。当电路发生短路、过载和失电压等故障时，能自动切断故障电路，保护线路和电气设备。

【引导问题一】国内知名低压电器品牌有哪些？

【引导问题二】低压断路器的功能作用是什么？

实际应用中，常用的低压断路器有框架式（又称万能式）、塑壳式（又称装置式）、微型断路器。如图 1–2 所示。

MT框架式断路器　NSX塑壳式断路器　Acti9微型断路器

图 1-2　常用低压断路器

框架式低压断路器的额定电流范围为 630 ～ 6300A，适用于大型工业场所、大型商业建筑物、基础设施、发电厂等场所。智能型框架式低压断路器配备了数字式 LCD，内置有简单导航键。如图 1-3 所示，用户可直接读取和整定参数。显示界面之间的导航转换很直观，可迅速阅读屏上电路运行参数，并进行非常简单的调整。

【引导问题三】工程中常用框架式断路器有哪些系列？

施耐德MT06N1型断路器

德力西DW17型断路器

图 1-3　智能型框架式低压断路器

塑壳式低压断路器的结构按脱扣工作方式分为热磁式脱扣和电子式脱扣两种，塑壳式低压断路器额定电流范围为 16 ～ 800A，图 1-4 所示为塑壳式断路器外观。

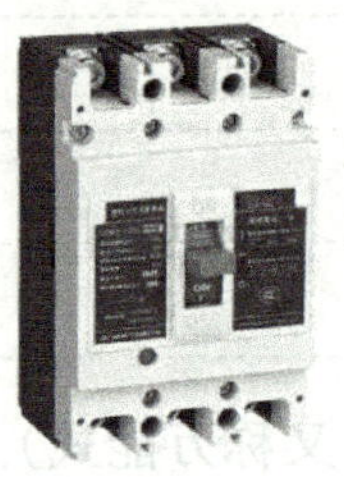

CDM1系列

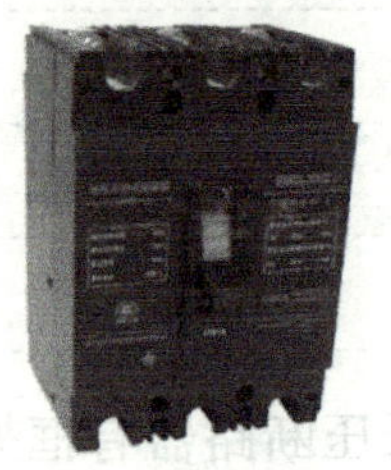

DZ20系列

图 1-4　德力西塑壳式热磁式断路器

【引导问题四】塑壳热磁式断路器主要包含几种脱扣器？分别对应实现哪种保护功能？

热磁式脱扣断路器结构由脱扣器、触头系统、灭弧装置、传动机构、基架和外壳等几部分组成，如图 1-5 所示。在投入运行时，操作手柄已经使主触头闭合，自由脱扣机构将主触头锁定在闭合位置，各类脱扣器进入运行状态。

热脱扣器的双金属片受热变形提供过载保护，电磁脱扣器提供短路保护，失电压脱扣器并联在断路器的电源侧，可起到欠电压及零电压保护的作用。

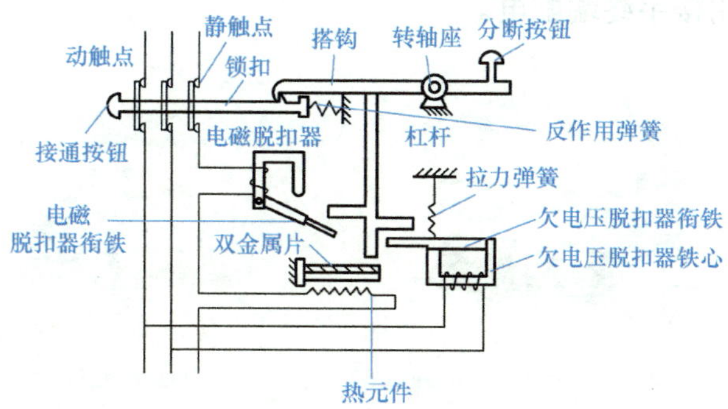

图 1-5 热磁式脱扣低压断路器内部结构

电子式脱扣断路器包含以上所有功能，并可以方便地进行脱扣整定，如图 1-6 所示。电子脱扣单元能够提供测量信息和运行管理功能，借助于这些功能，用户可以避免或更为有效地处理系统发生的扰动，并更为积极地监控系统的运行。智能化脱扣单元能够进行运行管理、事件预测，并对所需的维修进行合理的规划。

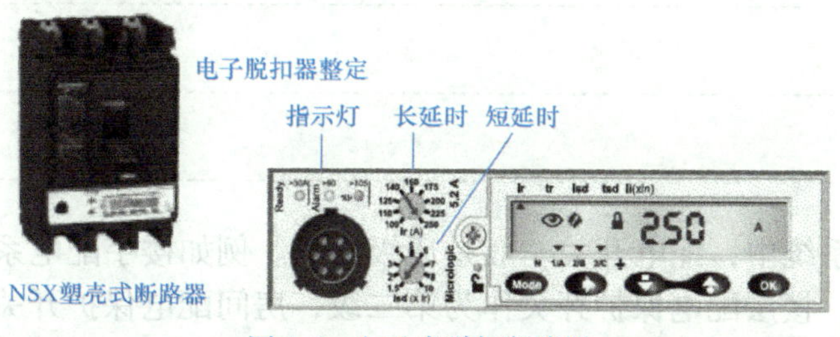

图 1-6 电子式脱扣断路器

【引导问题五】查阅资料，电子脱扣器与热脱扣器的区别是什么？

【引导问题六】查阅资料，写出下面断路器型号的含义。

DZ20Y-400/3300 400A

微型断路器是终端配电系统开关，如图 1-7 所示，额定电流范围为 1 ～ 125A，用于工业场所和商业及民用楼宇终端配电。

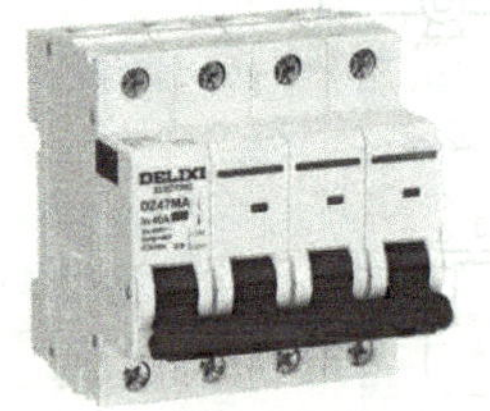

德力西 DZ47MA系列单磁式小型断路器

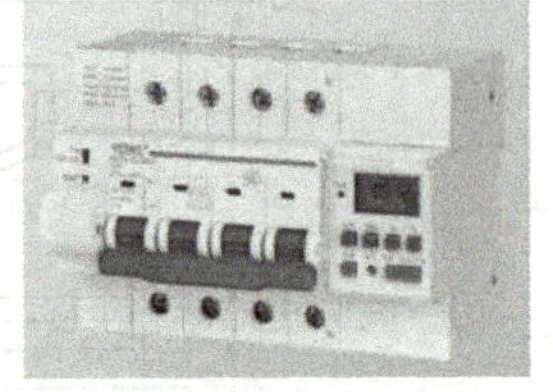

智能微型断路器

图 1-7　微型断路器

【引导问题七】查阅资料，DZ47MA 型断路器 1P、2P、3P、4P 的含义是什么？

低压配电控制系统中，配电开关一般是逐级配置。例如楼宇配电系统，低压进线总保护开关作为第一级，楼层配电保护开关作为第二级，房间配电保护开关作为第三级，房间内各用电设备（插座、照明）保护开关作为第四级。微型断路器作为终端配电保护开关，在楼宇配电系统的第三、四级普遍选用。

- 低压断路器的图形符号和文字符号（见图 1-8）

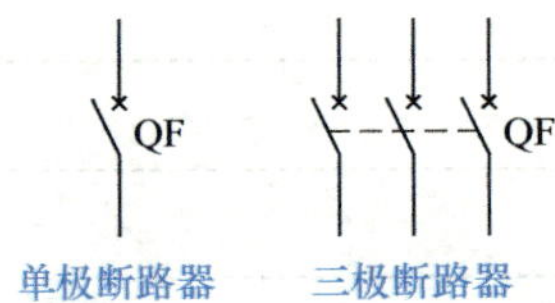

单极断路器　三极断路器

图 1-8　低压断路器图形符号和文字符号

- 低压断路器的技术指标

选择断路器时，主要关注技术指标为

Ui：额定绝缘电压；

Uimp：额定冲击电压；

Ue：额定工作电压；

Icu：不同额定电压下的极限分断能力；

Ics：使用分断能力。

以施耐德 NSX250H 型低压断路器为例，如图 1-9 所示。

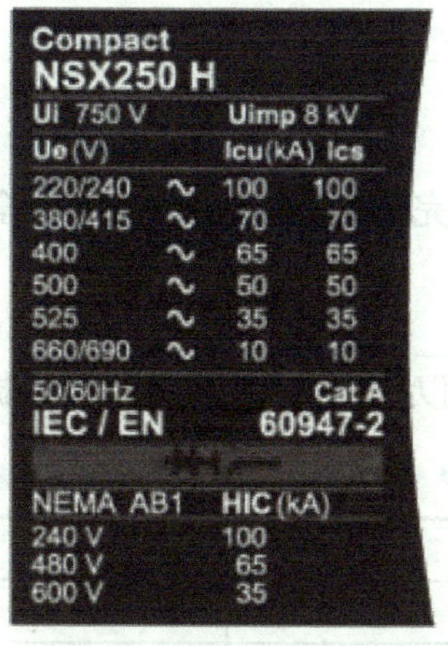

图 1-9 低压断路器技术指标图

【引导问题八】填写施耐德 NSX250H 型低压断路器的主要技术指标值？绝缘电压为________冲击电压为________额定工作电压为 500V 时，对应的 Icu 为________，Ics 为________。

低压断路器的安装与使用

1. 低压断路器应垂直于配电板安装。电源引线与负载引线的安装位置遵从安装要求。

2. 低压断路器在过载或短路保护后，应先排除故障，再进行合闸操作。

3. 低压断路器工作前应对照安装要求对其进行检查，其固定连接部分应牢靠；反复操作低压断路器几次，其操作机构应灵活、可靠。

4. 用 500V 绝缘电阻表检查低压断路器的极与极、极与安装面（金属板）的绝缘电阻应不小于 5MΩ，如低于 5MΩ 则该产品不能使用。

【引导问题九】查阅资料，低压断路器实际使用时，选用原则有哪些？

任务实施

实操任务：使用万用表检测低压断路器性能。

一、任务准备

1. 在实训室元器件库中，根据低压断路器的外形和标识，正确选出塑壳式低压断路器和微型低压断路器各一个。

2. 领取数字万用表一块。

二、任务步骤

1. 外观检测，检查外观是否完整，接线螺钉是否齐全，操作机构应灵活无阻滞，动、静触头应分、合迅速，松紧一致。

2. 将万用表档位调至________档。

3. 按表 1-1、表 1-2 要求，用万用表检测触头，将数据记录在表 1-1、表 1-2 中。

表 1-1　塑壳式低压断路器检测表

型号		极数		额定电流	
分闸时同相触头间电阻			合闸时同相触头间电阻		
L1 相	L2 相	L3 相	L1 相	L2 相	L3 相
相间绝缘电阻					
L1—L2 相		L2—L3 相		L3—L1 相	
结论：					

表 1-2　微型低压断路器检测表

型号		极数		额定电流	
分闸时同相触头间电阻			合闸时同相触头间电阻		
L1 相	L2 相	L3 相	L1 相	L2 相	L3 相
相间绝缘电阻					
L1—L2 相		L2—L3 相		L3—L1 相	
结论：					

4. 万用表用完后，调至________档位。

5. 归还设备，清理台面，检查安全条例执行情况，培养职业素养。

任务小结

请同学们思考并总结学习过程中的知识重点、出现的问题等，记录在下面空白处。

任务二 交流接触器识别与检测

任务工单

任务名称				姓名	
班级		组号		成绩	
工作任务	◆ 扫描二维码，观看交流接触器的微课 ◆ 阅读资讯内容，完成引导问题 ◆ 在实训室元器件库中，根据交流接触器的外形和标识，正确选出德力西 CJX 系列交流接触器一个 ◆ 使用万用表检测交流接触器的好坏				
任务目标	知识目标 ● 重点掌握交流接触器的结构和工作原理 ● 重点掌握交流接触器的图形符号和文字符号 ● 掌握交流接触器的主要技术指标含义 技能目标 ● 能从外观正确选取不同型号的交流接触器 ● 能正确使用万用表检测交流接触器各部分的好坏 ● 能正确安装交流接触器 职业素养目标 ● 安全意识：严格遵守操作规范和操作流程 ● 自主学习：主动完成任务内容，提炼学习重点 ● 团结合作：主动帮助同学，善于协调工作关系				
任务分配	职务	姓名	工作内容		
	组长				
	组员				
	组员				

知识储备

交流接触器识别与检测

扫描二维码，观看交流接触器的微课。

【资讯】

接触器一种自动的电磁式开关，适用于远距离频繁地接通或断开交、直流主电路及大容量控制电路，能实现远距离自动控制操作和欠电压释放保护功能，具有控制容量大、工作可靠、操作频率高、使用寿命长等优点。其主要控制对象是电动机，也可用于控制其他负载，如电热设备、电焊机以及电容器组等。

【引导问题一】 接触器的功能作用是什么？

【引导问题二】查阅资料，写出下面交流接触器型号的含义。

CJX1-12-22 AC220V

交流接触器外形如图 1-10 所示。

施耐德LC1E系列交流接触器

德力西CJX1系列交流接触器

图 1-10　交流接触器

交流接触器主要由电磁系统、触点系统、灭弧装置、辅助部件等组成。电磁机构由静铁心、衔铁和通电线圈等部分构成。触点系统包括常开主触点、辅助常开触点和辅助常闭触点。

【引导问题三】主触点和辅助触点的区别是什么？

【引导问题四】查阅资料，铁心和衔铁大多数用什么材料制作？起什么作用？

以 CJX1-12-22 型交流接触器为例，其内部结构如图 1-11 所示：

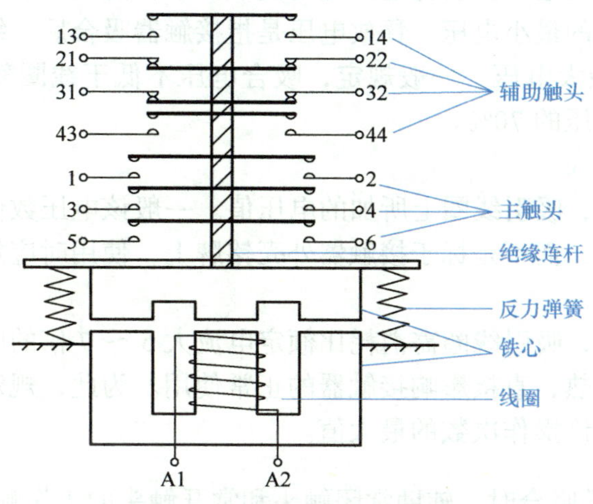

图 1-11 交流接触器内部结构

交流接触器线圈得电后，线圈产生磁场，使静铁心产生电磁吸力，将衔铁吸合，衔铁带动动触头动作，使常闭触点断开，常开触头闭合，分断或接通相关电路。当线圈失电，电磁吸力消失，衔铁在反力弹簧的作用下释放，各触点复位。

交流接触器的图形符号和文字符号（见图 1-12）

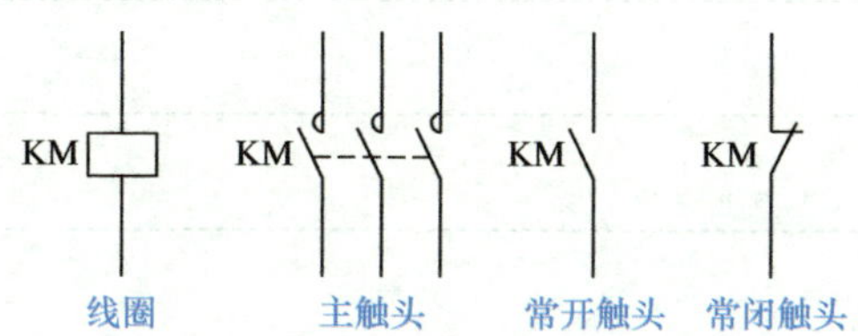

图 1-12 交流接触器的图形符号和文字符号

主要技术参数

1. 额定电压

主触头额定工作电压应等于负载的额定电压。接触器常规定几个额定电压，同时列出相应的额定电流或控制功率。最大工作电压即为额定电压。常用的额定电压值为 220V、380V、660V 等。

2. 额定电流

接触器触头在额定工作条件下的电流值。380V 三相电动机控制电路中，额定工作电流可近似等于控制电流的两倍。常用额定电流等级为 5A、10A、20A、40A、60A、100A、150A、250A、400A、600A。

3. 通断能力

分为最大接通电流和最大分断电流。最大接通电流是指触头闭合时不会造成触头熔焊的最大电流值；最大分断电流是指触头断开时能可靠灭弧的最大电流。一般通断能力是额定电流的 5 ～ 10 倍。

4. 动作值

分为吸合电压和释放电压。吸合电压是指接触器吸合前，缓慢增加吸合线圈两端的电压，接触器可以吸合时的最小电压。释放电压是指接触器吸合后，缓慢降低吸合线圈的电压，接触器释放时的最大电压。一般规定，吸合电压不低于线圈额定电压的 85%，释放电压不高于线圈额定电压的 70%。

5. 吸引线圈额定电压

接触器正常工作时，吸引线圈上所加的电压值。一般该电压数值以及线圈的匝数、线径等数据均标于线包上，而不是标于接触器外壳铭牌上，使用时应加以注意。

6. 操作频率

接触器在吸合瞬间，吸引线圈需消耗比额定电流大 5 ～ 7 倍的电流，如果操作频率过高，则会使线圈严重发热，直接影响接触器的正常使用。为此，规定了接触器的允许操作频率，一般为每小时允许操作次数的最大值。

【引导问题五】衔铁吸合时，辅助常闭触头和常开触头的工作顺序是怎样的？

【引导问题六】查阅资料，写出 CJX2-65-11 AC220V 型交流接触器的技术参数。

【引导问题七】查阅资料，如 CJX2-65-11 AC220V 型交流接触器的辅助触头太少，不满足电气线路控制要求，应如何处理？

交流接触器安装与使用

安装前检查接触器的铭牌与线圈技术数据（如额定电压、电流、操作频率等）是否符合实际使用要求；检查接触器外观，应无机械损伤；用手推动接触器可动部分时，接触器应动作灵活，无卡阻现象；灭弧罩应完整无损，固定牢固；测量接触器的线圈电阻和绝缘电阻。

交流接触器的安装注意事项：

1. 交流接触器一般应安装在垂直面上，倾斜度不得超过5°，若有散热孔，则应将有孔的一面放在垂直方向上，以利散热，并按规定留有适当的飞弧空间。

2. 安装和接线时，注意不要将零件失落或掉入接触器内部。安装孔的螺钉要装弹簧圈和平垫圈，并拧紧螺钉以防振动松脱。

实操任务：使用万用表检测交流接触器的性能好坏。

一、任务准备

1. 各组在实训室元器件库中，根据交流接触器的外形和标识，正确选出德力西CJX系列交流接触器一个。

2. 领取数字万用表一块。

二、任务步骤

1. 外观检测，检查外观是否完整，交流接触器动、静触头和螺钉是否齐全，动、静触头是否活动灵活。

2. 将万用表档位调至________档。

3. 所选交流接触器的型号为________________，包含主触头__________对，辅助常开触头__________对，标号____________________，辅助常闭触头__________对，标号________________，线圈额定电压________，标号________。

4. 用万用表检测交流接触器，将数据记录在表1-3中。

表1-3 交流接触器检测表

<table>
<tr><td colspan="6">电磁未吸合时同相触头间电阻</td><td colspan="6">电磁吸合时同相触头间电阻</td></tr>
<tr><td colspan="2">L1相</td><td colspan="2">L2相</td><td colspan="2">L3相</td><td colspan="2">L1相</td><td colspan="2">L2相</td><td colspan="2">L3相</td></tr>
<tr><td colspan="2"></td><td colspan="2"></td><td colspan="2"></td><td colspan="2"></td><td colspan="2"></td><td colspan="2"></td></tr>
<tr><td colspan="6">电磁未吸合时触头电阻</td><td colspan="6">电磁吸合时触头电阻</td></tr>
<tr><td colspan="3">常开触头</td><td colspan="3">常闭触头</td><td colspan="3">常开触头</td><td colspan="3">常闭触头</td></tr>
<tr><td colspan="3"></td><td colspan="3"></td><td colspan="3"></td><td colspan="3"></td></tr>
<tr><td colspan="12">线圈</td></tr>
<tr><td colspan="3">线径</td><td colspan="3">匝数</td><td colspan="3">电压</td><td colspan="3">电阻</td></tr>
<tr><td colspan="3"></td><td colspan="3"></td><td colspan="3"></td><td colspan="3"></td></tr>
<tr><td colspan="12">结论：</td></tr>
</table>

5. 万用表用完后，调至________档位。

6. 归还设备，清理台面，检查安全条例执行情况，培养职业素养。

任务小结

请同学们思考并总结学习过程中的知识重点、出现的问题等，记录在下面空白处。

任务三 热继电器识别与检测

任务工单

任务名称				姓名	
班级		组号		成绩	
工作任务	◆ 扫描二维码，观看热继电器的微课 ◆ 阅读资讯内容，完成引导问题 ◆ 在实训室元器件库中，根据热继电器的外形和标识，正确选出德力西 JR 系列热继电器一个 ◆ 使用万用表检测热继电器的好坏				
任务目标	知识目标 ● 重点掌握热继电器的工作原理 ● 重点掌握热继电器的图形符号和文字符号 ● 掌握热继电器的主要技术指标含义 技能目标 ● 能从外观正确选取不同型号的热继电器 ● 能调节热继电器的整定电流值，能进行手动和自动复位的转换 ● 能正确使用万用表检测热继电器的好坏 ● 能正确安装热继电器 职业素养目标 ● 安全意识：严格遵守操作规范和操作流程 ● 自主学习：主动完成任务内容，提炼学习重点 ● 团结合作：主动帮助同学，善于协调工作关系				
任务分配	职务	姓名	工作内容		
	组长				
	组员				
	组员				

知识储备

热继电器识别与检测

扫描二维码，观看热继电器的微课。

【资讯】

热继电器是用于电动机或其他电气设备、电气线路实现过载保护的保护电器。其还可以对三相电动机进行断相保护。

其外形如图 1-13 所示。

【引导问题一】热继电器的功能作用是什么？

【引导问题二】查阅资料，常用的热继电器还有哪些系列型号？

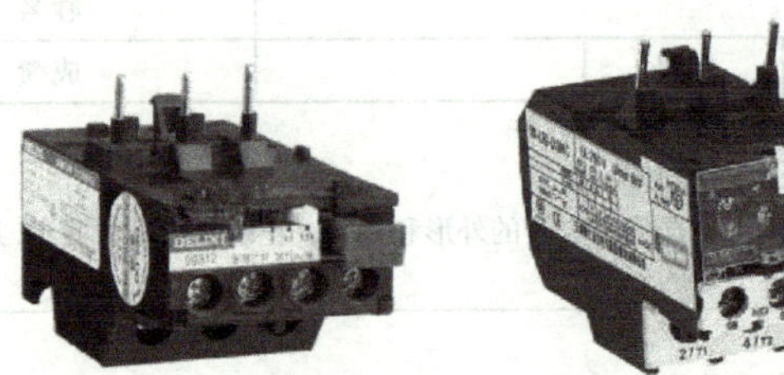

图 1-13 热继电器外形

热继电器的形式有多种，其中双金属片式应用最多。按极数划分热继电器可分为单极、两极和三极三种，其中三极的又包括带断相保护装置的和不带断相保护装置的；按复位方式分，有自动复位式（触点动作后能自动返回原来位置）和手动复位式。

JR 系列热继电器内部结构如图 1-14 所示，主要由热元件、动作机构、触点结构、电流整定装置、复位机构等部分组成。

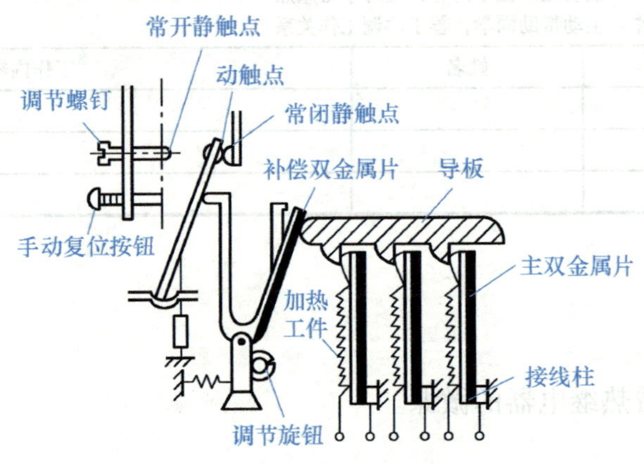

图 1-14 热继电器内部结构

【引导问题三】热元件为什么选用双金属片，弯曲时会出现什么情况？

【引导问题四】 查阅资料，写出热继电器手动复位和自动复位如何转换？

工作原理是由流入热元件的电流产生热量，使有不同膨胀系数的双金属片发生形变，当形变达到一定距离时，就推动连杆动作，使控制电路断开，从而使接触器失电，主电路断开，实现电动机的过载保护。

1. 热元件是热继电器的主要组成部分，由主双金属片和绕在外面的电阻丝组成。主双金属片是由两种热膨胀系数不同的金属片复合而成，金属片的材料多为铁镍铬合金和铁镍合金。电阻丝一般用康铜或镍铬合金等材料制成。

2. 动作机构和触点系统动作结构利用杠杆传递，弓簧式瞬跳机构来保证触点动作的迅速、可靠。触点为单断点弓簧跳跃式动作，一般为一个常开触点、一个常闭触点。

3. 电流整定装置，通过旋钮和电流调节凸轮调节推杆间隙，改变推杆移动距离，从而调节整定电流值。

4. 复位机构有手动复位和自动复位两种形式，可根据使用要求通过复位调节螺钉来自由调整选择。一般自动复位的时间不大于 5min，手动复位的时间不大于 2min。

热继电器采用手动复位时，将复位调节螺钉向外调节到一定位置，使动触点弓簧的转动超过一定角度失去反弹性，此时即使主双金属片冷却复原，动触点也不能自动复位，必须采用手动复位。按下复位按钮，动触点弓簧恢复到具有弹性的角度，推动动触点与静触点恢复闭合。

热继电器的图形符号和文字符号如图 1-15 所示。

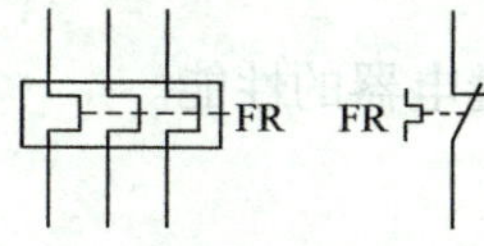

图 1-15 热继电器的图形符号和文字符号

热继电器的技术指标

额定电压：热继电器能够正常工作的最高的电压值，一般为交流 220V、380V。

额定电流：热继电器的额定电流是指通过热继电器的电流。

额定频率：一般而言，其额定频率按照 45 ～ 62Hz 设计。

整定电流范围：整定电流的范围由本身的特性来决定。它描述的是在一定的电流条件下热继电器的动作时间和电流的二次方成正比。

【引导问题五】热继电器断开电路后，复位机构为什么不能马上动作复位？

【引导问题六】查阅资料，写出下面热继电器型号的含义。

JRS2-25/25

热继电器的安装

1. 热继电器必须按照产品说明书中规定的方式安装。安装处的环境温度应与电动机所处的环境温度基本相同。当与其他电器安装在一起时，应注意将热继电器安装在其他电器的下方，以免其动作特性受到其他电器发热的影响。

2. 热继电器安装时应清除触点表面尘污，以免因接触电阻过大或电路不通而影响热继电器的动作性能。

3. 使用中的热继电器应定期通电校验。因此，当发生短路故障后，应检查热元件是否已发生永久变形。若已变形，则需通电校验。因热元件变形或其他原因指示动作不准确时，只能调整其可调部件，而绝不能弯折热元件。

4. 热继电器在出厂时均调整为手动复位，如果需要自动复位，只要将复位螺钉顺时针方向旋转 3 ～ 4 圈，并稍微拧紧即可。

实操任务：使用万用表检测热继电器的性能。

一、任务准备

1. 各组在实训室元器件库中，根据热继电器的外形和标识，正确选出德力西 JRS 系列热继电器一个。

2. 领取数字万用表一块。

二、任务步骤

1. 外观检测：观察热继电器热元件及动静触点、螺钉是否齐全牢固，动、静触点是否活动灵活。

2. 所选热继电器型号为________________，包含________对主触点，常开触点为________，常闭触点为________，电流的调整范围为________________。

3. 用万用表电阻档测量热继电器初始状态下常闭触点和常开触点的电阻值，按下过载测试按钮，再次测量常闭触点和常开触点的电阻值，填写表 1-4。

表 1-4 热继电器检测表

<table>
<tr><td rowspan="2">热元件电阻值</td><td colspan="2">L1 相</td><td colspan="2">L2 相</td><td colspan="2">L3 相</td></tr>
<tr><td colspan="2"></td><td colspan="2"></td><td colspan="2"></td></tr>
<tr><td>触点工作状态</td><td colspan="3">95-96 电阻值</td><td colspan="3">97-98 电阻值</td></tr>
<tr><td>初始状态</td><td colspan="3"></td><td colspan="3"></td></tr>
<tr><td>按下过载测试按钮</td><td colspan="3"></td><td colspan="3"></td></tr>
<tr><td colspan="7">结论：</td></tr>
</table>

4. 万用表用完后，调至________档位。

5. 归还设备，清理台面，检查安全条例执行情况，培养职业素养。

请同学们思考并总结学习过程中的知识重点、出现的问题等，记录在下面空白处。

任务四　时间继电器识别与检测

任务工单

<table>
<tr><td>任务名称</td><td colspan="3"></td><td>姓名</td><td></td></tr>
<tr><td>班级</td><td></td><td>组号</td><td></td><td>成绩</td><td></td></tr>
<tr><td>工作任务</td><td colspan="5">◆ 扫描二维码，观看时间继电器的微课
◆ 阅读资讯内容，完成引导问题
◆ 在实训室元器件库中，根据时间继电器的外形和标识，正确选出时间继电器和配套底座各一个
◆ 使用万用表检测时间继电器的好坏</td></tr>
<tr><td>任务目标</td><td colspan="5">知识目标
● 重点掌握时间继电器的分类，正确理解通电延时和断电延时的工作过程
● 重点掌握时间继电器的图形符号和文字符号
● 掌握时间继电器的时间整定方法
技能目标
● 能从外观正确选取不同型号的时间继电器
● 能正确使用万用表检测时间继电器的好坏
● 能正确调整时间继电器的时间
职业素养目标
● 安全意识：严格遵守操作规范和操作流程
● 自主学习：主动完成任务内容，提炼学习重点
● 团结合作：主动帮助同学，善于协调工作关系</td></tr>
<tr><td rowspan="4">任务分配</td><td>职务</td><td>姓名</td><td colspan="3">工作内容</td></tr>
<tr><td>组长</td><td></td><td colspan="3"></td></tr>
<tr><td>组员</td><td></td><td colspan="3"></td></tr>
<tr><td>组员</td><td></td><td colspan="3"></td></tr>
</table>

扫描二维码，观看时间继电器的微课。

时间继电器识别与检测

【资讯】

时间继电器是一种当加入（或去掉）输入的动作信号后，其输出电路需经过规定的准确时间才产生触头动作的继电器，一般使用在较低电压或较小电流的电路上，用来接通或切断较高电压、较大电流的电路。

【引导问题一】时间继电器的功能作用是什么？

时间继电器按动作原理分为电磁式、空气阻尼式、电动式和电子式。电子式时间继电器采用晶体管或集成电路和电子元器件等构成，具有延时范围广、精度高、体积小、耐冲击和耐振动、调节方便及寿命长等优点，所以发展很快，应用广泛。

时间继电器外形如图 1-16 所示。

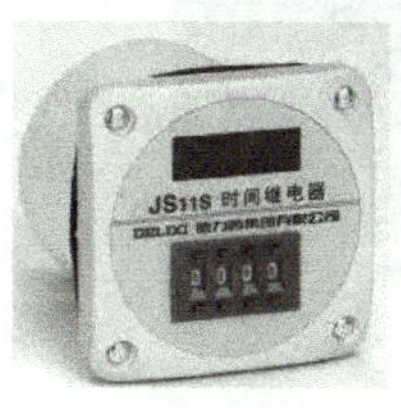

图 1-16 时间继电器外形

时间继电器的工作原理

时间继电器分为通电延时型和断电延时型两种。

通电延时型时间继电器：当线圈通电时，通电延时型触头经延时时间后动作（常闭触头断开、常开触头闭合），线圈断电后，该触头马上恢复常态。

断电延时型时间继电器：当线圈通电时，断电延时型触头马上动作（常闭触头断开、常开触头闭合），线圈断电后，该触头需要经延时时间后才会恢复到常态。

【引导问题二】查阅资料，国内常用的电子式时间继电器的型号有哪些？

时间继电器 KT 的图形符号（见图 1-17）

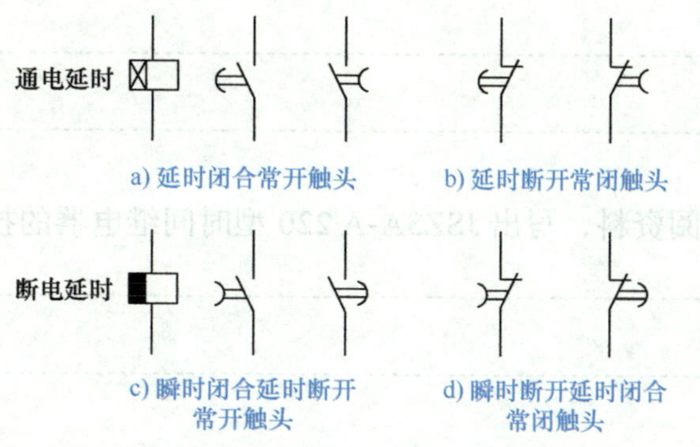

图 1-17 时间继电器图形符号

一般来说，时间继电器的延时性能在设计的范围内是可以调节的，从而方便调整它的延时时间长短。

时间继电器的接线

以 JSZ3A 型号的继电器为例，其外形如图 1-18 所示。

图 1-18　时间继电器外形

【引导问题三】查阅资料，写出 JSZ3A 系列型号的具体含义。

【引导问题四】观察 JSZ3A 型时间继电器的侧面接线图，写出其可调整出几个时间段？

【引导问题五】查阅资料，写出 JSZ3A-A 220 型时间继电器的技术参数。

时间继电器侧面端子触点接线如图 1-19 所示。

• JSZ3A

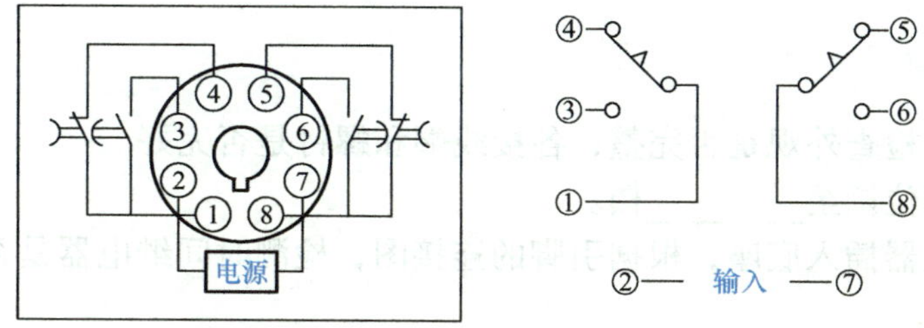

图 1-19　时间继电器侧面端子触点接线

② 和⑦为电压输入端，注意如通入直流电要考虑电源极性，①和④、⑤和⑧为常闭触头，①和③、⑧和⑥为常开触头。实际使用时，将时间继电器插入底座，再按电气图连线即可。

时间继电器的主要技术参数

1. 工作方式：包括通电延时、断电延时、定时吸合、循环延时、星－三角转换等不同方式。

2. 触点额定电压、电流：指时间继电器触点工作的电压、电流。

3. 触点对数：指时间继电器的瞬动触点对数和延时触点对数。

4. 线圈电压：线圈的工作电压。

5. 延时范围和触头种类等。

电子式时间继电器的整定（以 JS 为例）

1. 拔出旋钮开关端盖。

2. 取下印有时间刻度的时间刻度片。

3. 对应侧面示意图调整两个拨码开关。

4. 将与拨码开关对应的刻度片放在最上面，盖好旋钮开关端盖。

5. 调整整定时间，旋转端盖使红色刻度线对应整定时间。

时间继电器的安装与使用

1. 根据时间继电器的延时方式、延时精度、延时范围、工作环境等因素确定采用何种类型的时间继电器，然后再选择线圈的额定电压。

2. 时间继电器的整定值，应预先在不通电时整定好，并在试车时校正。

3. 无论是通电延时型还是断电延时型，都必须使继电器在断电后，释放时衔铁的运动方向垂直向下，其倾斜度不得超过 5°。

实操任务：使用万用表检测时间继电器的性能。

一、任务准备

1. 在实训室元器件库中，根据时间继电器的外形和标识，正确选出 JSZ3 型时间继电器和配套底座各一个。

2. 领取数字万用表一块。

二、任务步骤

1. 外观检测：检查外观是否完整，各接线端和螺钉是否完好。

2. 将万用表档位调至________档。

3. 将时间继电器插入底座，根据引脚的连接图，检测时间继电器是否正常；将结果填入表 1-5 中。

表 1-5　时间继电器检测表

时间继电器型号			底座型号		
触头状态	常开触头		常闭触头		电源
触头组合					
阻值					

4. 将时间继电器的时间整定为 30s，写出具体操作过程。

5. 万用表用完后，调至________档位。
6. 归还设备，清理台面，检查安全条例执行情况，培养职业素养。

!!! 任务小结

请同学们思考并总结学习过程中的知识重点、出现的问题等，记录在下面空白处。

任务五　中间继电器识别与检测

任务名称				姓名	
班级		组号		成绩	
工作任务	◆ 扫描二维码，观看中间继电器的微课 ◆ 阅读资讯内容，完成引导问题 ◆ 在实训室元器件库中，根据中间继电器的外形和标识，正确选出中间继电器和配套底座各一个 ◆ 使用万用表检测中间继电器的好坏				
任务目标	知识目标 ● 重点掌握中间继电器的接线示意图 ● 重点掌握中间继电器的图形符号和文字符号 ● 掌握中间继电器的技术指标 技能目标 ● 能从外观正确选取不同型号的中间继电器 ● 能正确使用万用表检测中间继电器的好坏 ● 能正确安装使用中间继电器 职业素养目标 ● 安全意识：严格遵守操作规范和操作流程 ● 自主学习：主动完成任务内容，提炼学习重点 ● 团结合作：主动帮助同学，善于协调工作关系				
任务分配	职务	姓名	工作内容		
	组长				
	组员				
	组员				

扫描二维码，观看中间继电器的微课。

中间继电器识别与检测

【资讯】

中间继电器用于继电保护与自动控制系统中，以增加触点的数量及容量，其外形如图 1-20 所示。它在控制电路中用于传递中间信号。

【引导问题一】中间继电器的功能作用是什么？

【引导问题二】查阅资料，国内常用的中间继电器的型号有哪些？

JZ系列

HH5P4系列中间继电器与底座

图 1-20 中间继电器外形

中间继电器的工作原理

中间继电器的结构和原理与交流接触器基本相同，与接触器的主要区别在于：接触器的主触点可以通过大电流，而中间继电器的触点只能通过小电流。所以，它只能用于控制电路中。它一般是没有主触点的，因为过载能力比较小。所以它用的全部都是辅助触点，数量比较多。

中间继电器的图形符号和文字符号（见图 1-21）

中间继电器的接线

以 HH54P 型号的继电器为例，如图 1-22 所示，中间继电器需要按图示插到底座，然后才可接线。

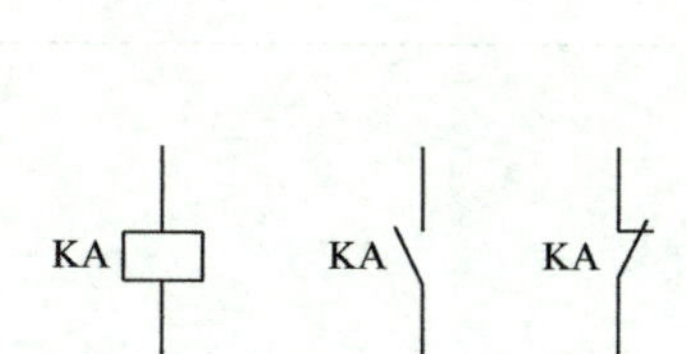

图 1-21 中间继电器的图形符号和文字符号

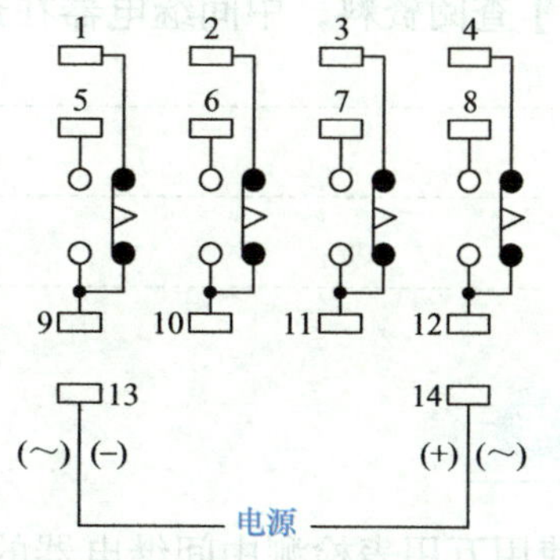

图 1-22 中间继电器的接线

【引导问题三】查阅资料，中间继电器结构组成一般包含哪几部分？

【引导问题四】中间继电器的触点额定工作电压一般有几种？

13、14 为线圈，9、10、11、12 为公共端。

9 与 5 是一对常开触点，而 9 与 1 是一对常闭触点；

10 与 6 是一对常开触点，而 10 与 2 是一对常闭触点；

11 与 7 是一对常开触点，而 11 与 3 是一对常闭触点；

12 与 8 是一对常开触点，而 12 与 4 是一对常闭触点。

主要技术参数

1. 动作电压：中间继电器的线圈电压最小应不大于 70% 额定电压就可以动作。

2. 返回电压：中间继电器的线圈电压在不小于 5% 额定电压时就可以返回。

3. 动作时间：中间继电器线圈在额定电压下的动作时间不大于 0.02s。

4. 返回时间：在额定电压下返回时间不大于 0.02s。

5. 电气寿命：中间继电器在正常负荷下，继电器线圈吸合次数不低于 1 万次。

6. 功率消耗：直流中间继电器一般不大于 4W，而交流中间继电器的功率一般不大于 5VA。

中间继电器的安装与使用

1. 由于中间继电器触头容量小，不能接到主电路中。

2. 使用时为操作方便，先在网孔板上固定底座，然后按电气图连线，连好线后再插上中间继电器。

【引导问题五】查阅资料，中间继电器在选用时应考虑哪些因素？

实操任务：使用万用表检测中间继电器的性能。

一、任务准备

1. 各组在实训室元器件库中，根据中间继电器的外形和标识，正确选出中间继电器和配套底座各一个。

2. 领取数字万用表一块。

二、任务步骤

1. 外观检测，检查外观是否完整，各接线端和螺钉是否完好。

2. 将万用表档位调至________档位。

3. 将中间继电器插入底座，根据引脚的连接图，检测中间继电器是否正常，填入表 1-6。

表 1-6　中间继电器的检测表

中间继电器型号			底座型号	
常开触头				
阻值				
常闭触头				
阻值				
线圈			阻值	

4. 万用表用完后，调至________档位。

5. 归还设备，清理台面，检查安全条例，培养职业素养。

任务小结

请同学们思考并总结学习过程中的知识重点、出现的问题等，记录在下面空白处。

任务六 熔断器和按钮识别与检测

任务工单

任务名称				姓名	
班级		组号		成绩	
工作任务	◆ 扫描二维码，观看熔断器与按钮的微课 ◆ 阅读资讯内容，完成引导问题 ◆ 在实训室元器件库中，根据熔断器与按钮的外形和标识，正确选出不同型号的熔断器与按钮 ◆ 使用万用表检测熔断器与按钮的好坏				
任务目标	知识目标 ● 掌握熔断器的分类和工作原理 ● 掌握按钮的分类和工作原理 ● 掌握熔断器与按钮的图形符号和文字符号 技能目标 ● 能从外观正确选取不同型号的熔断器与按钮 ● 能正确使用万用表检测熔断器的好坏 ● 能正确区分常开触点和常闭触点，使用万用表检测按钮的好坏 职业素养目标 ● 安全意识：严格遵守操作规范和操作流程 ● 自主学习：主动完成任务内容，提炼学习重点 ● 团结合作：主动帮助同学，善于协调工作关系				

任务分配	职务	姓名	工作内容
	组长		
	组员		
	组员		

知识储备

扫描二维码，观看熔断器与按钮的微课。

熔断器和按钮识别与检测

【资讯】

熔断器广泛应用于电网保护和用电设备保护，当电网或用电设备发生短路故障或过载时，可自动切断电路，避免电器设备损坏，防止事故蔓延，其外形如图 1-23 所示。

【引导问题一】熔断器的功能作用是什么？

【引导问题二】查阅资料，熔体材料应具备什么特性，常用什么材料制作？

图 1-23 熔断器外形

熔断器由绝缘底座（或支持件）、触头、熔体等组成，熔体是熔断器的主要工作部分，熔体相当于串联在电路中的一段特殊的导线，当电路发生短路或过载时，电流过大，熔体因过热而熔化，从而切断电路。

熔体常做成丝状、栅状或片状。熔体材料具有相对熔点低、特性稳定、易于熔断的特点。在熔体熔断切断电路的过程中会产生电弧，为了安全有效地熄灭电弧，一般均将熔体安装在熔断器壳体内，采取措施，快速熄灭电弧。

熔断器的分类

螺旋式熔断器：熔体上的上端盖有一熔断指示器，一旦熔体熔断，指示器马上弹出，可透过瓷帽上的玻璃孔观察到，它常用于机床电气控制设备中，其外形如图 1-24 所示。螺旋式熔断器分断电流较大，可用于电压等级 500V 及其以下，电流等级 200A 以下的电路中，做短路保护。

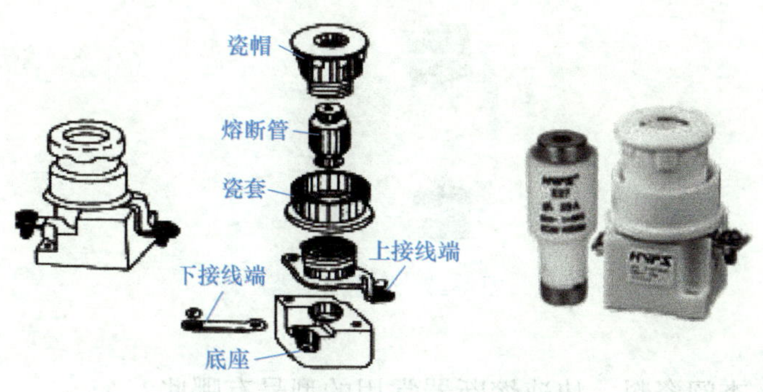

图 1-24 螺旋式熔断器外形

封闭式熔断器：封闭式熔断器分有填料熔断器和无填料熔断器两种。有填料熔断器一般用方形瓷管，内装石英砂及熔体，分断能力强，用于电压等级 500V 以下、电流等级 1kA 以下的电路中，其外形如图 1-25 所示。无填料封闭式熔断器将熔体装入密闭式圆筒中，分断能力稍小，用于 500V 以下，600A 以下电力网或配电设备中，其外形如图 1-26 所示。

【引导问题三】查阅资料，螺旋式熔断器常用的型号有哪些？

【引导问题四】查阅资料，封闭式熔断器常用的型号有哪些？

图 1-25　有填料式熔断器

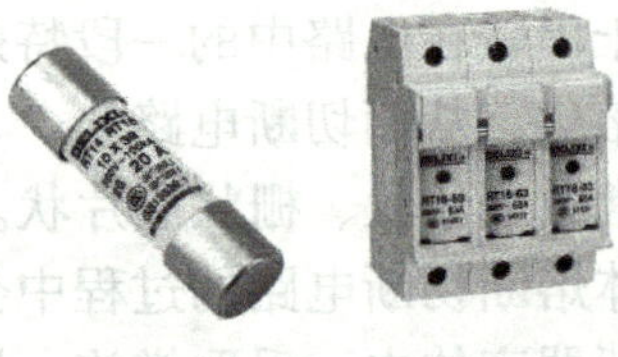

图 1-26　无填料式熔断器

快速熔断器：快速熔断器主要用于半导体整流元件或整流装置的短路保护。由于半导体元件的过载能力很低，只能在极短时间内承受较大的过载电流，因此要求短路保护具有快速熔断的能力。快速熔断器的结构和有填料封闭式熔断器基本相同，但熔体材料和形状不同，它是以银片冲制的有 V 形深槽的变截面熔体，其外形如图 1-27 所示。

图 1-27　快速熔断器

【引导问题五】查阅资料，快速熔断器常用的型号有哪些？

【引导问题六】查阅资料，熔断器的额定电流和熔体的额定电流有什么区别？

【引导问题七】查阅资料，RT18-32/25 型熔断器的参数含义是什么？

熔断器的电气符号（见图 1-28）

FU

图 1-28　熔断器的电气符号

熔断器使用注意事项

1. 熔断器的保护特性应与被保护对象的过载特性相适应，考虑到可能出现的短路电流，选用相应分断能力的熔断器。

2. 熔断器的额定电压要适应线路电压等级，熔断器的额定电流要大于或等于熔体额定电流。

3. 线路中各级熔断器熔体额定电流要相应配合，保持前一级熔体额定电流必须大于下一级熔体额定电流。

4. 熔断器的熔体要按要求使用相配合的熔体，不允许随意加大熔体或用其他导体代替熔体。

按钮是一种常用的主令电器，常用来接通或断开控制电路（其中电流很小），从而达到控制电动机或其他电气设备运行。

按钮外形如图 1-29 所示。

图 1-29　按钮外形

【引导问题八】按钮的功能作用是什么？

【引导问题九】按钮的常用型号有哪些？

【引导问题十】查阅资料，按钮的不同颜色代表什么含义？

【引导问题十一】蘑菇头按钮有什么特殊含义。

按钮的内部结构如图 1-30 所示，由按钮帽、复位弹簧、动触头、静触头、支柱连杆及外壳等部分组成。

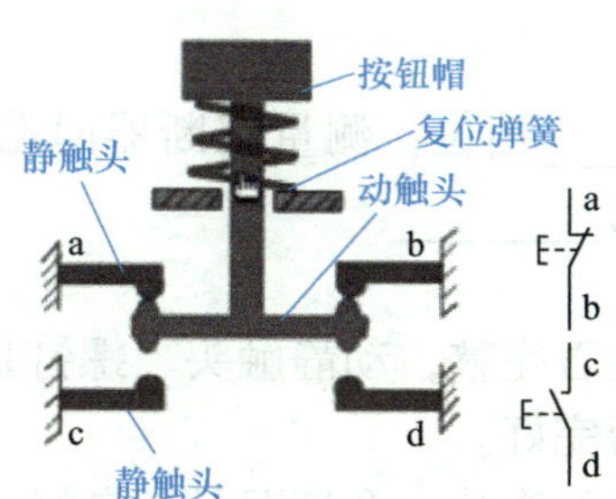

图 1-30 按钮的内部结构

按钮的电气符号（见图 1-31）

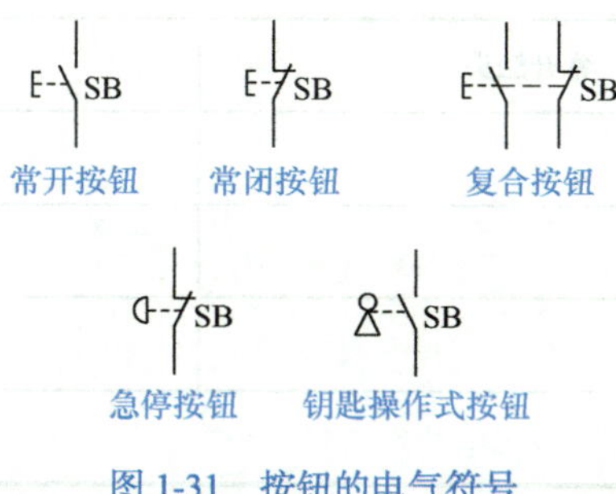

图 1-31 按钮的电气符号

按钮的安装与使用

1. 按钮安装在面板上时，应布置整齐，排列合理，如根据电动机起动的先后顺序，从上到下或从左到右排列。

2. 同一机床运动部件有几种不同的工作状态时（如上、下，前、后，松、紧等），应使每一对相反状态的按钮安装在一组。

3. 根据工作状态指示和工作情况要求，选择按钮或指示灯的颜色，例如：起动按钮可选用白、灰或黑色，优先选用白色，也允许选用绿色。急停按钮应选用红色。停止按钮可选用黑、灰或白色，优先选用黑色，也允许选用红色。

实操任务：使用万用表分别检测熔断器和按钮的性能。

一、任务准备

1. 各组在实训室元器件库中，根据熔断器的外形和标识，正确选出 RT18-32 型熔断器底座和配套熔体。

2. 各组在实训室元器件库中，根据按钮的外形和标识，选出复合按钮一个。

3. 领取数字万用表一块。

二、任务步骤

1. 熔断器外观检测，检查外观是否完整，各接线端和螺钉是否齐全，熔体选择是否合适，将熔体放置底座内。

2. 将万用表档位调至________档位，测量熔断器两端触头是否接通，如接通，阻值为________，若没接通，阻值为________。

3. 按钮的检测

（1）外观检测，检查外观是否完整，动静触头、螺钉是否齐全牢固，动、静触头是否活动灵活，各接线端和螺钉是否完好。

（2）用万用表欧姆档检测各触头分、合情况是否良好，结果填入表 1-7 中。

表 1-7　按钮检测表

按钮型号		
触头状态	常开触头	常闭触头
触头标号		
触头动作前阻值		
触头动作后阻值		
结论		

4. 万用表用完后，调至________档位。

5. 归还设备，清理台面，检查安全条例执行情况，培养职业素养。

任务小结

请同学们思考并总结学习过程中的知识重点、出现的问题等，记录在下面空白处。

任务七　电动机单向连续运行控制电路安装与调试

任务名称				姓名	
班级		组号		成绩	
工作任务	某物流公司要安装一套传输带，功能为按下起动按钮后，传输带可连续单方向运行，按下停止按钮，传输带停止运行。设计要求为传输带的电动机采用全压起动方式，利用继电—接触器控制，要求设置热过载、短路、欠电压、失电压保护，电动机额定电压为380V，控制回路电压为220V。 ◆ 设计单向连续运行控制电路的电气系统图 ◆ 在实训室元器件库中选出合适的元器件和配件耗材，检测元器件的性能好坏，根据安装图，合理布局网孔板 ◆ 根据接线图，按照安装工艺要求进行线路布线连接 ◆ 通电前，进行线路板的自查，通电试车，如出现问题，应检测排障				
任务目标	知识目标 ● 掌握电气原理图、电器布置图、电气接线图的绘制和识读方法 ● 识读电动机单向连续运行控制电路的电气原理图，正确分析电路工作过程 ● 正确绘制电动机单向连续运行控制电路的电气系统图 技能目标 ● 能根据电气原理图正确选取低压电器和配件耗材 ● 能按照电器布置图合理布局，器件摆放合理，操作空间合适 ● 能根据接线图，遵照板前布线工艺要求，正确进行线路连接 ● 能正确使用万用表对电路进行通电前检测 ● 能根据故障现象，分析、判断故障原因，检修线路 职业素养目标 ● 安全意识：严格遵守操作规范和操作流程 ● 自主学习：主动完成任务内容，提炼学习重点 ● 团结合作：主动帮助同学，善于协调工作关系 ● 工匠精神：培养一丝不苟、严谨细致、勇于探索的学习态度，精益求精、认真细致的工作态度，确保安装质量，提高质量意识，培育爱岗敬业的专业素质				
任务分配	职务	姓名	工作内容		
	组长				
	组员				
	组员				

扫描二维码，观看电气系统图识读与绘制和单向连续运行控制电路的微课。

【资讯】

一、识读电气原理图

电气原理图采用电气元件展开形式绘制。如图 1-32 所示，详细表明设备或成套装置的组成和连接关系及电气工作原理。它包括所有电气元件的导电部件和接线端子，但并不按照电气元件的实际布置位置来绘制，也不反映电气元件的实际大小。

电气原理图一般分：主电路和辅助电路两部分。

主电路：电气控制电路中大电流通过的部分，包括从电源到电动机之间相连的电气元件；一般由组合开关、主熔断器、接触器主触头、热继电器的热元件和电动机等组成。

辅助电路：控制电路中除主电路以外的电路，其流过的电流比较小，辅助电路包括控制电路、照明电路、信号电路和保护电路。其中控制电路是由按钮、接触器和继电器的线圈及辅助触头、热继电器触头、保护电器触头等组成。

电气原理图中所有电气元件都应采用国家标准中统一规定的图形符号和文字符号表示。

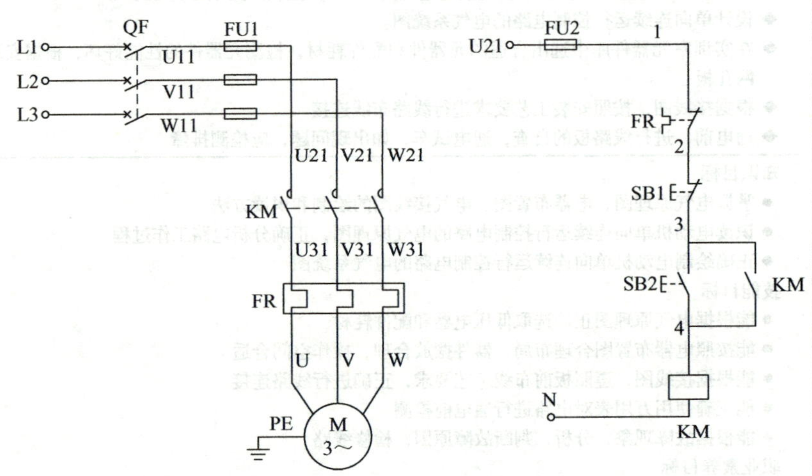

图 1-32　电动机单向连续运行控制电路电气原理图

【引导问题一】

1. 主电路中包含：1 个低压断路器________、3 个熔断器________、1 个交流接触器________的主触头、1 个热继电器________的热元件；主电路的负载是 1 台________，主电路的电源是________V 的三相交流电。

2. 控制电路包含 1 个熔断器________、热继电器的________触头、2 个按钮分别为常开按钮________、常闭按钮________、交流接触器的________和________；控制电路是________V 的单相交流电。

电路的工作原理

电动机单向连续运行控制电路是指按下起动按钮电动机就运转，松开按钮后电动机仍然保持运转的控制方式。

起动：合上 QF，按下按钮 SB2。

a）接触器 KM 线圈得电，主触头闭合，电动机 M 运转。

b）接触器 KM 的辅助触头闭合，实现自锁。

松开 SB2，电动机单方向连续运行。

停车：按下停止按钮 SB1，KM 的线圈失电，其主触头、辅助触头断开，电动机停止运行。

自锁：依靠接触器自身的辅助触头而使其线圈保持通电的现象，与起动按钮 SB2 并联的 KM 的常开辅助触头称为自锁触头。

电路的特性分析

设计要求为传输带的电动机采用全压起动方式，利用继电—接触器控制，要求设置热过载、短路、欠电压、失电压保护，电动机额定电压为 380V，控制回路电压为 220V。

1. 电动机的起动电压为 380V，采用交流接触器和热继电器控制保证正常运行。

2. 电动机长期过载运行时，串联在主电路中的热元件发热严重，双金属片严重________，推动连杆运动，使控制电路中热继电器的常闭触头断开，KM 线圈________，KM 主触头________，电动机停止运行，实现热过载保护。

3. 电路中的 FU1 和 FU2 对控制电路实现短路保护。

4. 电路中的 SB2 和 KM 共同实现失电压、欠电压保护。当电路运行过程中出现失电压和欠电压严重现象时，KM 的电磁吸引力减小，小于弹簧作用力时，衔铁释放，KM 触头复位，主触头和辅助触头断开，电动机停止运行。当电源恢复正常时，因 SB2 和 KM 的触头都是断开的，也不会自动起动运行，防止突然来电时，电动机自行起动造成人身伤害。

二、识读电气布置图

电气布置图是根据电气元件在控制板上的实际安装位置，采用简化的外形符号（如正方形、矩形、圆形等）而绘制的一种简图，如图 1-33 所示，它不表达各电器的具体结构、作用、接线情况以及工作原理，主要用于电气元件的布置和安装。

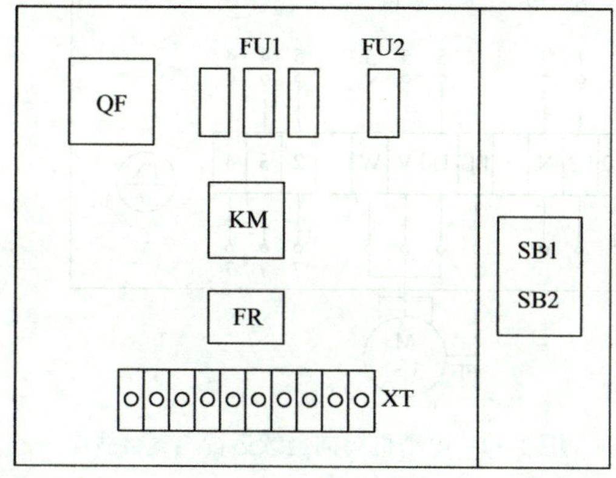

图 1-33　电气布置图

【引导问题二】

安装图与电气原理图相比，多出了配件端子排________，主要作用________________________，按钮 SB 画在控制板一侧，是因为实际电路中按钮、指示灯等器件一般放置在控制柜面板处，而不放置在控制柜内。

三、识读电气接线图

电气接线图是根据电气设备和电气元件的实际位置和安装情况绘制的，如图 1-34 所示，它只用来表示电气设备和电气元件的位置、配线方式和接线方式，而不明显表示电气动作原理。主要用于安装接线、线路的检查维修和故障处理的指导。

接线图中一般示出如下内容：电气设备和电气元件的相对位置、文字符号、端子号、导线号、导线类型、导线截面、屏蔽和导线绞合等。

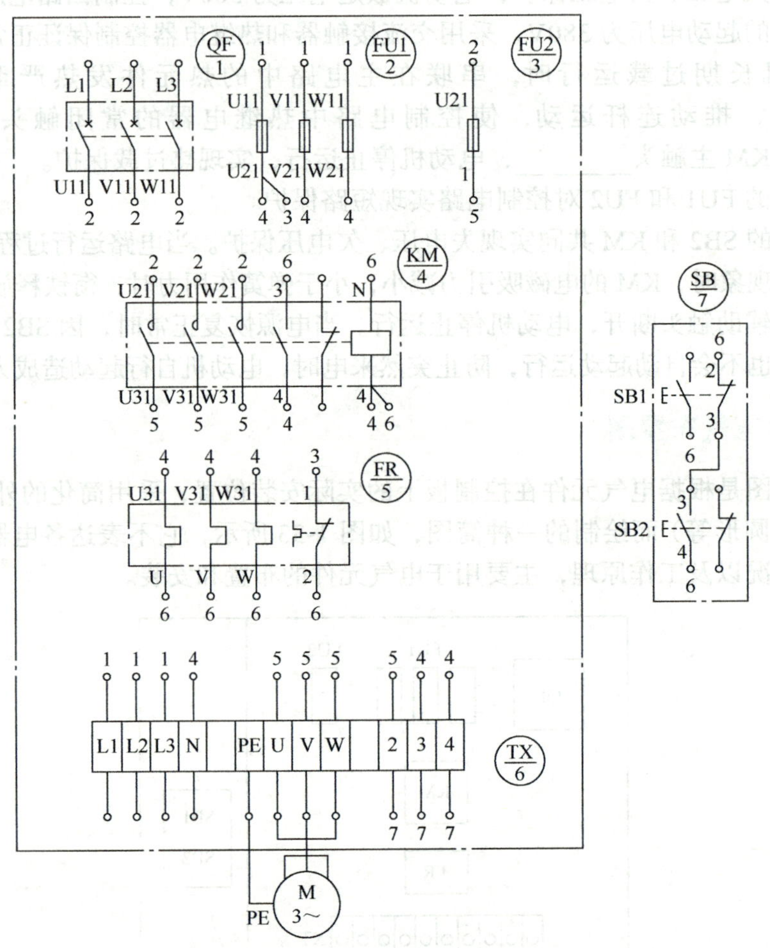

图 1-34　电动机单向连续运行电气接线图

电气接线图的绘制规则

1. 电气元件的图形符号、文字符号应与电气原理图标注完全一致。同一电气元件的各个部件必须画在一起，并用点画线框起来。各电器的位置应与实际位置一致。

2. 各电气元件上凡需接线的端子都应绘出，控制板内外元器件的电气连接一般要通过端子板进行，各端子的标号必须与电气原理图上的标号一致。

3. 走向相同的多根导线可用单线或线束表示。

4. 接线中应明确标明连接导线的规格、型号、根数、颜色等。

绘制接线图的步骤

1. 标线号：在电气原理图中定义并标注每一根导线的线号。主电路线号的标注采用大写字母加数字的方法，控制电路用数字标注。控制电路标注线号可以在继电—接触器的线圈上方或左方导线处标注奇数线号，线圈下方或右方导线处标注偶数线号；也可由上到下、由左到右的顺序标注线号。线号标注的原则是每经过一个电气元件，变换一次线号(不含接线端子)。

2. 画元器件框及符号：依照安装位置，在接线图上画出元器件电气符号及外框。

3. 分配元器件编号：给各个元器件编号，元器件编号用数字表示，将元器件编号和电气符号以分数的形式标注在元器件方框的斜上方（左上角或右上角）。

4. 填充连线的去向和线号：在元器件连接导线的线侧和线端标注线号和导线去向（元器件编号）。

【引导问题三】

1. 安装图中元器件的标号：1号元器件为________，2号元器件为________，3号元器件为________，4号元器件为________，5号元器件为________，6号元器件为________，7号元器件为________。

2. 主电路中导线的线号组有________、________、________、________、________。

3. 控制电路中的线号有________________。

4. 端子排的排列主要分三部分，电源部分________，负载（三相异步电动机）部分________、控制电路部分________。

四、安装布线

实操中，可根据接线图在网孔板上布线，进行电气线路的安装与调试。

【引导问题四】板前明线布线的工艺要求

1. 布线通道尽可能少，同路并行导线按________电路分类集中，单层密排，紧贴安装面布线。

2. 同一平面的导线应高低一致或前后一致，不能交叉。非交叉不可时，该根导线应在接线端子引出时，就________但必须走线合理。

3. 布线应横平竖直，分布均匀。变换走向时应________，但不能把导线做成“死直角”。

4. 同一元件、同一回路的不同接点的导线间距离应保持________；

5. 布线顺序一般以接触器为中心，由里向外，由低至高，先________电路，后________电路进行，以不妨碍后续布线为原则。

6. 在每根剥去绝缘层导线的两端套上________，所有从一个接线端子（或接线桩）到另一个接线端子（或接线桩）的导线必须连续，中间无接头。

7. 导线与接线端子或接线桩连接时，不得压________、不反圈及不露铜过长。

8. 一个电气元件接线端子上的连接导线不得多于________根，每节接线端子板上的连接导线一般只允许连接一根。

实操任务：电动机单向连续运行控制电路安装与调试。

一、任务准备

根据安装图要求，领取工具及元器件。

1. 按表 1-8 领取安装工具及仪表。

表 1-8 安装工具、仪表清单

序号	名称	外形图	序号	名称	外形图
1	压线钳		4	剥线钳	
2	斜口钳		5	一字、十字螺钉旋具	
3	尖嘴钳		6	万用表	

2. 按表领取元器件，所有元器件外观应完整无损，附件齐全。用万用表检测所有元器件的好坏，包括线圈电阻，触头的分、合情况等，将表 1-9 中的内容填写完整。

表 1-9 电动机单向连续运行控制电路元器件清单

序号	名称	型号规格	数量	检测结果
1	低压断路器			
2	熔断器			
3	交流接触器			
4	热继电器			
5	按钮			
6	端子排			
7	导轨			
8	线槽			
9	塑料铜线（黄、绿、红）			

（续）

序号	名称	型号规格	数量	检测结果
10	塑料软铜线（颜色自定）			
11	编码套管			
12	接线端子			

二、任务步骤

1. 根据安装图，在网孔板上安装导轨、线槽和元器件；元器件的安装位置应整齐、匀称、间距合理、便于更换。

2. 根据接线图布线，布线应符合板前布线工艺要求。

3. 自检电路，安装完毕的电路板，应不通电测试，按电气原理图或安装图从电源开始，逐段核对接线及接线端子是否正确，有无漏接、错接之处，检查接线端子是否符合要求，压接是否牢固。

电源不接入端子排，不带电检测。

（1）主电路的检测，合上 QF，用万用表检测，填写表 1-10。

表 1-10 主电路检测表

测量项目	测量数值	说明
XT:L1—KM:U21	无穷大□ 无穷小□	
XT:L2—KM:V21	无穷大□ 无穷小□	
XT:L3—KM:W21	无穷大□ 无穷小□	
KM:U31—XT:U	无穷大□ 无穷小□	
KM:V31—XT:V	无穷大□ 无穷小□	
KM:W31—XT:W	无穷大□ 无穷小□	

（2）控制电路的检测，将检测结果填入表 1-11。

表 1-11 控制电路检测表

测量项目	测量数值	说明
XT:L1—XT:N	无穷大□ 无穷小□	
按下 SB2: XT:L1—XT:N	无穷大□ 无穷小□ 具体数值 =（ ）Ω	

（3）故障排查。

① 用通电实验法来观察故障现象。如按下起动按钮，接触器线圈不吸合，表明控制电路有故障。

② 用逻辑分析法缩小故障范围，并在电路上用虚线标出故障部位的最小范围。

③ 用电阻法测量电路。

④ 根据故障点的不同情况，采取正确的修复方法，迅速排除故障。

【引导问题五】

控制电路检测，如出现故障，检测数值如表 1-12，请进行故障分析。

表 1-12 故障分析表

故障现象	测试	N—1	N—2	N—3	N—4	故障点
按下 SB2 时，KM 不吸合	按下 SB2 不放	∞	R	R	R	
		∞	∞	R	R	
		∞	∞	∞	R	
		∞	∞	∞	∞	

4. 按电动机铭牌要求的联结方式接好电动机，不做特殊要求默认为Y联结；检测电动机；三相之间的绝缘性。

5. 以上步骤检查无误后，请老师检查后，才可连接三相电源，通电试车。

6. 通电试车

（1）提醒同组人员注意；

（2）通电试车时，旁边应有教师监护，出现故障及时断电，检修并排障后再次通电；

（3）试车完毕，先断开电源后拆线。

7. 清理现场，严格按照 8S 标准整理现场，清洁、清扫实训环境，整理、整顿实训器材，节约实训耗材，检查安全条例，培养职业素养。

请同学们思考并总结学习过程中的知识重点、出现的问题等，记录在下面空白处。

任务八 电动机延时起动控制电路安装与调试

电动机延时起动控制电路安装与调试 

任务名称				姓名	
班级		组号		成绩	
工作任务	某物流公司安装一套传输带，功能为按下起动按钮后，警示灯先亮，30s后，警示灯熄灭同时传输带自动起动运行，按下停止按钮，传输带停止运行。设计要求为传输带的电动机采用全压起动方式，利用继电—接触器控制，要求设置热过载、短路、欠电压、失电压保护 ◆ 设计电动机延时起动控制电路线路图 ◆ 在实训室元器件库中选出合适的元器件和配件耗材，检测元器件的性能好坏并根据安装图，合理布局网孔板 ◆ 根据接线图，按照安装工艺要求进行线路布线连接 ◆ 通电试车，如出现问题，检测排障				
任务目标	知识目标 ● 识读电动机延时起动控制电路的电气原理图，正确分析电路工作过程 ● 正确识读电动机延时起动控制电路的接线图 ● 掌握用万用表检测电路通断的基本方法 技能目标 ● 能根据电气图正确选取低压电器和配件耗材 ● 能按照电器布置图合理布局，元器件摆放合理，操作空间合适 ● 能根据接线图，遵照板前布线工艺要求，正确进行线路连接 ● 能正确使用万用表对电路进行通电前检测 ● 能根据故障现象，分析、判断故障原因，检修线路 职业素养目标 ● 安全意识：严格遵守操作规范和操作流程 ● 自主学习：主动完成任务内容，提炼学习重点 ● 团结合作：主动帮助同学，善于协调工作关系 ● 工匠精神：培养一丝不苟、严谨细致、勇于探索的学习态度，精益求精、认真细致的工作态度，确保安装质量，提高质量意识，培育爱岗敬业的专业素质				
任务分配	职务	姓名	工作内容		
	组长				
	组员				
	组员				

【资讯】

在一些特殊行业的生产过程中，为保证安全生产，通常要求按下起动按钮后，先延时一段时间（如30s），由电铃或信号灯发出声光报警提示现场人员注意，延时时间到，声光报警立即停止，电动机起动，当按下停止按钮，电动机停止运行。

一、识读电气原理图

电动机延时起动控制电路与电动机单向连续运行电路相比，主电路没有变化，控制电路增加了计时和报警功能，如图 1-35 所示。

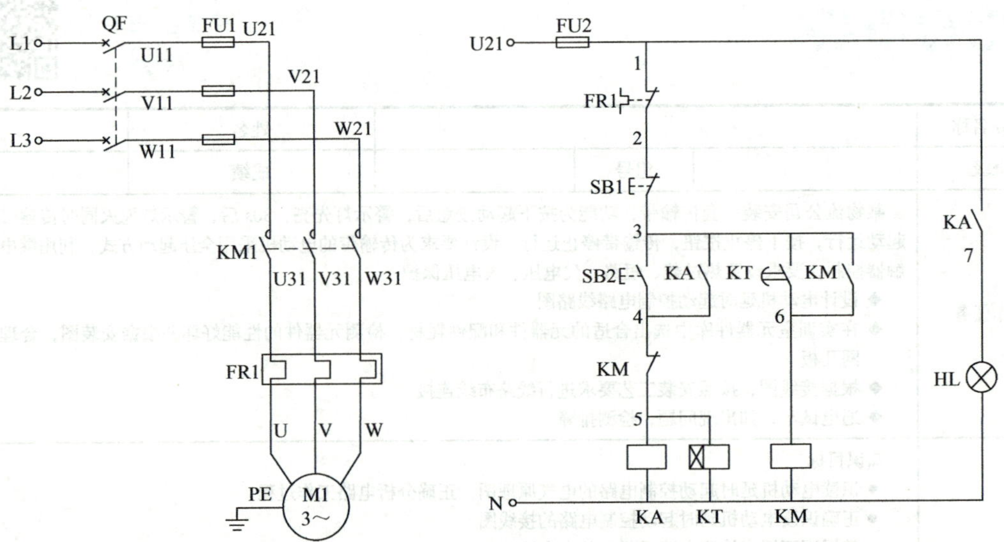

图 1-35 电动机延时起动控制电路电气原理图

【引导问题一】

1. 主电路中包含：1 个低压断路器________、3 个熔断器________、1 个交流接触器________的主触头、1 个热继电器________的热元件。

主电路的负载是 1 台________，主电路的电源是________V 的三相交流电。

2. 控制电路包含 1 个熔断器________、热继电器的________触点、停止按钮为________、起动按钮为________、交流接触器的________和________、中间继电器的________的线圈和常开触头，________型时间继电器的________和________。控制电路是________V 的单相交流电。

3. 辅助电路包含指示灯________，中间继电器的________，采用________V 的单相交流电。

电路的工作原理

起动：合上 QF，按下起动按钮 SB2，中间继电器 KA 线圈得电，

a）辅助常开触头 KA 闭合，实现自锁；

b）辅助常开触头 KA 闭合，指示灯亮；

c）时间继电器 KT 的线圈得电，开始计时。

当 KT 计时时间到，KT 通电延时常开触头闭合，KM 线圈得电，

a）KM 辅助常闭触头断开，KA 和 KT 的线圈失电，KA 辅助常开触头复位，指示灯熄灭；

b）KM 主触头闭合，电动机 M 运转；

c）KM 辅助触头闭合，自锁。

停车：按下停止按钮 SB1，KM 的线圈失电，其主触头、辅助触头断开，电动机停止运行，断开 QF。

二、绘制电器布置

【引导问题二】根据单向连续运行控制电路的布置图，自行绘制电动机延时起动控制电路的布置图。

电动机延时起动控制电路布置图

三、识读电气接线图

【引导问题三】

1. 如图 1-36 所示，安装图中元器件的标号：1 号元器件为________，2 号元器件为________，3 号元器件为________，4 号元器件为________，5 号元器件为________，

6号元器件为________，7号元器件为________，8号元器件________，9号元器件为________，10号元器件为________。

2. 主电路中导线的线号组有________、________、________、________。

3. 控制电路中的线号有____，接线图中，控制电路3号端子与5根导线相连，按照一个端子只能接两根线的规则，先要确定3号端子的主要引出端KA，然后再分别连线。

将图1-36所示接线图补画完整，并在控制板上按接线图布线。

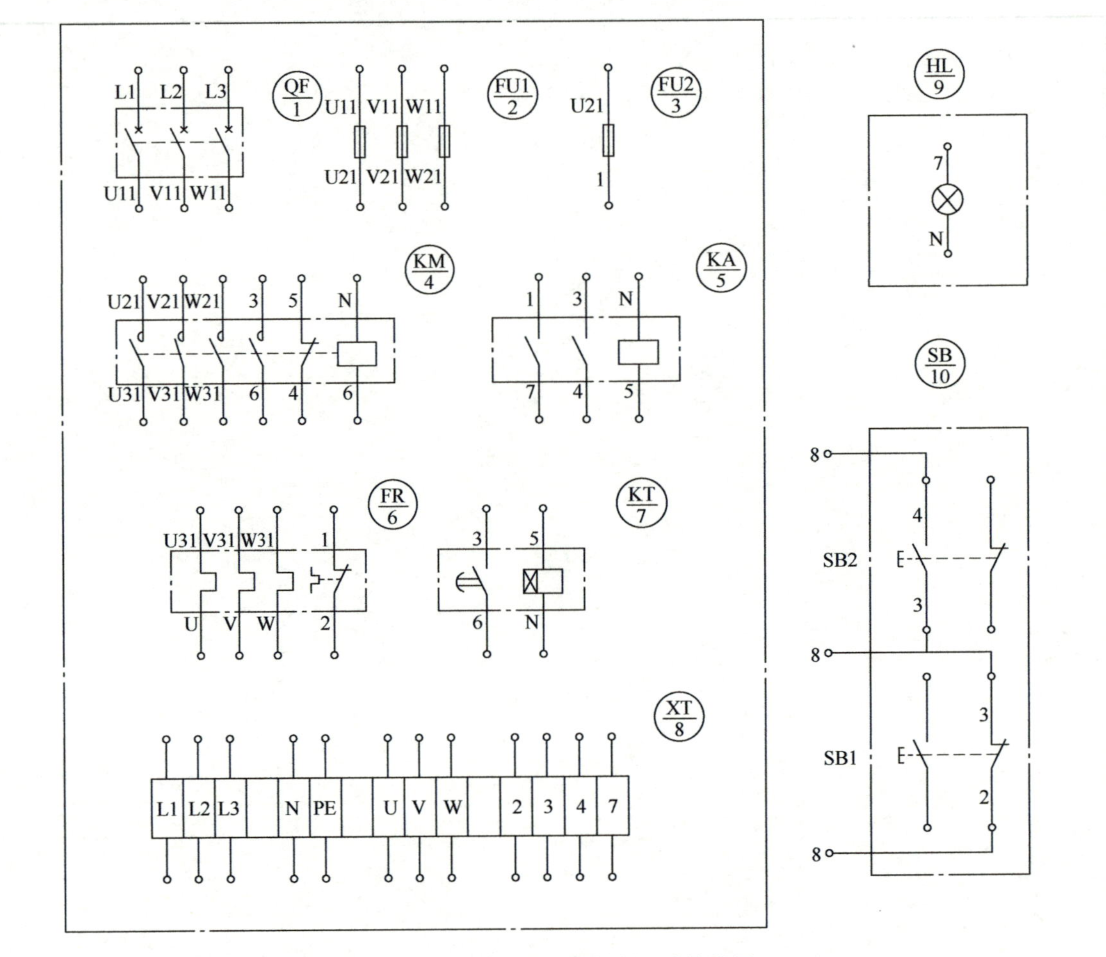

图1-36　电动机延时起动控制电路接线图

任务实施

实操任务：电动机延时起动控制电路的安装与调试。

一、任务准备

根据安装图要求，领取工具及元器件。

1. 按表1-13领取安装工具及仪表。

表 1-13 安装工具、仪表清单

序号	名称	外形图	序号	名称	外形图
1	压线钳		4	剥线钳	
2	斜口钳		5	一字、十字螺钉旋具	
3	尖嘴钳		6	万用表	

2. 按表 1-14 领取元器件，所有元器件外观应完整无损，附件齐全。用万用表检测所有元器件的好坏，包括线圈电阻，触头的分、合情况等，将表 1-14 中的内容填写完整。

表 1-14 电动机延时起动控制电路元器件清单

序号	名称	型号规格	数量	检测结果
1	低压断路器			
2	熔断器			
3	交流接触器			
4	热继电器			
5	时间继电器			
6	中间继电器			
7	按钮			
8	端子排			
9	导轨			
10	线槽			
11	塑料硬铜线			
12	塑料软铜线			
13	编码套管			
14	接线端子			

3. 将时间继电器的时间整定为 30s。

二、任务步骤

1. 根据安装图，在网孔板上安装导轨、线槽和元器件；元器件的安装位置应整齐、匀称、间距合理、便于更换。

2. 根据接线图布线，布线应符合板前布线工艺要求。

3. 自检电路，安装完毕的电路板，应不通电测试，按电气原理图或安装图从电源开始，逐段核对接线及接线端子是否正确，有无漏接、错接之处，检查接线端子是否符合要求，压接是否牢固。

（1）主电路的检测，合上 QF，用万用表检测，填写表 1-15。

表 1-15　主电路检测表

测试状态	测量项目	测量数值	说明
不动 KM 的联动机构	XT:L1—XT:U	无穷大□　无穷小□	
	XT:L2—XT:V	无穷大□　无穷小□	
	XT:L3—XT:W	无穷大□　无穷小□	
按下 KM 的联动机构	XT:L1—XT:U	无穷大□　无穷小□	
	XT:L2—XT:V	无穷大□　无穷小□	
	XT:L3—XT:W	无穷大□　无穷小□	

（2）控制电路的检测，将万用表打到蜂鸣档。

a）测量 1—N 之间阻值，因按钮 SB2 断开，阻值应为无穷________；

b）按下按钮 SB2，测量 1—N 之间阻值，数值应为 KA 与 KT 的线圈________联数值；测量 3—5 之间阻值，阻值应为无穷________；

c）按下按钮 SB2，同时按下 KM 的联动机构，测量 3—5 之间阻值，因 KM 辅助常闭触头断开，阻值应为无穷________。

4. 按电动机铭牌要求的联结方式接好电动机，不做特殊要求默认为Y联结；再次测量电动机三相之间的绝缘性。

5. 以上步骤检查无误后，请老师检查后，才可连接三相电源，通电试车。

6. 通电试车

（1）提醒同组人员注意；

（2）通电试车时，旁边应有教师监护，出现故障及时断电，检修并排障后再次通电；

（3）试车完毕，先断开电源后拆线。

7. 清理现场，严格按照 8S 管理制度整理现场，清洁、清扫实训环境，整理、整顿实训器材，节约实训耗材，检查安全条例，培养职业素养。

请同学们思考并总结学习过程中的知识重点、出现的问题等，记录在下面空白处。

任务九　电动机顺序起停控制电路安装与调试

电动机顺序起停控制电路识读与分析

<table>
<tr><td>任务名称</td><td colspan="3"></td><td>姓名</td><td></td></tr>
<tr><td>班级</td><td></td><td>组号</td><td></td><td>成绩</td><td></td></tr>
<tr><td>工作任务</td><td colspan="5">某物流公司安装一套由主传输带和支传输带组成的传输系统，功能为按下起动按钮后，支传输带先运行，2min 后主传输带再运行，按下停止按钮，传输带全部停止运行。设计要求为传输带的电动机采用全压起动方式，利用继电—接触器控制，要求设置热过载、短路、欠电压、失电压保护
◆ 设计电动机顺序起动控制电路线路图
◆ 在实训室元器件库中选出合适的元器件和配件耗材，检测元器件的性能好坏并根据安装图，合理布局网孔板
◆ 根据接线图，按照安装工艺要求进行线路布线连接
◆ 通电试车，如出现问题，检测排障</td></tr>
<tr><td>任务目标</td><td colspan="5">知识目标
● 掌握分析电动机顺序控制电路工作过程的方法
● 掌握根据要求设计控制电路的方法
技能目标
● 能独立分析电气原理
● 能正确判断电路的工作过程和特性
● 能自主查阅资料，寻找符合设计要求的电气原理图
职业素养目标
● 科学思维：把握细节，严谨细致，勇于探索的科学态度
● 自主学习：主动完成任务内容，提炼学习重点
● 团结合作：主动帮助同学，善于协调工作关系
● 工匠精神：培养一丝不苟、严谨细致、勇于探索的学习态度，精益求精、认真细致的工作态度，确保安装质量，提高质量意识，培育爱岗敬业的专业素质</td></tr>
<tr><td rowspan="4">任务分配</td><td>职务</td><td>姓名</td><td colspan="3">工作内容</td></tr>
<tr><td>组长</td><td></td><td colspan="3"></td></tr>
<tr><td>组员</td><td></td><td colspan="3"></td></tr>
<tr><td>组员</td><td></td><td colspan="3"></td></tr>
</table>

顺序启动控制电路安装与调试

【资讯】

在生产实际中，有些设备常常要求多台电动机按一定的顺序实现起动和停止。例如皮带输送机中，要求前级输送带起动后才能起动后级输送带，停止时要求停止后级输送带后才能停止前级输送带。这种要求几台电动机起动或停止必须按一定先后顺序来完成的控制方式叫做电动机的顺序控制。顺序控制可以通过主电路实现，也可以通过控制电路实现。

一、电动机主电路顺序控制电路

利用主电路实现顺序控制就是在主电路中利用一个交流接触器的主触头与另一个交流接触器的主触头串联，达到顺序控制的目的。如图 1-37 所示。

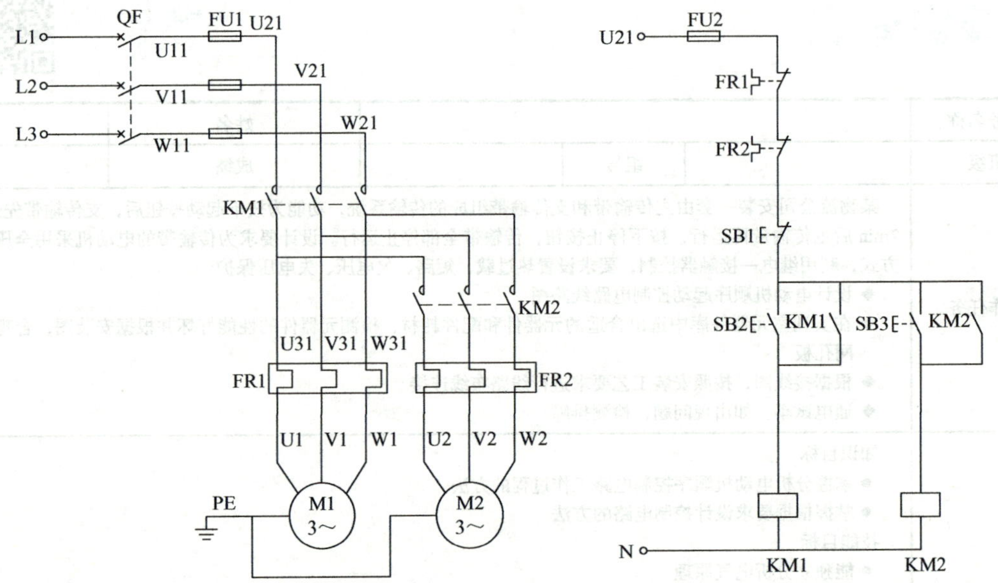

图 1-37　电动机主电路顺序控制电路原理图

电路工作过程分析

起动：合上 QF，接通三相电源，按下起动按钮 SB2，

a）交流接触器 KM1 线圈得电吸合并自锁；

b）KM1 主触头闭合，电动机 M1 得电运转；

c）KM1 主触头的闭合为电动机 M2 电源的接通做好了准备。

按下电动机 M2 的起动按钮 SB3，

a）交流接触器 KM2 通电吸合并自锁；

b）主电路中接触器 KM2 主触头闭合，接通电动机 M2 的电源，电动机 M2 通电起动运转。

停车：按下停止按钮 SB1，交流接触器 KM1、KM2 均失电释放，电动机 M1、M2 同时失电停止运转。

【引导问题一】

1. 电动机 M1 和 M2 分别通过交流接触器 KM1 和 KM2 控制，KM2 的主触头接在 KM1 主触头的________，保证了只有________主触头闭合，电动机 M1 起动运转后，电动机 M2 才可能通电运转。

2. 停止按钮可以同时切断交流接触器 KM1 和 KM2 的________电路，使两个交流接触器同时________，两台电动机同时停止运行。

3. 两台电动机的热继电器都与停止按钮________，只要其中一台电动机过载，两台电动机就都停止运行。

二、电动机控制电路顺序控制电路

利用控制电路实现顺序控制就是在控制电路中利用一个交流接触器的常开辅助触头与另一个交流接触器的线圈串联，达到顺序起动的目的。如图 1-38 所示。

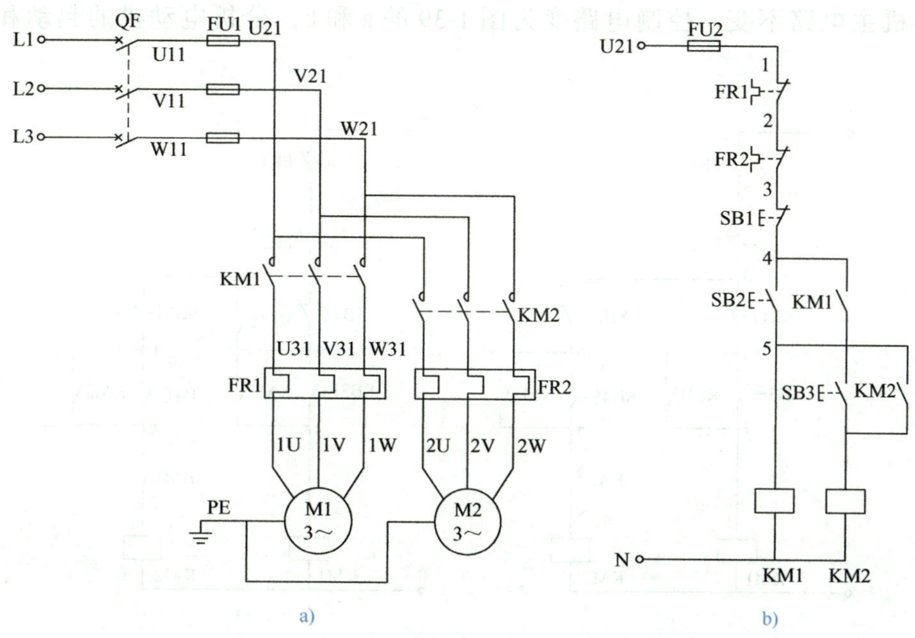

图 1-38 电动机控制电路顺序控制电路原理图

电路工作过程分析

起动：合上 QF，接通三相电源，按下起动按钮 SB2，

a）交流接触器 KM1 线圈得电吸合并自锁；

b）KM1 主触头闭合，电动机 M1 得电运转。

KM1 的辅助常开触头闭合为交流接触器 KM2 线圈的通电做好了准备。按下起动按钮 SB3，

a）交流接触器 KM2 通电吸合并自锁；

b）主电路中接触器 KM2 主触头闭合，接通电动机 M2 的电源，电动机 M2 通电起动运转。

停车：按下停止按钮 SB1，交流接触器 KM1、KM2 均失电释放，电动机 M1、M2 同时失电停止运转。

【引导问题二】

1. 利用交流接触器 KM1 的常开辅助触头控制交流接触器 KM2 线圈的通电，只有 KM1________通电，其触头吸合，________才可能得电，达到电动机 M1 起动运转后，电动机 M2 才运转的控制目的。

2. 停止按钮可以同时切断交流接触器 KM1 和 KM2 的线圈电路，使两个交流接触器同时失电复位，两台电动机同时________。

3. 两台电动机的热继电器都与停止按钮________，只要其中一台电动机过载，两台电动机就都停止运行。

【引导问题三】

电动机主电路不变，控制电路变为图 1-39 的 a 和 b，分析电动机的起动和停止的顺序。

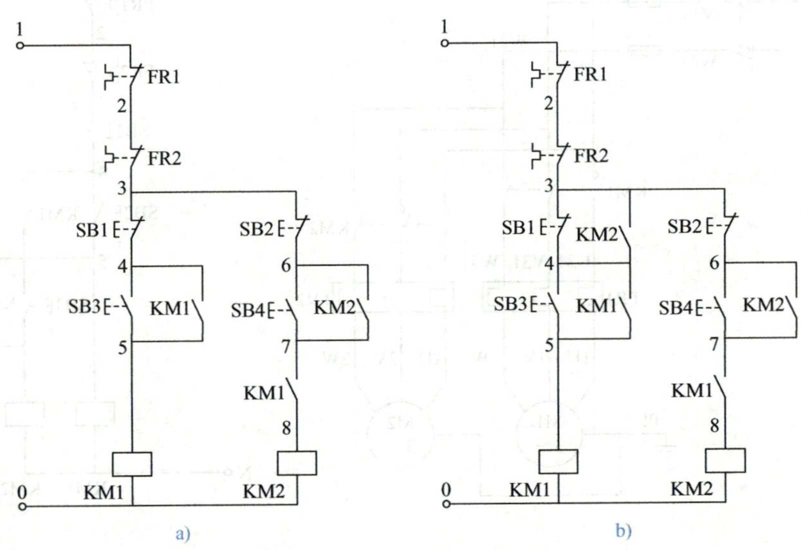

图 1-39　电动机的起、停顺序控制控制电路原理图

控制电路如图 1-39a 所示，分析电动机的工作过程。

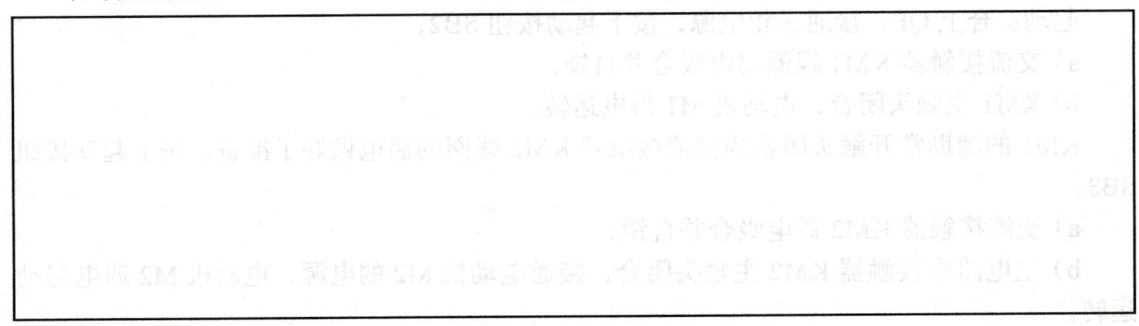

控制电路如图 1-39b 所示，分析电动机的工作过程。

三、电动机自动顺序启动控制电路

顺序起停电路还可以实现自动控制功能，电气原理图如图 1-40 所示，接线图如图 1-41 所示。

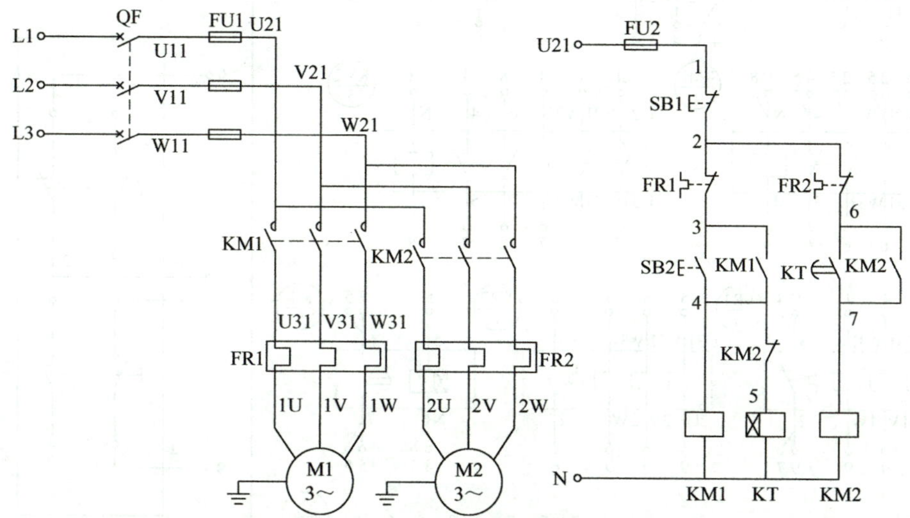

图 1-40　电动机自动顺序起动控制电路原理图

电路工作过程分析

起动：合上 QF，接通三相电源，按下起动按钮 SB2，

a）交流接触器 KM1 线圈得电吸合并自锁；

b）KM1 主触头闭合，电动机 M1 得电运转；

c）时间继电器 KT 线圈供电，KT 开始计时。

KT 延时时间到，KT 延时常开触头闭合，KM2 线圈通电吸合，

a）KM2 的辅助常闭触头断开，停止 KT 线圈的供电，KT 停止工作；

b）主电路中接触器 KM2 主触头闭合，接通电动机 M2 的电源，电动机 M2 通电起动运转；

c）交流接触器 KM2 通电吸合并自锁。

停车：按下停止按钮 SB1，交流接触器 KM1、KM2 均失电释放，电动机 M1、M2 同时失电停止运转。

【引导问题四】

1. 利用交流接触器 KM1 的常开触头控制________型时间继电器 KT 线圈的通电，开始计时，只有 KM1 通电，其触头吸合，达到电动机 M1 起动运转后延时一段时间，电动机 M2 才运转的控制目的。

2. 停止按钮可以同时切断交流接触器 KM1 和 KM2 的线圈电路，使两个交流接触器同时失电复位，两台电动机同时________。

3. FR1 热过载触头断开，M1__________，M2__________；FR2 热过载触头断开，M1________，M2________。

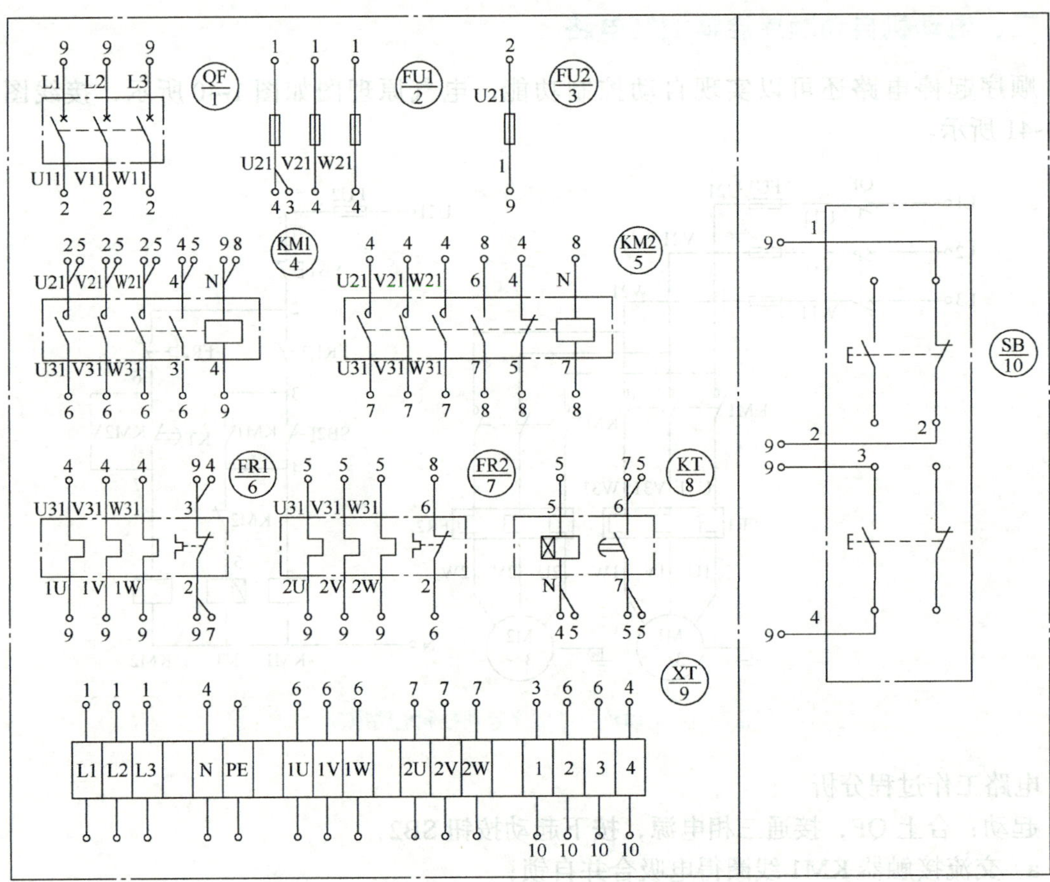

图 1-41　电动机自动顺序起动控制电路接线图

【引导问题五】同学们可以自行上网查阅画出电动机顺序起动、顺序停止控制电路。

实操任务：电动机自动顺序起动控制电路的安装与调试。

一、任务准备

根据安装图要求，领取工具及元器件。

1. 按表 1-16 领取安装工具及仪表。

表 1-16 安装工具、仪表清单

序号	名称	外形图	序号	名称	外形图
1	压线钳		4	剥线钳	
2	斜口钳		5	一字、十字螺钉旋具	
3	尖嘴钳		6	万用表	

2. 按表 1-17 领取元器件，所有元器件外观应完整无损，附件齐全。用万用表检测所有元器件的好坏，包括线圈电阻、触头的分、合情况等，将表 1-17 中的内容填写完整。

表 1-17 电动机顺序起动控制电路元器件清单

序号	名称	型号规格	数量	检测结果
1	低压断路器			
2	熔断器			
3	交流接触器			
4	热继电器			
5	时间继电器			
6	按钮			
7	端子排			
8	导轨			
9	线槽			
10	塑料硬铜线			
11	塑料软铜线			
12	编码套管			
13	接线端子			

3. 将时间继电器的时间整定为 30s。

二、任务步骤

1. 根据安装图，在网孔板上安装导轨、线槽和元器件；元器件的安装位置应整齐、匀称、间距合理、便于更换。

2. 根据接线图布线，布线应符合板前布线工艺要求。

3. 自检电路，安装完毕的电路板，应不通电测试，按电气原理图或安装图从电源开始，逐段核对接线及接线端子是否正确，有无漏接、错接之处，检查接线端子是否符合要求，压接是否牢固。

（1）主电路的检测，合上 QF，按下 KM 的联动机构，用万用表检测，填写表 1-18。

表 1-18　主电路检测表

测量项目	测量数值	说明
XT:L1—XT:1U	无穷大□　无穷小□	
XT:L2—XT:1V	无穷大□　无穷小□	
XT:L3—XT:1W	无穷大□　无穷小□	
XT:L1—XT:2U	无穷大□　无穷小□	
XT:L2—XT:2V	无穷大□　无穷小□	
XT:L3—XT:2W	无穷大□　无穷小□	

（2）控制电路的检测，将万用表打到蜂鸣档，测量 1–N 之间阻值。

因按钮 SB2 断开，阻值应为无穷________；按下按 SB2，测量 1–N 之间阻值，数值应为 KM 与 KT 的线圈________联数值，数值为________。

4. 按电动机铭牌要求的联结方式接好电动机，不做特殊要求默认为 Y 形联结；再次测量电动机三相之间的绝缘性。

5. 以上步骤检查无误后，请老师检查后，才可连接三相电源，通电试车。

6. 通电试车

（1）提醒同组人员注意；

（2）通电试车时，旁边应有教师监护，出现故障及时断电，检修并排障后再次通电；

（3）试车完毕，先断开电源后拆线。

7. 清理现场，严格按照 8S 标准整理现场，清洁、清扫实训环境，整理、整顿实训器材，节约实训耗材，检查安全条例，培养职业素养。

任务小结

请同学们思考并总结学习过程中的知识重点、出现的问题等，记录在下面空白处。

单元任务考核

单元任务考核

考核任务		成绩	
姓名		学号	

请同学们识读并分析传输带顺序起停控制电路的电气原理图（参见图 1-43）：

一、分析主电路电路（每空 1 分，共 15 分）

1. 主电路中包含的元器件及触头有：

低压断路器________________的三对主触头，开启式熔断器________、________、________，方便更换熔体，交流接触器____________和____________的三对主触头，热继电器________和________的三对主触头。

2. 主电路中的线号组有________、________、________、________、________。

3. 两台三相异步电动机工作状态彼此独立，都是采用________运行形式。

二、分析控制电路（每空 1 分，共 34 分）

1. 控制电路包括________、________、________、________、________五部分；

2. 控制电路主要包括：

KM1：主电动机起动电路中的________________、辅助电动机起动电路中的________，主电动机停止电路中的________。

KM2：辅助电动机停止电路中的________、________、主电动机停止电路中的________、辅助电动机起动电路中的________。

KT1：属于________型时间继电器，包括辅助电动机起动电路中的________；停止电路中的________、________。

KT2：属于________型时间继电器，包括辅助电动机停止电路的________、主电动机起动电路中的________和________、辅助电机起动电路中的________。主电机停止电路中的________和辅助电机起动电路中的________。

3. 控制电路中的线号有________、________、________、________、________、________、________、________、________、________、________。

三、工作过程分析（每空 1 分，共 21 分）

起动：按下起动按钮 SB1，KM1 和 KT1 的线圈得电，产生电磁力，以下四步同时进行：

1. KM1 的辅助常开触头________，与 SB1 形成________；

2. 主电动机停止控制电路中的 KM1________闭合；

3. KM1 的________闭合，电动机 M1 运行；

4. KT1 开始计时。

延时 2min 后，KT1 开始动作：

1. KT1 的延时常开触头 9、10________，KM2 线圈通电；
2. 主电路停止部分 KM2 的________断开；
3. KM2 的________闭合，与 KT1 的________实现________；
4. KM2 主触头闭合，电动机 M2________。
电路实现了 M1 先运行，2min 后 M2 再运行的顺序起动功能。
停止：按下停止按钮 SB2，
1. SB2 的________先断开，KM2 的线圈失电，M2________运行；
2. SB2 的________后闭合，主电路停止回路中 KM2 的触头恢复________状态，主电路停止回路接通，KT2 的线圈________________；
3. KT2 常开触头闭合，实现对 SB2 的________________。
KT2 开始计时，2min 后，
1. 主电路起动回路中的 KT2________断开，KM1 线圈________，M1 停止运行；
2. 主电机停止电路中 KM1 的________断开复原，KT2 线圈失电。
电路实现了 M2 先停止运行，2min 后 M1 后停止运行的顺序停止功能。
对照任务要求，可判断主传输带电动机为________，支传输带电动机为________。
同学们可自行分析系统图中的接线图。

四、设计分析（20 分）

某同学设计带式输送机控制电气原理图如图 1-42 所示，设计要求第一台电动机先起动，再起动第二台，停止时先停第二台，再停第一台，但实操过程中线路总是出现问题，请同学们分析电路图，指出问题。

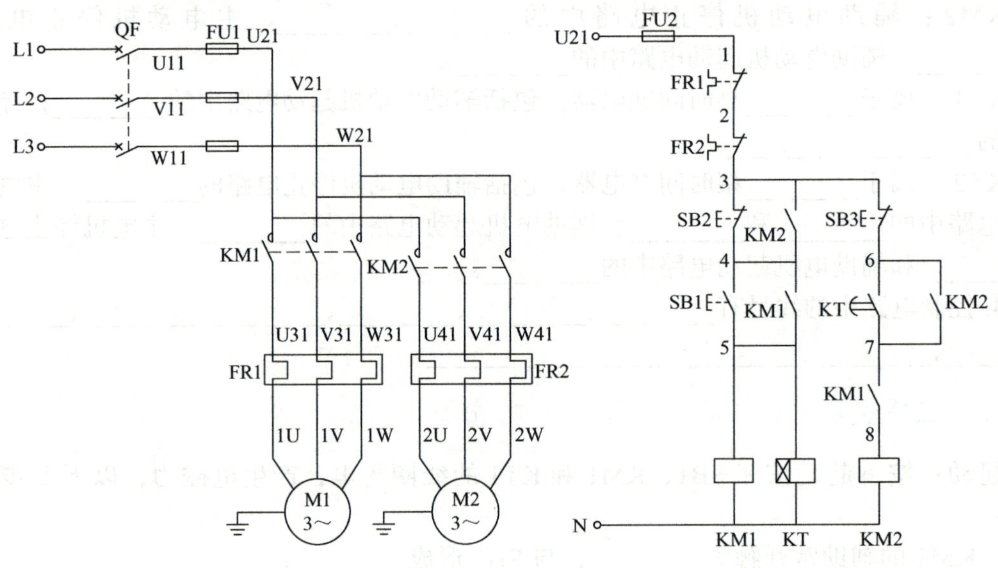

图 1-42　带式输送机控制电气原理图

五、单元任务小结（10 分）

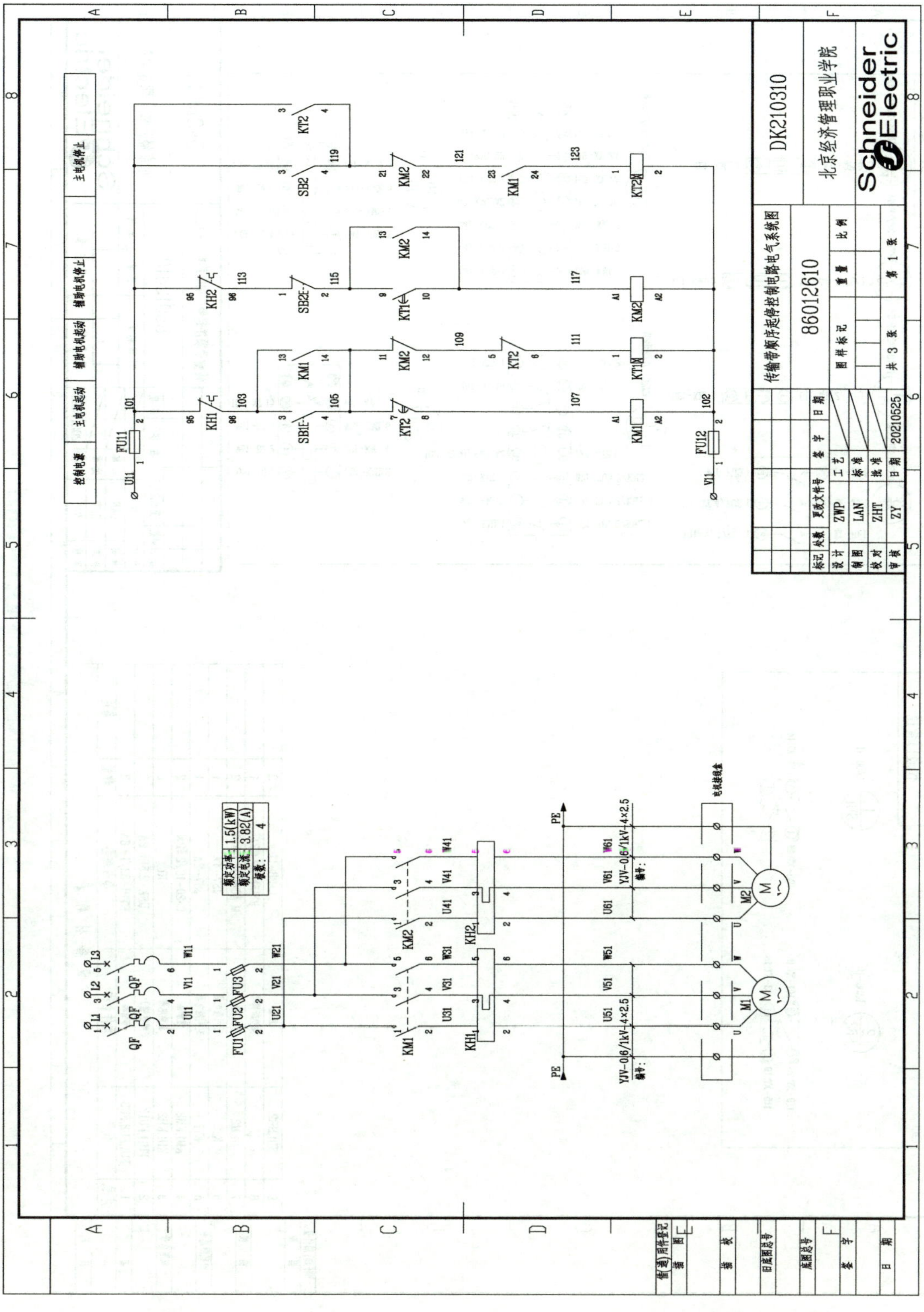

图 1-43 传输带顺序起停控制电路电气系统图

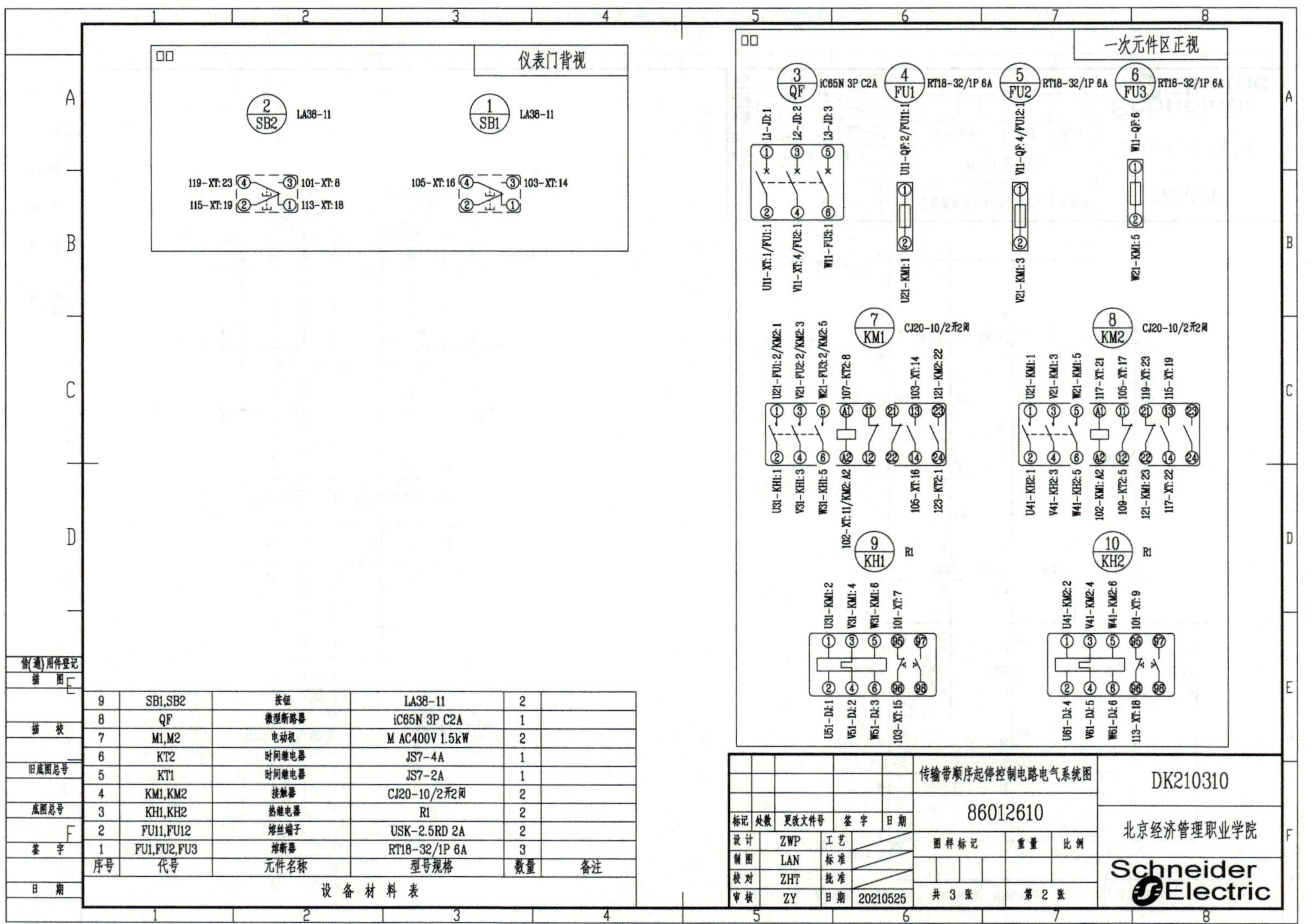

图 1-43 传输带顺序起停控制电路电气系统图（续一）

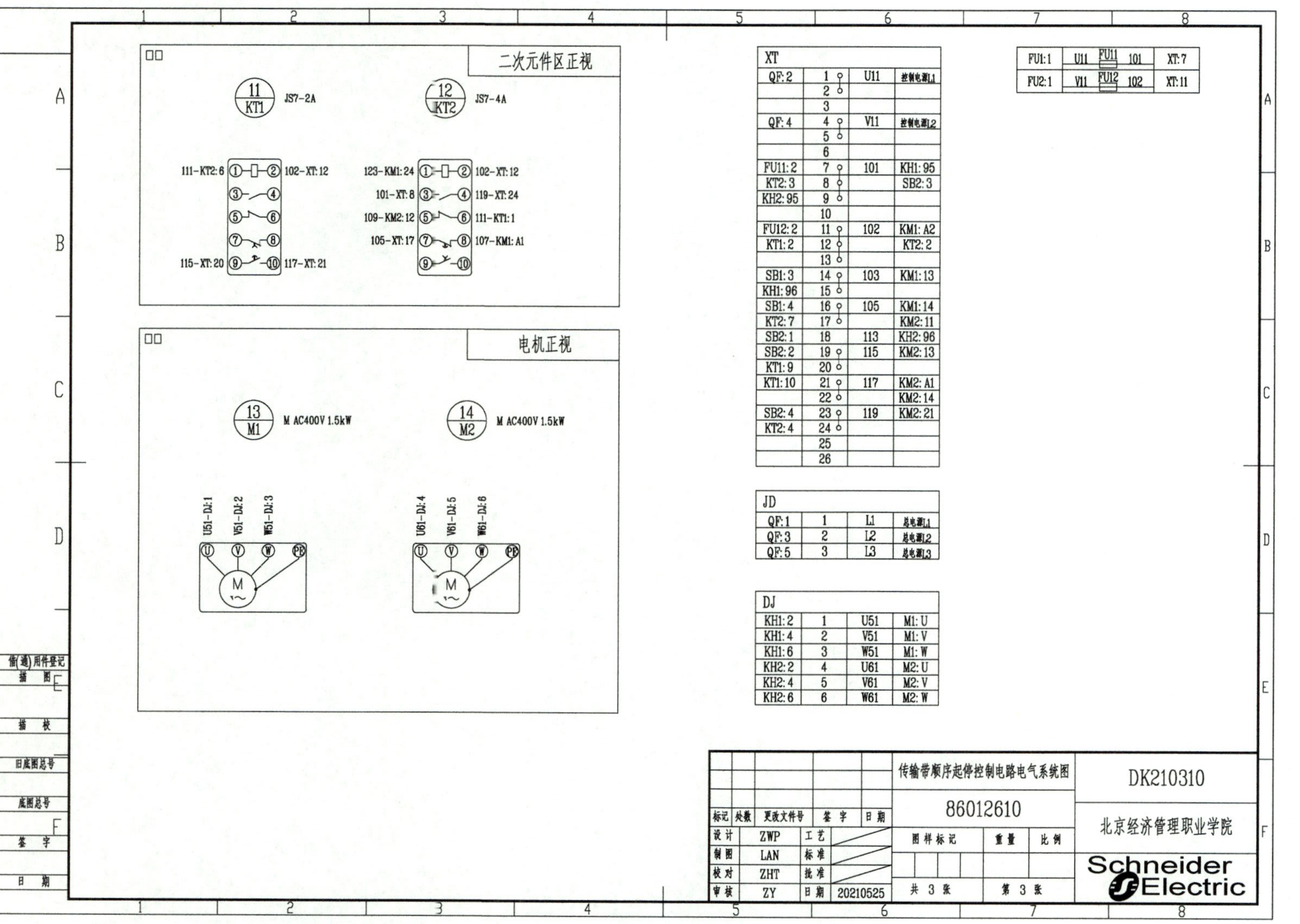

XT			
QF:2	1	U11	控制电源L1
	2		
	3		
QF:4	4	V11	控制电源L2
	5		
	6		
FU11:2	7	101	KH1:95
KT2:3	8		SB2:3
KH2:95	9		
	10		
FU12:2	11	102	KM1:A2
KT1:2	12		KT2:2
	13		
SB1:3	14	103	KM1:13
KH1:96	15		
SB1:4	16	105	KM1:14
KT2:7	17		KM2:11
SB2:1	18	113	KH2:96
SB2:2	19	115	KM2:13
KT1:9	20		
KT1:10	21	117	KM2:A1
	22		KM2:14
SB2:4	23	119	KM2:21
KT2:4	24		
	25		
	26		

JD			
QF:1	1	L1	总电源L1
QF:3	2	L2	总电源L2
QF:5	3	L3	总电源L3

DJ			
KH1:2	1	U51	M1:U
KH1:4	2	V51	M1:V
KH1:6	3	W51	M1:W
KH2:2	4	U61	M2:U
KH2:4	5	V61	M2:V
KH2:6	6	W61	M2:W

FU1:1	U11	FU11	101	XT:7
FU2:1	V11	FU12	102	XT:11

图1-43 传输带顺序起停控制电路电气系统图（续二）

学习单元二

智慧园区——电动葫芦安装与调试

天车（或称为行车）是一种升降和搬运重物的机械，一般横架在车间、仓库及露天料场固定跨间上方，并可沿轨道移动，取物装置挂在可沿桥架运行的起重小车上，使取物装置上的重物实现垂直升降和水平移动，以及完成某些特殊工艺操作。

单元任务概述：

工业园区某公司为了提高生产效率、减轻员工劳动强度，拟购入两台小型天车，选中LX 1–16t 电动单梁悬挂型天车，该设备起重量为 0.5 ～ 16t，跨度在 3 ～ 16m 范围内，操作方式为地面操作（有线和无线两种），适用于工厂、仓库建筑物轨面到屋架下弦高度小于 5m 的场所。

该型号天车的运行配套为电动葫芦（见图 2-1）。电动葫芦是一种特种起重设备，具有体积小、自重轻、操作简单、使用方便等特点，电动葫芦结构紧凑，电动机轴线垂直于卷筒轴线的电动葫芦采用涡轮传动装置，电器控制部分采用了低电压控制，增加了支配系统的安全性。

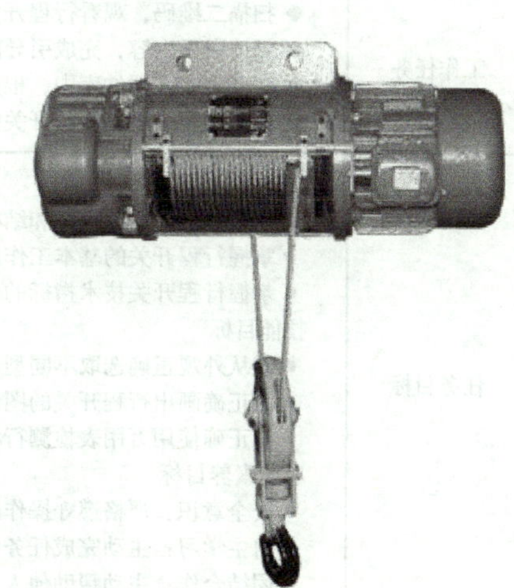

图 2-1　小型天车和电动葫芦

电动葫芦的运行：起动起升电动机，钢丝卷筒通过挂钩把重物起升到适当的高度，再起动运行电动机把重物运到指定的位置，运行小车在单工字钢梁的下缘行走。运行小车在行走时，为防止重物下降，在起升机构上设置了一个电磁制动器。

本学习单元的目标是识读电动葫芦运行的电气系统图。在教学的实施过程完成以下目标：

1. 认识电气图中所有低压电器，掌握图形符号和文字符号，理解其结构和工作原理。

2. 完成电动机正反转双重联锁运行控制电路的安装与调试，分析电气线路图推导工作过程，绘制布置图和接线图，按图安装元器件并正确接线调试。

3. 分析电动机自动往返控制电路电气原理图，了解其工作过程，掌握电路设计思路。

4. 分析电动机制动电路，掌握电气制动和机械制动的工作原理，根据不同应用场所，合理选择制动电路。

5. 培养主动学习和科学的思维能力，以及严谨、规范的工作作风，安全意识，严格按照规范流程完成任务，实施过程符合 8S 管理要求，有耐心和毅力分析解决操作中遇到的问题。

学完本单元内容，学生可根据图样分析电动葫芦的电气控制系统图，完成单元任务考核。

任务十　行程开关识别与检测

任务工单

任务名称				姓名	
班级		组号		成绩	
工作任务	◆ 扫描二维码，观看行程开关的微课 ◆ 阅读资讯内容，完成引导问题 ◆ 在实训室元器件库中，根据行程开关的外形和标识，正确选择不同型号的行程开关 ◆ 使用万用表检测行程开关的好坏				
任务目标	知识目标 ● 掌握行程开关的分类和结构 ● 掌握行程开关的基本工作原理 ● 掌握行程开关技术指标的含义 技能目标 ● 能从外观正确选取不同型号的行程开关 ● 能正确画出行程开关的图形符号和电气符号 ● 能正确使用万用表检测行程开关的好坏 职业素养目标 ● 安全意识：严格遵守操作规范和操作流程 ● 自主学习：主动完成任务内容，提炼学习重点 ● 团结合作：主动帮助他人，善于协调工作关系				
任务分配	职务	姓名	工作内容		
	组长				
	组员				
	组员				

扫描二维码，观看行程开关的微课。

行程开关识别与检测

【资讯】

行程开关是位置开关（又称限位开关）的一种，是一种常用的小电流主令电器。使用中，是利用生产机械运动部件的碰撞使其触头动作来实现接通或分断控制电路，达到一定的控制目的。通常，这类开关被用来限制机械运动的位置或行程，使运动机械按一定位置或行程自动停止、反向运动、变速运动或自动往返运动等。

【引导问题一】行程开关的功能作用是什么？

【引导问题二】行程开关与按钮的区别是什么？

行程开关的分类

按结构形式可分为直动式、滚轮式、微动式和组合式。

1. 直动式行程开关（见图 2-2）

直动式行程开关和按钮类似，按钮需要手动按下，而直动式行程开关是由运动的机械碰撞产生运动信号。当操作头被碰到时，向内压缩压动内部的微动开关；当机械移开时，在内部弹簧的作用下，行程开关复位。

2. 滚轮式行程开关（见图 2-3）

滚轮式行程开关有两种，一种是单轮行程开关，另一种是双轮行程开关。

当运动机械的挡铁压到行程开关的滚轮上时，传动杠杆带动转轴，使凸轮推动撞块，当撞块碰压到一定位置时，推动微动开关快速动作。当滚轮上的挡铁移开后，复位弹簧就使行程开关复位。

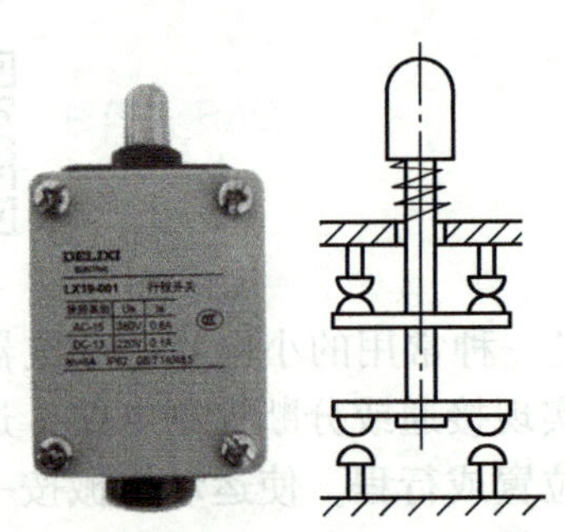
图 2-2 德力西 LX19-001 型行程开关外形和内部结构图

单滚轮旋转式

双滚轮旋转式

图 2-3 滚轮式行程开关外形

行程开关分自动复位和非自动复位。双滚轮式行程开关被触碰一个滚轮后，触头瞬时动作，但当挡铁离开后，开关不自动复位，只有机械反向移动，挡铁从相反方向碰压另一滚轮时，触头才能复位。

【引导问题三】 LX19-001 型行程开关的规格含义是什么？

【引导问题四】 查阅资料 JLXK1-111、JLXK1-211、JLXK1-311、JLXK1-411、JLXK1-511 这几种行程开关有什么区别：

---

3. 微动开关式行程开关（见图 2-4）

微动开关式行程开关有很多种类型，把行程开关中的触点系统拿出来，就是微动开关式行程开关。

微动开关式行程开关是生活中用的最多的行程开关，比如带照明的衣柜、洗衣机面板、电压力锅的锁紧等，均会用到微动行程开关。

【引导问题五】 查阅资料，你周围的哪件电器带有微动式行程开关？

【引导问题六】查阅资料，不直接接触能靠感觉实现开关功能的器件叫什么？如何工作？

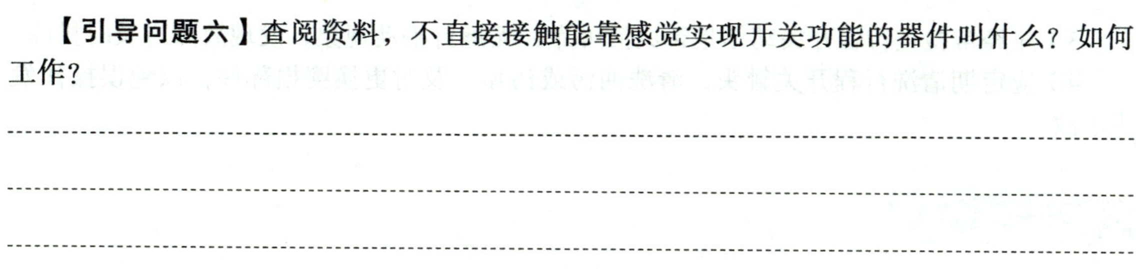

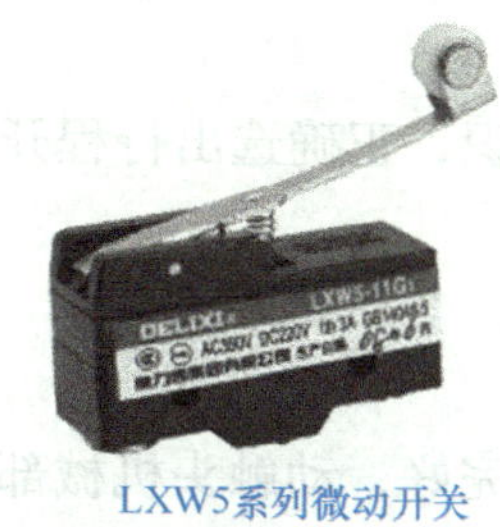

LXW5系列微动开关

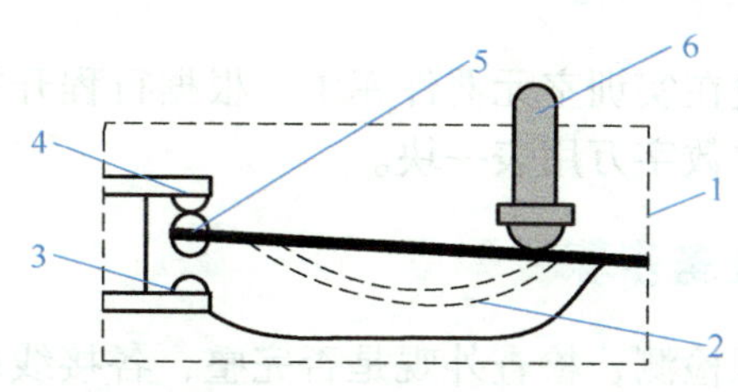

图 2-4 微动行程开关和内部电路图

1—壳体 2—弹簧片 3—常开静触头 4—常闭静触头 5—动触头 6—推杆

4. 组合式行程开关

组合式行程开关是把多个作用相同的行程开关做到一起的行程开关。一种机床常用行程开关如图 2-5 所示。

（1）行程开关的图形与文字符号（见图 2-6）

图 2-5 高性能组合式行程开关外形

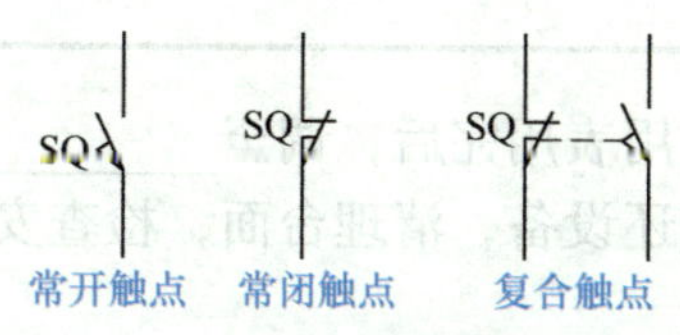

图 2-6 行程开关的符号

（2）行程开关主要技术指标

行程开关的主要技术参数有额定电压、额定电流、触点接触时间、动作角度或工作行程、触点数量、结构形式和操作频率等。

（3）行程开关的安装与使用

1）在安装行程开关时，要检查挡铁在行走到位时能否碰撞行程开关头，切不可碰撞在行程开关中间或其他部位。

2）在安装时或在检查行程开关时，要把它固定牢固，并用手拨动或压动行程开关动作头，仔细听声音，检查是否有“啪”的响声，如果没有，应打开行程开关，调节连接微动开关与动作轴的螺钉。

3）应经常检查行程开关动作是否灵活可靠，无螺钉松动现象，发现故障应及时排除。

4）应定期清洗行程开关触头，清洗油污或污垢，及时更换磨损部件，以免误操作发生事故。

实操任务：使用万用表检测行程开关的性能。

一、任务准备

1. 各组在实训室元器件库中，根据行程开关的外形和标识，正确选出行程开关一个。
2. 领取数字万用表一块。

二、任务步骤

1. 外观检测，检查外观是否完整，各接线端和螺钉是否完好，动触头机械部位是否活动灵活。
2. 将万用表档位调至________档。
3. 按表 2-1 的要求，用万用表检测触点，将数据记录在表 2-1 中。

表 2-1　行程开关检测表

型号				
触点	常开触点		常闭触点	
动作	动作前	动作后	动作前	动作后
阻值				
结论：				

4. 万用表用完后，调至________档位。
5. 归还设备，清理台面，检查安全条例，培养职业素养。

任务小结

请同学们思考并总结学习过程中的知识重点、出现的问题等，记录在下面空白处。

任务十一　制动控制电器识别

任务工单

<table>
<tr><td>任务名称</td><td colspan="3"></td><td>姓名</td><td></td></tr>
<tr><td>班级</td><td></td><td>组号</td><td></td><td>成绩</td><td></td></tr>
<tr><td>工作任务</td><td colspan="5">◆ 利用多媒体资源，查阅制动相关内容
◆ 阅读资讯内容，完成引导问题</td></tr>
<tr><td>任务目标</td><td colspan="5">知识目标
● 掌握速度继电器的结构和工作原理
● 掌握速度继电器电气符号
● 掌握电磁制动的工作原理
● 掌握电磁抱闸制动的电气符号
技能目标
● 能从外观正确区分不同型号的制动元件
● 能根据任务要求合理选择制动电器
职业素养目标
● 安全意识：严格遵守操作规范和操作流程
● 自主学习：主动完成任务内容，提炼学习重点
● 团结合作：主动帮助他人，善于协调工作关系</td></tr>
<tr><td rowspan="4">任务分配</td><td>职务</td><td>姓名</td><td colspan="3">工作内容</td></tr>
<tr><td>组长</td><td></td><td colspan="3"></td></tr>
<tr><td>组员</td><td></td><td colspan="3"></td></tr>
<tr><td>组员</td><td></td><td colspan="3"></td></tr>
</table>

【资讯】

速度继电器（转速继电器，见图 2-7）又称反接制动继电器。自动控制中，有时需要根据电动机转速的高低来接通和分断某些电路，例如笼型三相异步电动机的反接制动，当电动机的转速降到很低时应立即切断电流，以防止电动机反向起动。这种动作就需要速度继电器来控制完成。

【引导问题一】速度继电器的功能作用是什么？

【引导问题二】速度继电器主要适用于什么工作电路？

【引导问题三】速度继电器的内部主要结构有哪些？

速度继电器的工作原理

速度继电器主要结构是由转子、定子及触点三部分，内部结构如图 2-8 所示。

速度继电器的转轴与电动机转轴连在一起。在速度继电器的转轴上固定着一个圆柱形的永久磁铁；磁铁的外面套有一个可以按正、反方向偏转一定角度的外环；在外环的圆周上嵌有笼型绕组。当电动机转动时外环的笼型绕组切割永久磁铁的磁力线而产生感生电流，并产生转矩，使外环随着电动机的旋转方向转过一个角度。这时固定在外环支架上的顶块顶着动触点，使其一组触点动作。若电动机反转，则顶块拨动另一组触点动作。当电动机的转速下降到 100r/min 左右，由于笼型绕组的电磁力不足，顶块返回，触头复位。因继电器的触点动作与否与电动机的转速有关，所以叫速度继电器。

图 2-7 速度继电器的外形

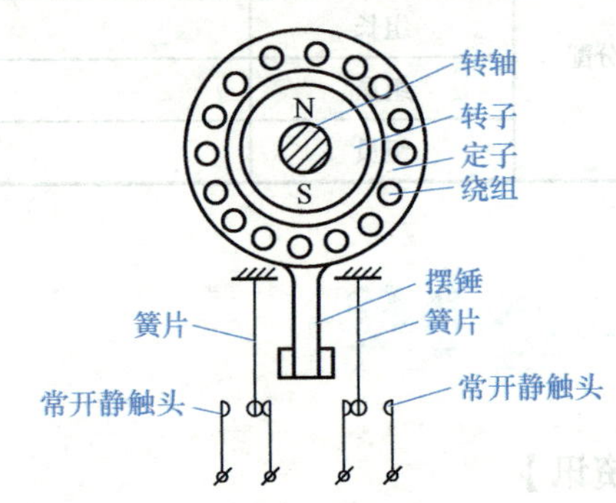

图 2-8 速度继电器内部结构图

一般速度继电器的转轴在 130r/min 左右即能动作，在 100r/min 时触头即能恢复到正常位置。可以通过螺钉的调节来改变速度继电器动作的转速，以适应控制电路的要求。

速度继电器的图形与文字符号（见图 2-9）

图 2-9 速度继电器符号

【引导问题四】速度继电器的接线端子有几个？分别是哪种？

速度继电器的外部接线图（见图 2-10）

接线时，正反向的触点不能接反，否则不能反接制动时接通和断开反向电源。

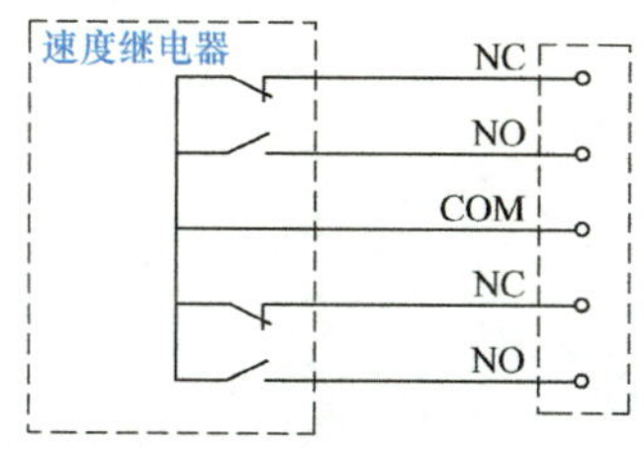

图 2-10 速度继电器端子接线图

速度继电器的安装与使用

1. 安装时，速度继电器连轴的连接端与电动机转轴直接相连，两轴中心线重合。
2. 速度继电器的金属外壳应可靠接地。
3. 根据电动机的额定转速来选择。

电磁制动系统是使机械中的运动件停止或减速的机器部件，应用较普遍的机械制动主要采用电磁抱闸制动器和电磁离合器。

【引导问题五】电磁制动系统的功能是什么？

电磁抱闸制动器：

电磁抱闸制动器的结构（见图 2-11）

电磁抱闸制动和电磁离合器制动的原理基本相同，利用电磁线圈通电后产生磁场，使静铁心产生足够大的吸力吸合衔铁或动铁心（电磁离合器的动铁心被吸合，动、静摩擦片分开），克服弹簧的拉力而满足工作现场的要求。电磁抱闸是靠闸瓦的摩擦片制动闸轮。电磁离合器是利用动、静摩擦片之间足够大的摩擦力使电动机断电后立即制动。

图 2-11 电磁抱闸制动器与电磁离合器的外形

电磁抱闸制动器的工作原理

电磁抱闸制动器的结构如图 2-12 所示。

电动机接通电源，同时电磁抱闸线圈也得电，衔铁吸合，克服弹簧的拉力使制动器的闸瓦与闸轮分开，电动机正常运转。断开开关或接触器，电动机失电，同时电磁抱闸线圈也失电，衔铁在弹簧拉力作用下与静铁心分开，并使制动器的闸瓦紧紧抱住闸轮，电动机被制动而停转。

电磁抱闸制动器的图形与符号（见图 2-13）

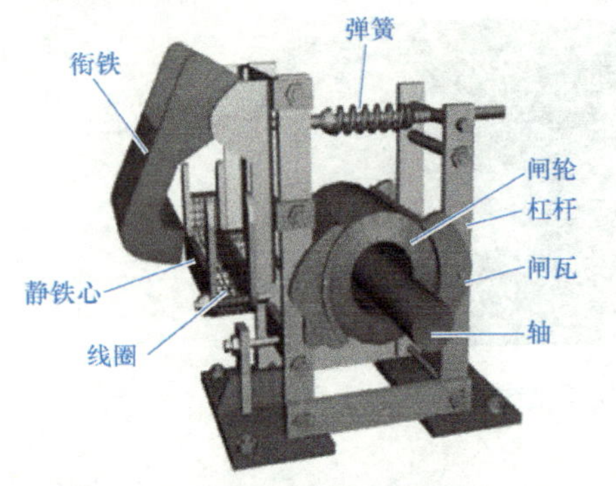

图 2-12　电磁抱闸制动器的结构图

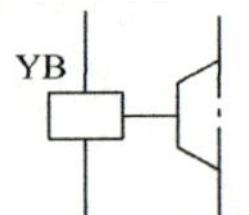

图 2-13　电磁抱闸制动器符号

电磁抱闸制动器的特点

优点：制动力强、安全可靠，不会因突然断电而发生事故，广泛应用在起重设备上。

缺点：体积较大、制动器磨损严重、快速制动时会产生振动。

同学们可自行查阅电磁离合器的特性。

【引导问题六】实际工作生活中哪些地方用到了制动控制系统？

请同学们思考并总结学习过程中的知识重点、出现的问题等，记录在下面空白处。

任务十二 电动机正反转控制电路安装与调试

电动机正反转控制电路识读与分析

<table>
<tr><td>任务名称</td><td colspan="3"></td><td>姓名</td><td></td></tr>
<tr><td>班级</td><td></td><td>组号</td><td></td><td>成绩</td><td></td></tr>
<tr><td>工作任务</td><td colspan="5">园区内某公司在大门口安装一套自动门，功能为按下绿色起动按钮后，电动门可以直接前进；按下黄色按钮，电动门可直接后退；按红色按钮，电动门停止运行。设计要求为电动门采用采用电动机正反转双重联锁电路，电路采用继电—接触器控制，并设置热过载、短路、欠电压、失电压保护
◆ 根据设计要求，分析电气原理图
◆ 根据安装图，在实训室元器件库中选出合适的元器件和配件耗材，合理布局网孔板
◆ 根据接线图，按照安装工艺要求进行线路布线连接
◆ 通电试车，如出现问题，检测排障</td></tr>
<tr><td>任务目标</td><td colspan="5">知识目标
● 掌握电动机电气联锁和机械联锁的特点
● 掌握电动机单重联锁控制电路的电气线路图和工作特点
● 掌握电动机双重联锁控制电路的电气线路图和工作特点
技能目标
● 能正确绘制电动机双重联锁控制电路的接线图
● 能按照电气布置图合理布局，元件摆放合理，操作空间合适
● 能根据接线图，遵照板前布线工艺要求，正确进行线路连接
● 能正确使用万用表对电路进行通电前检测
● 能根据故障现象，分析、判断故障原因，检修线路
职业素养目标
● 安全意识：严格遵守操作规范和操作流程
● 自主学习：主动完成任务内容，提炼学习重点
● 团结合作：主动帮助同学，善于协调工作关系
● 工匠精神：培养一丝不苟、严谨细致、勇于探索的学习态度，精益求精、认真细致的工作态度，确保安装质量，提高质量意识，培育爱岗敬业的专业素质</td></tr>
<tr><td rowspan="4">任务分配</td><td>职务</td><td colspan="2">姓名</td><td colspan="2">工作内容</td></tr>
<tr><td>组长</td><td colspan="2"></td><td colspan="2"></td></tr>
<tr><td>组员</td><td colspan="2"></td><td colspan="2"></td></tr>
<tr><td>组员</td><td colspan="2"></td><td colspan="2"></td></tr>
</table>

双重联锁正反转电路安装与调试

【资讯】

在实际应用中，机械设备的运动部件需要经常改变运动方向，比如摇臂钻床的摇臂升降、风机的排烟和送新风、机床工作台的前进和后退、电梯的上升和下降等，这些都是通过电动机的正转和反转来拖动实现的。

一、识读接触器联锁正反转控制电路电气原理图（见图 2-14）

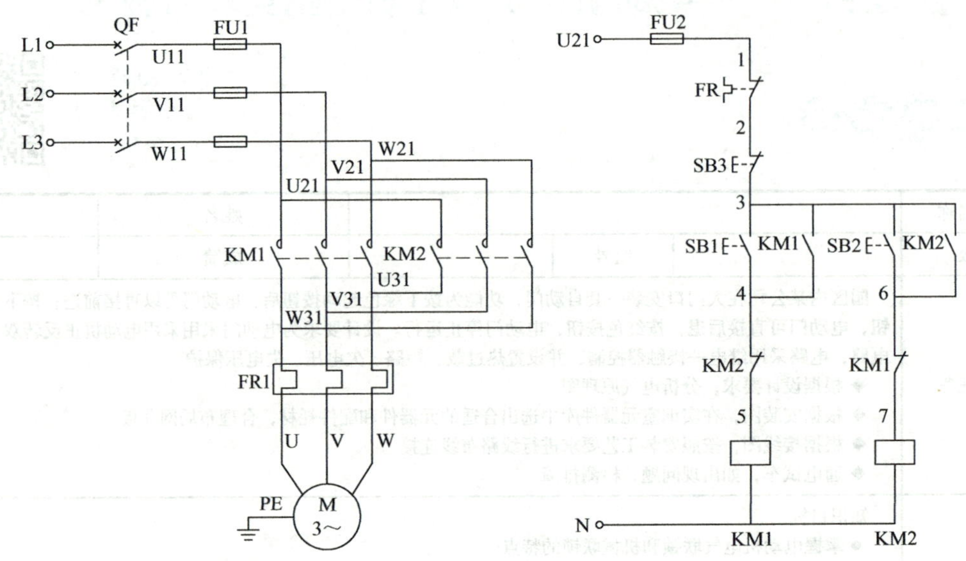

图 2-14　接触器联锁正反转控制电路

1. 主电路分析

当 KM1 的 3 个主触点接通时，三相电源按 L1–L2–L3 的相序接入电动机；

当 KM2 的 3 个主触点接通时，三相电源按 L3–L2–L1 的相序接入电动机。

因此，正、反转接触器 KM1、KM2 的主触点改变电源与电动机之间的连接相序，从而实现对电动机的正反转控制。

【引导问题一】

KM1 和 KM2 能否同时工作，说明原因：

---

2. 控制电路分析

为了避免两个接触器同时得电吸合，就需要在控制电路中实现电气联锁（互锁），以避免电源相间短路故障的发生。

所谓电气联锁（也叫接触器联锁）就是将正、反转接触器 KM1、KM2 的常闭辅助触点分别串联在对方的线圈电路中，以此形成相互制约的控制，这类相互制约的关系称为联锁（互锁），分别被串联在对方线圈电路中的常闭辅助触点成为联锁触点，电气联锁可以有效避免由误操作引发的电源相间短路故障。

3. 电路工作过程分析

合上电源开关 QF。

（1）正转控制。按下正转起动按钮 SB1，交流接触器 KM1 线圈得电，

a）KM1 的辅助常闭触点断开，切断交流接触器 KM2 线圈的电路，确保 KM2 在按下起动按钮 SB2 时，也不能通电；

b）KM1 的辅助常开触点闭合并自锁；

c）KM1 主触点闭合，电动机 M 得电正向运转。

（2）停止控制。按下停止按钮 SB3，交流接触器 KM1 线圈失电，

a）KM1 的主触头断开，电动机 M 停止运转；

b）KM1 的辅助常闭触头复位闭合，为交流接触器 KM2 线圈的通电电做好了准备。

（3）反转控制。按下反转起动按钮 SB2，交流接触器 KM2 线圈得电，

a）KM2 的辅助常闭触点断开，切断交流接触器 KM1 线圈的电路，确保 KM1 在按下起动按钮 SB2 时，也不能通电；

b）KM2 主触点闭合，电动机 M 得电反向运转（U 与 W 换相）；

c）KM2 的辅助常开触点闭合，实现自锁。

4. 电路特点

（1）交流接触器 KM1 的辅助常闭触点与 KM2 的线圈串联、KM2 的辅助常闭触点与 KM1 的线圈串联，形成接触器联锁，保证两个接触器不同时通电，防止主电路电源相间短路。

（2）工作时，可以正向运转→停止→反向运转；也可以反向运转→停止→正向运转。

（3）电动机从正转变为反转时，必须先按下停止按钮后，才能按反转起动按钮，否则由于接触器的联锁作用，不能实现反转。

实际应用中，由于负载短路或大电流的长期作用，接触器的主触点被强烈的电弧烧焊在一起，或接触器机构失灵，使主触点断不开，另一个接触器动作，会造成电源两相短路故障，因此，单重电气联锁电路是不可靠的。

二、识读按钮联锁正反转控制电路电气原理图（见图 2-15）

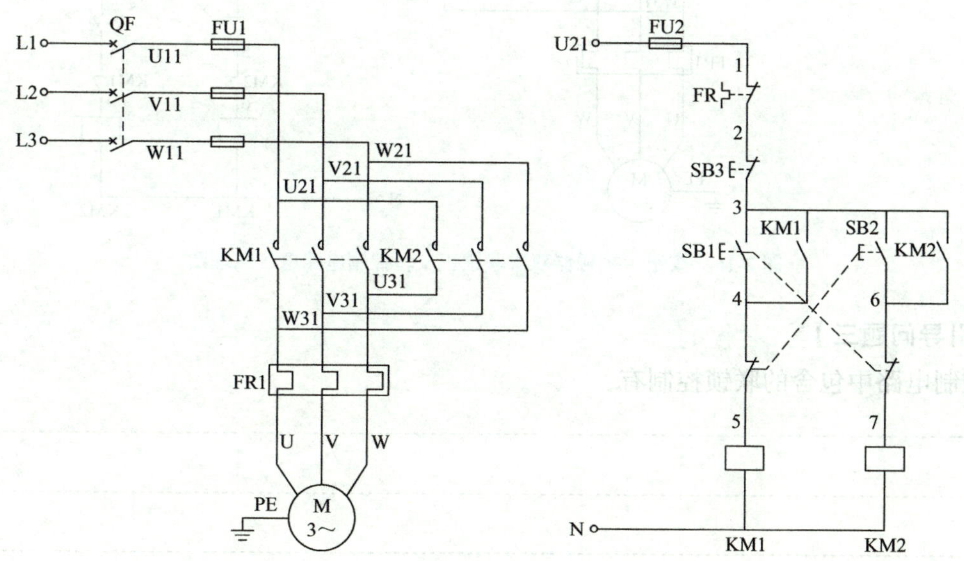

图 2-15 按钮联锁正反转控制电路

机械联锁的功能是将正、反转起动复合按钮的常闭触点分别串联接入对方接触器线圈电路中以形成一种相互制约的联锁控制。机械联锁一般都是由主令电器构成的，由按钮构成的机械联锁也可称为按钮联锁。

【引导问题二】

电路工作过程分析：合上电源开关 QF。

（1）正转控制，按下正转起动按钮 SB1，交流接触器 KM1 线圈得电吸合，

a）KM1 主触头闭合→电动机 M 得电正向运转；

b）KM1 的________闭合，实现自锁；

c）SB1 的________断开，切断交流接触器________线圈的电路，确保 KM2 在按下起动按钮 SB3 时，也不能通电。

（2）停止控制，按下停止按钮 SB3，交流接触器 KM1 线圈失电，电动机 M 停止运转。

（3）反转控制，按下反转起动按钮 SB2，交流接触器 KM2 线圈得电吸合并自锁，KM2 主触点闭合。

三、识读按钮 - 接触器双重联锁正反转控制电路电气原理图

图 2-16 所示为按钮 - 接触器双重联锁正反转控制电路电气原理图。

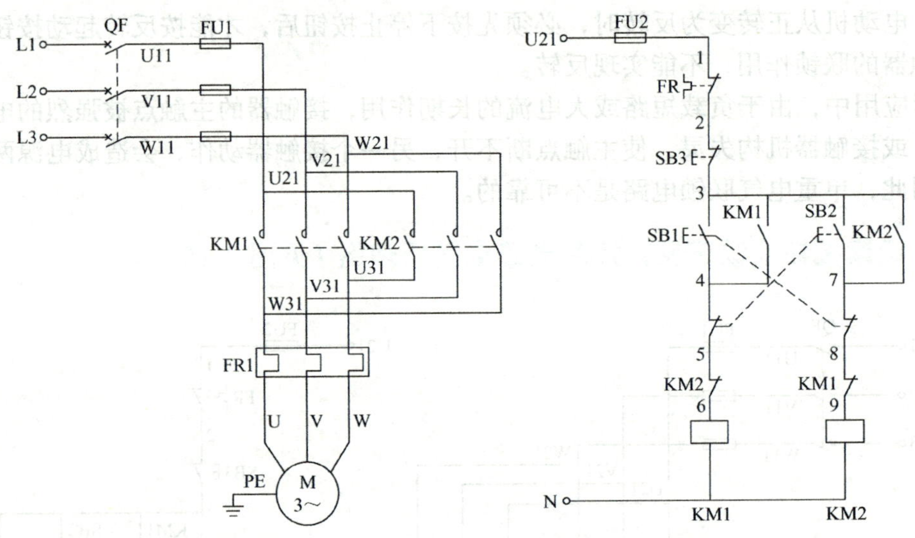

图 2-16 按钮 - 接触器双重联锁正反转控制电路电气原理图

【引导问题三】

控制电路中包含的联锁控制有：

【引导问题四】

1. 电路工作过程分析：合上电源开关 QF，接通三相电源。

（1）正转控制

按下正转起动复合按钮 SB1，

a）SB1________先断开，对 KM2 联锁保证 KM2 线圈无法得电；

b）SB1________后闭合，交流接触器 KM1 线圈得电；

c）交流接触器 KM1 联锁触点断开，对 KM2 联锁保证 KM2 线圈无法得电；

d）交流接触器 KM1 主触点闭合，电动机 M 起动连续正转；

e）交流接触器 KM1 自锁触点闭合形成自锁。

（2）反转控制

按下反转起动复合按钮 SB2，

a）SB2________先断开，KM1 线圈失电，KM1 主触点断开，KM1 自锁触点断开，KM1 联锁触点恢复闭合，电动机 M 停止正转；

b）SB2________触点后闭合，交流接触器 KM2 线圈得电，KM2 主触点闭合，KM2 自锁触点闭合形成自锁，KM2 联锁触点断开，保证 KM1 线圈无法得电，电动机 M 起动连续。

（3）停止控制

按下停止按钮 SB3，整个控制电路失电，所有交流接触器线圈断电，主触点断开，电动机 M 失电停转。

2. 电路特点

电路中既有由接触器实现的________联锁，又有由________实现的机械联锁，所以称为具备双重联锁的正反转控制电路。该电路既能实现电动机正、反转间的直接切换，又具备良好的安全可靠性，被广泛应用于电力拖动控制系统中，按其操作特点又称为正—反—停电路。

3. 注意事项

此电路为双重联锁控制电路，必须同时具备两个联锁环节。虽然如果电路中只具备机械联锁也能实现电动机正、反转间的直接切换，但由于接触器有出现熔焊故障的可能，主电路就存在发生电源相间短路事故的风险，所以不能允许电路中只具备机械联锁环节来进行电动机的正反转切换控制。

四、绘制按钮—接触器双重联锁正反转控制电路电器布置图

根据双重联锁正反转电气原理图绘制电器布置图，如图 2-17 所示。

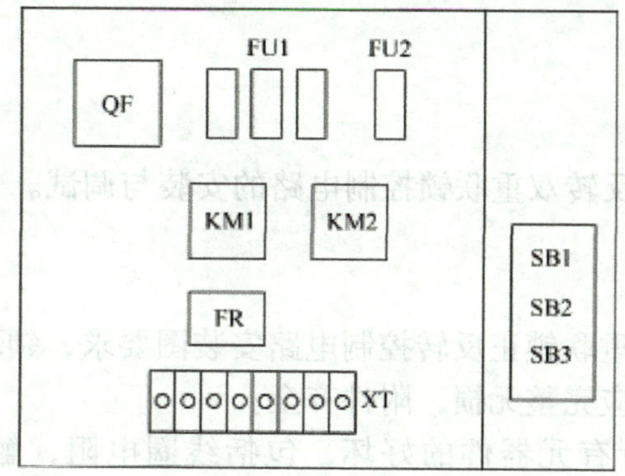

图 2-17 双重联锁正反转控制电路电器布置图

五、绘制按钮－接触器双重联锁正反转控制电路电气接线图

图 2-18 所示为双重联锁正反转控制电路电器接线图。

1. 主电路接线注意要换相。

2. 控制电路：3 号端子分出 4 根导线，根据一个端子只能连接两根导线的原则，需要合理分配端子。可在按钮盒中完成 SB1、SB2、SB3 的串、并联连接，将 3、4、7 号端子引导端子排，将与 KM1、KM2 的自锁放在端子排中完成。

3. 按钮盒中连接时，一定注意区分常开触点和常闭触点。

4. 停止按钮一定用红色帽按钮，正反转用其余颜色均可。

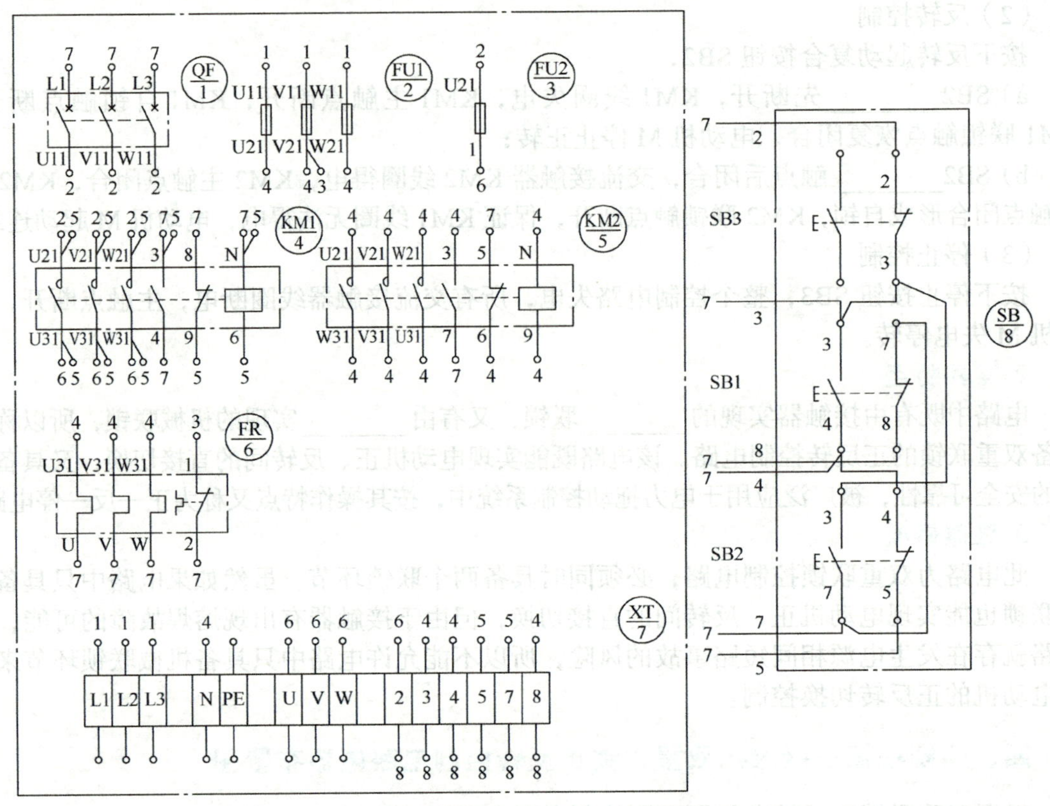

图 2-18 双重联锁正反转控制电路电器接线图

实操任务：电动机正反转双重联锁控制电路的安装与调试。

一、任务准备

根据按钮－接触器双重联锁正反转控制电路安装图要求，领取元件及耗材。

（1）所有元器件外观应完整无损，附件齐全。

（2）用万用表检测所有元器件的好坏，包括线圈电阻，触点的分、合情况等，将表 2-2 中的内容填写完整。

表 2-2 电动机延时起动控制电路元件清单

序号	名称	型号规格	数量	检测结果
1	低压断路器			
2	熔断器			
3	交流接触器			
4	热继电器			
5	按钮			
6	端子排			
7	导轨			
8	线槽			
9	塑料软铜线			
10	塑料软铜线			
11	编码套管			
12	接线端子			

二、任务步骤

1. 根据安装图，在网孔板上安装导轨、线槽和元器件；元器件的安装位置应整齐、匀称、间距合理、便于更换。

2. 根据接线图布线，布线应符合板前布线工艺要求。

3. 自检电路，安装完毕的电路板，应不通电测试，按电气原理图或安装图从电源开始，逐段核对接线及接线端子是否正确，有无漏接、错接之处，检查接线端子是否符合要求，压接是否牢固。

（1）主电路的检测，合上 QF，断开 FU2，用万用表分别测量 L1–L2、L2–L3、L3–L1 之间电阻，阻值均为∞大，同时，每一相之间检测完成表 2-3。

表 2-3 双重联锁正反转主电路检测（未接入电动机）

项目	L1–U	L2–V	L3–W	L1–W	L2–V	L3–U
不动任何元件						
按下 KM1 的衔铁						
按下 KM2 的衔铁						

（2）控制电路检测，将检测结果填入表 2-4 中。

表 2-4 双重联锁正反转控制电路检测

项目	检测的 U21–N 电阻	说明检测结果
直接检测 U21–N 电阻	无穷大	
按下 SB2	线圈直流电阻	
按下 KM1 的衔铁	线圈直流电阻	
按下 SB3	线圈直流电阻	
按下 KM2 的衔铁	线圈直流电阻	

4. 按电动机铭牌要求的联结方式接好电动机，不做特殊要求默认为星形联结；再次测量电动机三相之间的绝缘性。

5. 以上步骤检查无误后，请老师检查后，才可连接三相电源，通电试车。

6. 通电试车。

（1）提醒同组人员注意；

（2）通电试车时，旁边应有教师监护，出现故障及时断电，检修并排障后再次通电；

（3）试车完毕，先断开电源后拆线。

7. 清理现场，严格按照 8S 标准整理现场，清洁、清扫实训环境，整理、整顿实训器材，节约实训耗材，检查安全条例，培养职业素养。

请同学们思考并总结学习过程中的知识重点、出现的问题等，记录在下面空白处。

任务十三　电动机自动往返控制电路识读与分析

任务名称				姓名	
班级		组号		成绩	
工作任务	园区某公司为提高产能减少人工成本，生产车间引入自动运料小车。小车按固定路线行进，到指定位置后自动停下并返回。设计要求利用继电－接触器控制，要求设置热过载、短路、欠电压、失电压保护 ◆ 阅读资讯内容，完成引导问题 ◆ 根据设计要求，绘制符合功能要求的控制电路电气原理图				
任务目标	知识目标 ● 掌握行程开关在实际电路中的应用方法 ● 掌握电动机自动往返电路的工作原理 ● 掌握根据要求设计控制电路的方法 技能目标 ● 能独立分析自动往返控制电路电气原理图 ● 能正确判断电路的工作过程和特性 ● 能自主查阅资料，寻找符合设计要求的电气原理图 职业素养目标 ● 科学思维：把握细节，严谨细致，勇于探索的科学态度 ● 自主学习：主动完成任务内容，提炼学习重点 ● 团结合作：主动帮助同学，善于协调工作关系				
任务分配	职务	姓名	工作内容		
	组长				
	组员				
	组员				

【资讯】

在生产实际中，有些生产设备，如图 2-19 所示的自动往返运料小车，要求小车在一定范围内能自动往返运动，以便实现对货物的连续运输，提高生产效率。就需要电气控制电路能对电动机实现自动正反转控制。

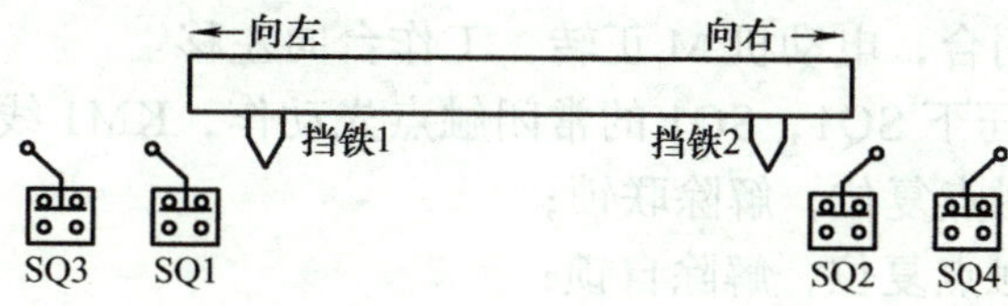

图 2-19　小车自动往返示意图

一、电动机自动往返控制电路电气原理图

图 2-20 所示为电动机自动往返控制电路电气原理图。

为了使电动机的正反转控制与小车的左右运动相配合，在控制电路中设置了 4 个行程开关 SQ1、SQ2、SQ3、SQ4，并把它们安装在小车需限位的地方。

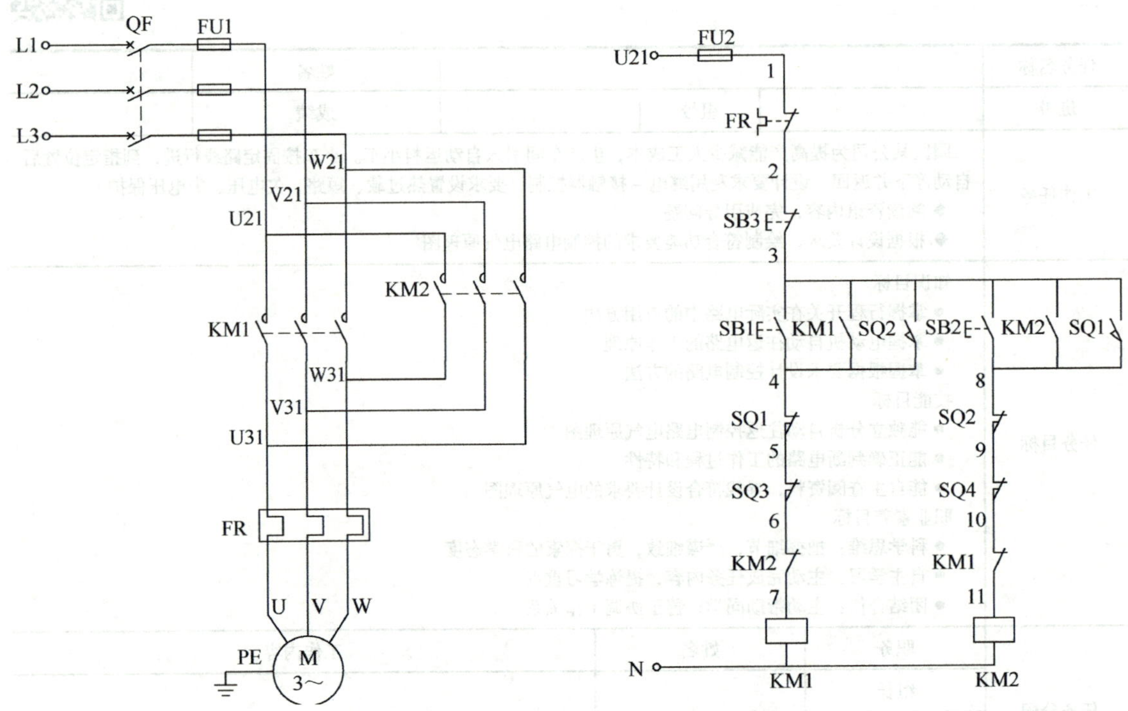

图 2-20 电动机自动往返控制电路电气原理图

从图中可以看到，SQ1、SQ2 的常开、常闭触点，用来自动换接电动机正反转控制电路，实现小车的自动往返行程控制；SQ3、SQ4 被用来作终端保护，以防止 SQ1、SQ2 失灵，小车越过限定位置而造成事故。

【引导问题一】

电路工作过程分析

合上低压断路器 QF，按下 SB1，KM1 线圈得电，此时，

a）KM1 辅助常闭触点断开，实现联锁；

b）KM1 辅助常开触点闭合，实现自锁；

c）KM1 的主触点闭合，电动机 M 正转，工作台向左移。

左移至限定位置，压下 SQ1，SQ1 的常闭触点先动作，KM1 线圈失电，

a）KM1 辅助常闭触点复位，解除联锁；

b）KM1 辅助常开触点复位，解除自锁；

c）KM1 主触点断开，电动机 M 断电。

SQ1 的常开触点后闭合，KM2 线圈得电，

a）KM2 辅助常闭触点断开，实现________锁；

b）KM2 辅助常开触点闭合，实现________锁；

c）KM2 主触点闭合，电动机 M________转，工作台向右移。

右移至限定位置，压下 SQ2，SQ2 的常闭触点先动作，KM2 线圈失电，

a）KM2 辅助常闭触点复位，解除________锁；

b）KM2 辅助常开触点复位，解除________锁；

c）KM2 主触点断开，电动机 M 断电。

SQ2 的常开触点闭合，KM1 线圈得电，电动机 M________转，工作台向左移。如此往复，实现电动机的自动往返运行。

当按下停止按钮 SB3，控制电路断电，接触器主触点释放，电动机 M 断电停转。

二、绘制电动机自动往返控制电路接线图

【引导问题二】

请同学们在图 2-21 中补画完整电动机自动往返控制电路的接线图。

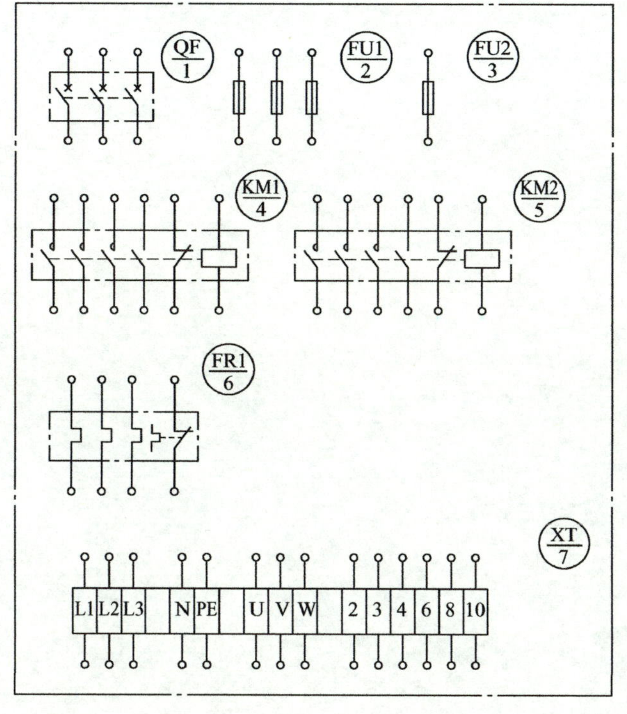

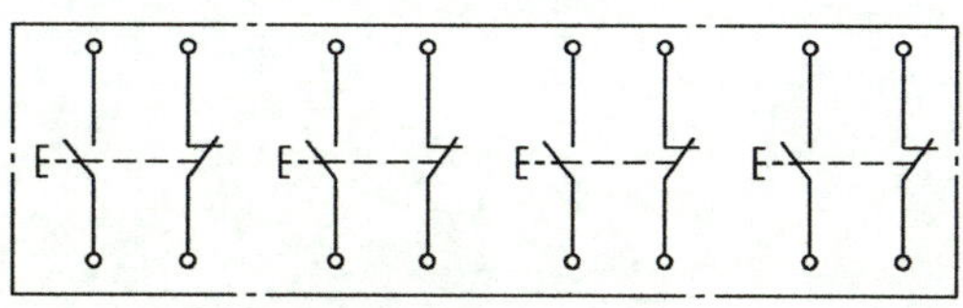

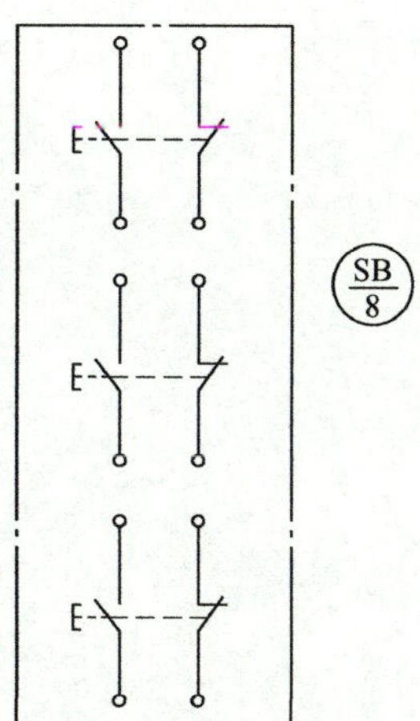

图 2-21 电动机自动往返控制电路接线图

注意：如完成电动机自动往返控制电路的安装，通电试车时，可用手动控制行程开关，以试验各行程开关和终端保护动作是否正常可靠。

请同学们思考并总结学习过程中的知识重点和出现的问题等，记录在下面空白处。

任务十四　电动机制动控制电路识读与分析

电动机制动控制电路识读与分析

<table>
<tr><td>任务名称</td><td colspan="3"></td><td>姓名</td><td></td></tr>
<tr><td>班级</td><td></td><td>组号</td><td></td><td>成绩</td><td></td></tr>
<tr><td>工作任务</td><td colspan="5">某公司车间安装天车运送货物，为保证货物抓取准确，要求天车中的电动葫芦可以实现快速制动，设计要求利用继电－接触器控制，要求设置热过载、短路、欠电压、失电压保护
◆ 阅读资讯内容，完成引导问题
◆ 根据设计要求，绘制符合功能要求的控制电路电气原理图</td></tr>
<tr><td>任务目标</td><td colspan="5">知识目标
● 掌握分析电动机机械制动和电气制动的区别
● 掌握不同制动电路的工作特点
技能目标
● 能正确分析电动机抱闸制动电路、反接制动电路、能耗制动电路的工作过程
● 能根据电路特性，在实际应用中灵活选用
● 能自主查阅资料，寻找符合设计要求的电气原理图
职业素养目标
● 科学思维：把握细节，严谨细致，勇于探索的科学态度
● 自主学习：主动完成任务内容，提炼学习重点
● 团结合作：主动帮助同学，善于协调工作关系</td></tr>
<tr><td rowspan="4">任务分配</td><td>职务</td><td>姓名</td><td colspan="3">工作内容</td></tr>
<tr><td>组长</td><td></td><td colspan="3"></td></tr>
<tr><td>组员</td><td></td><td colspan="3"></td></tr>
<tr><td>组员</td><td></td><td colspan="3"></td></tr>
</table>

【资讯】

制动，就是给电动机一个与转动方向相反的转矩使它迅速停转（或限制其转速）。制动的方法一般有两类：机械制动和电气制动。

一、机械制动

利用机械装置使电动机断开电源后迅速停转的方法叫机械制动。机械制动常用的方法有：电磁抱闸制动器制动和电磁离合器制动。

电磁抱闸制动器分为断电制动型和通电制动型。因此机械制动控制电路也有断电制动和通电制动两种。在电梯、起重、卷扬机等升降机械上，通常采用断电制动。其优点是能够准确定位，同时可防止电动机突然断电或线路出现故障时重物的自行坠落。在机床等生产机械中采用通电制动，以便在电动机未通电时，可以用手扳动主轴以调整和对刀。

电动机抱闸制动控制电路如图 2-22 所示。

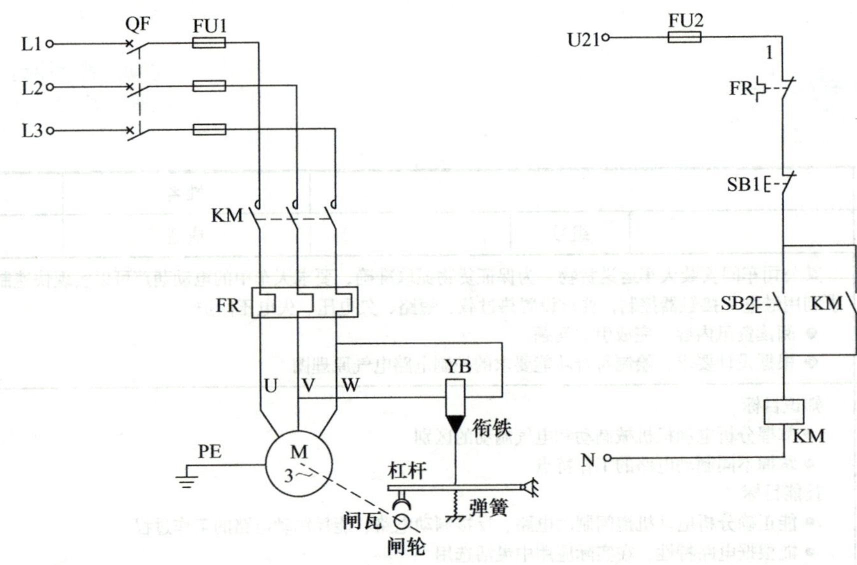

图 2-22 电动机抱闸制动控制电路

【引导问题一】

电路工作过程分析

先合上电源开关 QF。

起动运转：按下起动按钮 SB2，

a）接触器 KM 线圈得电，其自锁触点和主触点闭合，电动机 M________电源；

b）同时电磁抱闸制动器 YB 线圈得电，衔铁与铁心吸合，衔铁克服弹簧拉力，迫使制动杠杆向________移动，从而使制动器的闸瓦与闸轮分开，电动机正常运转。

制动停转：按下停止按钮 SB1，

a）接触器 KM 线圈失电，其自锁触点和主触点分断，电动机 M 失电；

b）同时电磁抱闸制动器线圈 YB 也失电，衔铁与静铁心分开，在弹簧拉力的作用下，闸瓦紧紧抱住闸轮，使电动机被迅速________而停转；

电磁离合器制动的原理和电磁抱闸制动器的制动原理类似。电动葫芦的绳轮常采用这种制动方法。

二、电气制动

使电动机在切断电源停转的过程中，产生一个和电动机实际旋转方向相反的电磁转矩（制动转矩），迫使电动机迅速制动停转的方法叫电气制动。

电力制动常用的方法有：反接制动、能耗制动、电容制动和再生发电制动等。

1. 反接制动

依靠改变电动机定子绕组的电源相序来产生制动转矩，迫使电动机迅速停转的方法叫反接制动。

电动机正转时，定子绕组电源相序为 L1—L2—L3，电动机将沿旋转磁场方向正常运转。当电动机需要停转时，可改变电动机定子绕组电源相序，旋转磁场反转，转矩方向与电动机的转动方向相反，使电动机受制动迅速减速停转。

电动机反接制动控制原理如图 2-23 所示。

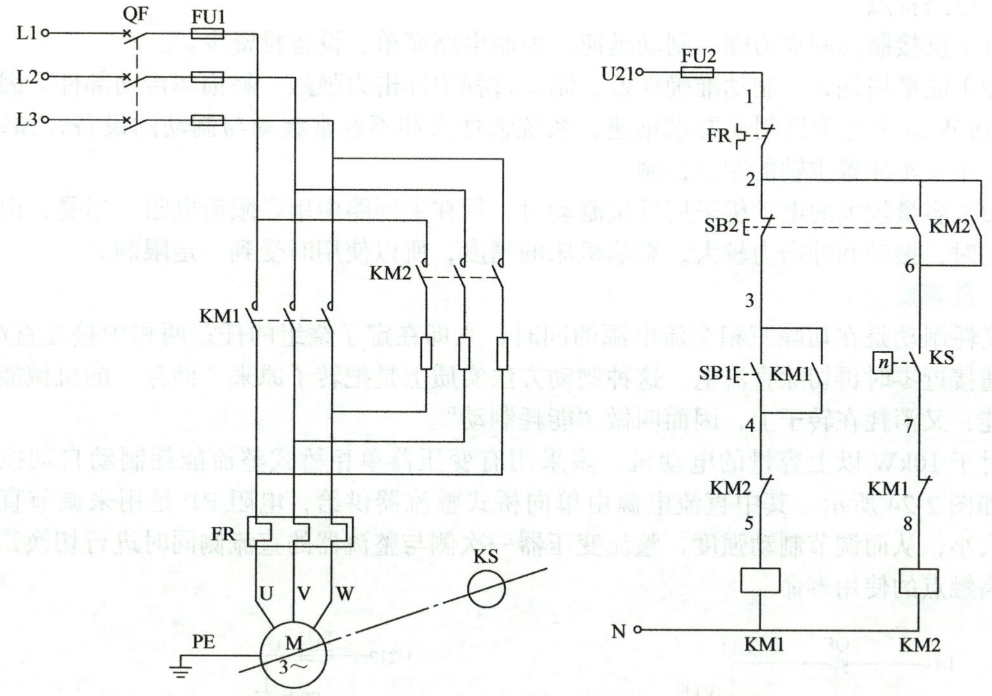

图 2-23　电动机反接制动控制电路原理图

当电动机转速接近零值时，应立即切断电动机电源，否则电动机将反转。为此，在反接制动设施中，为保证电动机的转速被制动到接近零值时，能迅速切断电源，防止反向起动，常利用速度继电器（又称反接制动继电器）来自动地及时切断电源。

由于反接制动时的制动电流一般为额定电流的 10 倍以上，比直接起动时的起动电流还要大，必须对反接制动电流加以限制，因此在主电路中需串入限流电阻 R。

【引导问题二】

1. KM1 为正转运行接触器，KM2 为制动接触器，KS 为________其轴与电动机轴相连。

2. 电路工作过程分析：

（1）合上电源开关 QF，按下起动按钮 SB1，交流接触器 KM1 线圈得电，KM 的主触点________，电动机全压起动运行，当转速达到 120r/min 以上时，速度继电器 KS 的________触点闭合，为制动做好准备。

（2）当需要制动时，按下停止按钮 SB2，SB2________触点先断开，交流接触器 KM1

线圈失电，KM1 的主触点复位断开，三相异步电动机 M 断电，但由于惯性的作用，电动机 M 转子继续旋转，速度继电器 KS 的常开触点仍然闭合。

（3）按钮 SB2 的常开触点后闭合，交流接触器 KM2 线圈________，KM2 主触点闭合，电动机 M 定子串入制动电阻 R 并接通________相序电源进行反接制动，电动机转速迅速下降，当转速下降至 120r/min 以下时，速度继电器 KS 的常开触点复位断开，交流接触器 KM2 线圈失电，制动过程结束，电动机自然停车。

（4）松开按钮 SB2，为下次起动做好准备。

3. 电路特点

（1）反接制动制动力强、制动迅速、控制电路简单、设备投资少。

（2）能量损耗大、制动准确性差、制动过程中冲击力强烈、易损坏传动部件。因此适用于 10kW 以下电动机制动要求迅速、系统惯性大和不经常起动与制动的设备，如铣床、镗床、中型车床等主轴的制动控制。

（3）容量较大的电动机采用反接制动时，须在主回路中串联限流电阻。但是，由于反接制动时，振动和冲击力较大，影响机床的精度，所以使用时受到一定限制。

2. 能耗制动

能耗制动是在切除三相交流电源的同时，立即在定子绕组的任意两相中接通直流电，在转速接近零时再切除直流电。这种制动方法实质上是把转子原来“储存”的机械能转变成电能，又消耗在转子上，因而叫做“能耗制动”。

对于 10kW 以上容量的电动机，多采用有变压器单相桥式整流能耗制动自动控制线路，如图 2-24 所示。其中直流电源由单向桥式整流器供给，电阻 RP 是用来调节直流电流的大小，从而调节制动强度，整流变压器一次侧与整流器的直流侧同时进行切换，有利于提高触点的使用寿命。

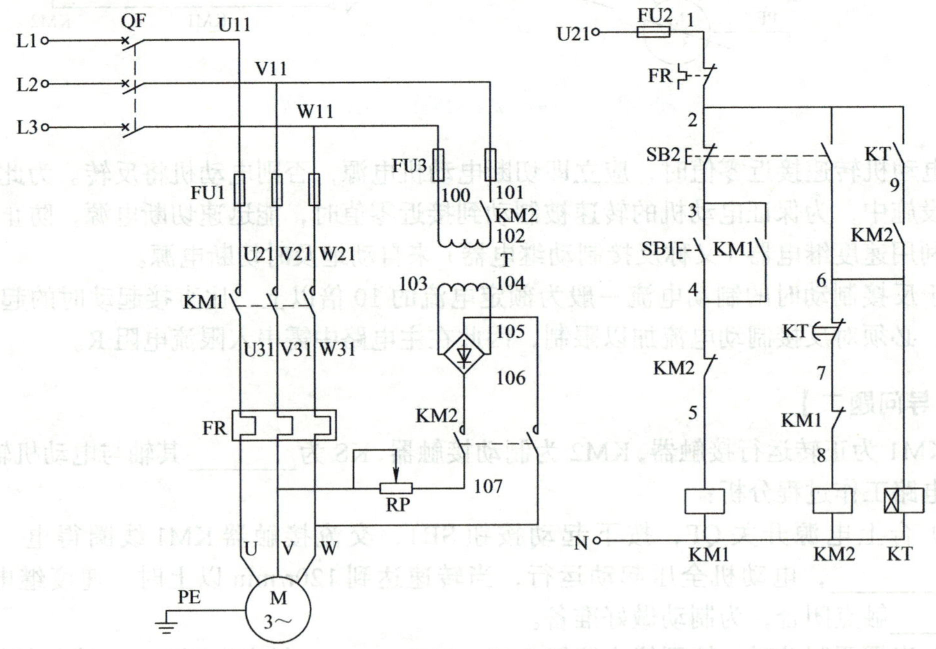

图 2-24　变压器单相桥式整流能耗制动自动控制电气原理图

【引导问题三】

1. 电路工作过程分析

（1）合上电源开关 QF，按下起动按钮 SB1，交流接触器 KM1 线圈通电并自锁，电动机 M 全压起动运行。

（2）当需要制动时，按下停止按钮 SB2，SB2________先断开，交流接触器 KM1 线圈失电，KM1 的主触点复位断开，电动机 M 断电，但由于惯性的作用，电动机 M 转子继续旋转。

（3）停止按钮 SB2 的________后闭合，交流接触器 KM2 和时间继电器 KT 线圈同时得电，KM2 的________和 KT________闭合，形成自锁，主触点 KM2 闭合，给电动机 M 两相定子绕组通入________电流，进行能耗制动。

（4）当达到时间继电器 KT 的整定值时，KT 的________断开，交流接触器 KM2 线圈失电，主触点 KM2 复位断开，断开直流电源，能耗制动结束。同时 KM2 的________复位断开，时间继电器 KT 线圈失电，KT 的________复位闭合，为下次起动做好准备。

2. 电路特点

（1）能耗制动没有反接制动强烈，制动平稳，制动电流比反接制动小得多，所消耗的能量小，通常适用于电动机功率较大，起动、制动操作频繁的场合，如磨床、龙门刨床等控制电路。

（2）能耗制动需附加直流电源装置，制动力量较弱，在低速时，制动转矩较小。

（3）KT 的瞬时常开触点的作用是，当 KT 发生线圈断电或机械卡住等故障时，按下 SB2 后 KM2 不能自锁，使电动机能够脱离直流电源迅速制动，从而避免三相定子绕组长期接入能耗制动的直流电源。

同学们可自行查阅相关制动电路，并绘制电气原理图。

任务小结

请同学们思考并总结学习过程中的知识重点、出现的问题等，记录在下面空白处。

单元任务考核

单元任务考核

考核任务		成绩	
姓名		学号	

图 2-25 所示为电动葫芦结构图。

电动葫芦的运动形式：提升电动机通过减速箱拖动钢丝卷筒，电动机正转或者反转，拖动卷筒，可以使吊在钢丝绳上的吊钩上升或下降，实现提升和下放物件。了解其工作过程后，可详细分析其控制电路电气原理图（见图 2-29）。

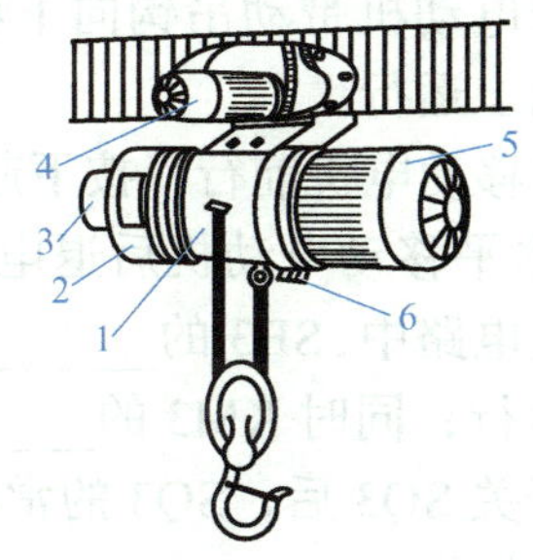

图 2-25　电动葫芦结构图

1—钢丝卷筒　2—减速箱　3—电磁制动器　4—水平移动电动机　5—垂直移动电动机　6—行程开关

一、分析主电路（每空 1 分，共 10 分）

1. 主电路中包含升降电动机 M1 和运行电动机 M2

升降电动机主电路包含的器件有 1 个低压断路器________2 个交流接触器________和________，1 个热继电器________，1 个电磁制动器________。

运行电动机主电路包含的电气元件有 1 个低压断路器________2 个交流接触器________和________，1 个热继电器________。

2. 两台三相异步电动机工作状态彼此独立，都是采用________运行形式。

3. 主电路中有制动，电磁制动器的电路与升降电机的电路并联，因此只要升降电动机一起动，电磁制动器松开，使重物上、下升降自如；当电动机关闭时，则电磁制动器也断电，电磁吸引力消失，在弹簧的压力作用下，内外盘紧紧压住，起到制动的作用。

二、分析控制电路（每空 1 分，共 21 分）

1. 控制电路包括________、________、________、________、________、________、________、________、________共 9 部分。

2. 控制电路包括主要元器件有

4 个复合按钮________、________、________、________；

4 个行程开关________、________、________、________；

4 个指示灯________、________、________、________。

三、分析电气原理图（每空 2 分，共 24 分）

合上断路器 QF 和 QF1。

吊钩上行：按下起动按钮 SB1，

a）升降电动机下降电路中，SB1 的________断开，形成联锁保护；

b）升降电动机上升电路中，SB1 的________闭合，KM1 线圈得电，产生电磁力，KM1

的主触点吸合，电动机运行，同时 KM1 的________吸合，上升指示灯亮。升降电动机带动吊钩向上移动，碰到行程开关 SQ1 后，SQ1 的常闭触点断开，电动机停止向上运行。

吊钩下行：按下起动按钮 SB2，

c）升降电动机上升电路中，SB2 的________断开，形成联锁保护；

d）升降电动机下降电路中，SB2 的________闭合，KM2 线圈得电，产生电磁力，KM2 的主触头吸合，电动机运行，同时 KM2 的________吸合，下降指示灯亮。

升降电动机带动吊钩向下移动，碰到行程开关 SQ2 后，SQ2 的常闭触点断开，电动机停止向上运行。

水平移动电机前行：按下起动按钮 SB3，

e）水平移动电动机后退电路中，SB3 的________断开，形成联锁保护；水平移动电动机前进电路中，SB3 的________闭合，KM3 线圈得电，产生电磁力，KM3 的主触头吸合，电动机运行，同时 KM3 的________吸合，前进指示灯亮，水平移动电动机前行移动，碰到行程开关 SQ3 后，SQ3 的常闭触点断开，电动机停止向前运行；水平移动电动机后退：按下起动按钮 SB4。

f）水平移动电动机前进电路中，SB4 的________断开，形成联锁保护，水平移动电动机后退电路中，SB4 的________闭合，KM4 线圈得电，产生电磁力，KM4 的主触点吸合，电动机运行，同时 KM4 的________吸合，后退指示灯亮。

水平移动电动机后退移动，碰到行程开关 SQ4 后，SQ4 的常闭触点断开，电动机停止后退运行；行走时采用一个电动机驱动运行小车两边的车轮。由于行走速度比较慢，因此运行小车一般不设制动机构。

四、分析电气接线图（每空 1 分，共 13 分）

该设备按安装位置区分，接线图共两张：

第一张主要是遥控器和控制箱的接线图如图 2-29（续一）所示，第二张为电动机和限位开关的接线，如图 2-29（续二）所示。因遥控器是单独元器件，因此只有 4 个按钮，以按钮为例，如图 2-26 所示。

13、14 为一个常开触点，13 接的线号为 403，从按钮 SB3 的的 12 号端子接入，14 号端子接________号线，接到端子排 XW 的________号端子。

该按钮为带指示灯按钮，指示灯的 1 号端子接________号线到________端子，2 号端子引出两根线，线号为________，分别接到________________和________________。

电动机端子的接线图如图 2-27 所示。

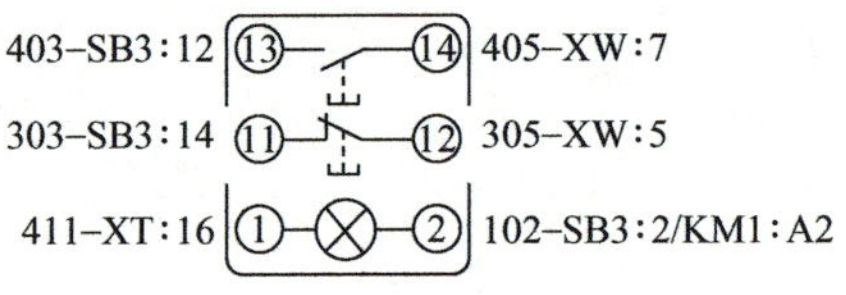

图 2-26　按钮端子的接线图

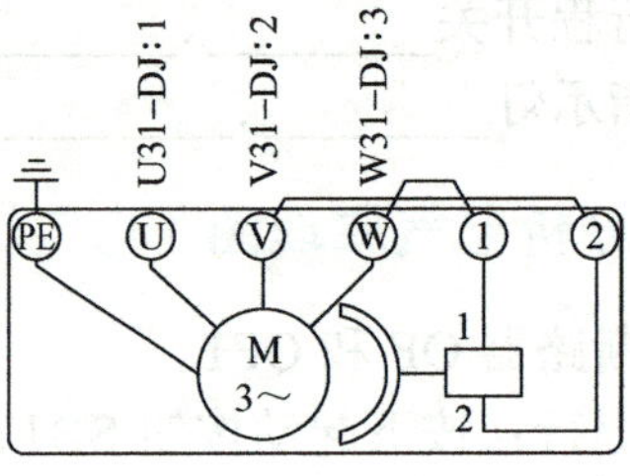

图 2-27　电动机端子的接线图

电动机的 U 端接________、V 端接________

W 端接________、外壳接________

制动器两端 1、2 分别与________相和________相并联。

同学们可自行分析接线图。

五、请同学们分析图 2-28 电气原理图的工作过程，判断电路工作性质（22 分）。

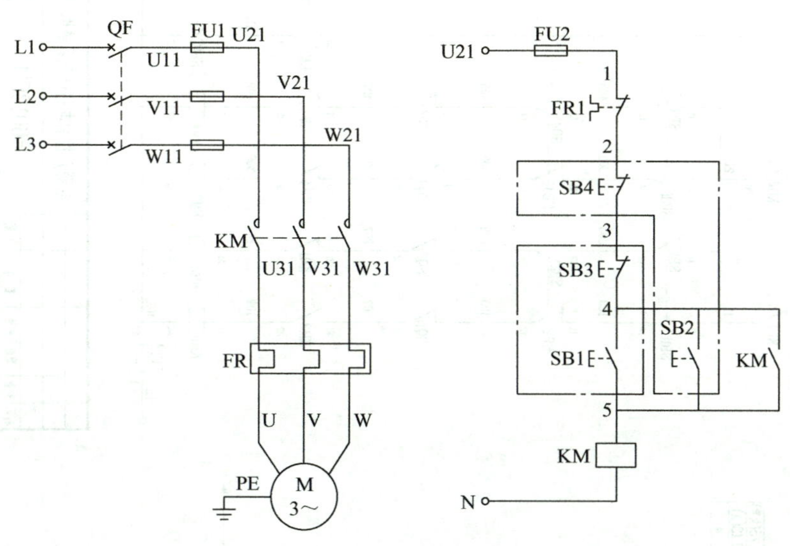

图 2-28 电气原理图

六、单元任务小结（10 分）

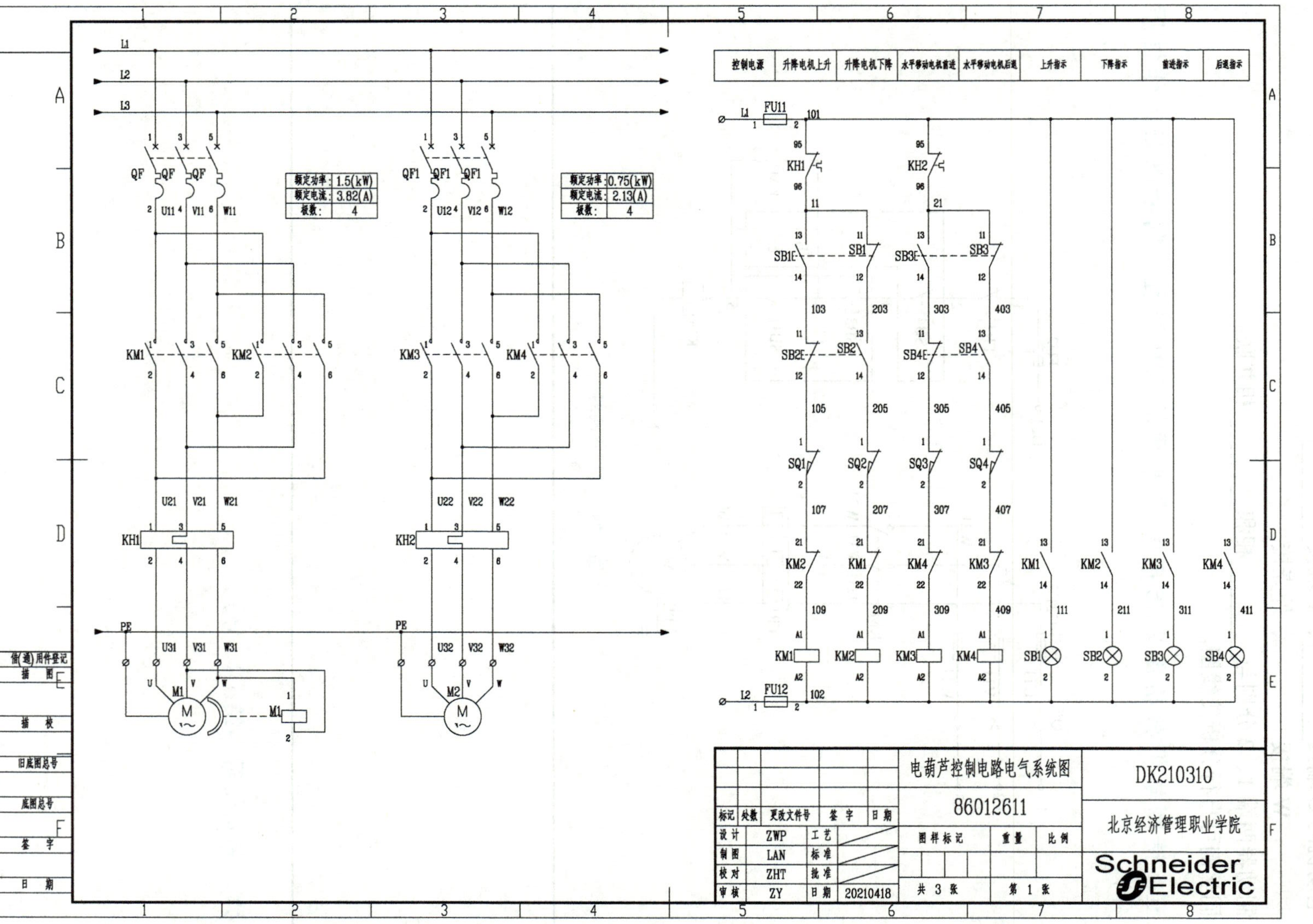

图 2-29 电动葫芦控制电路电气系统图

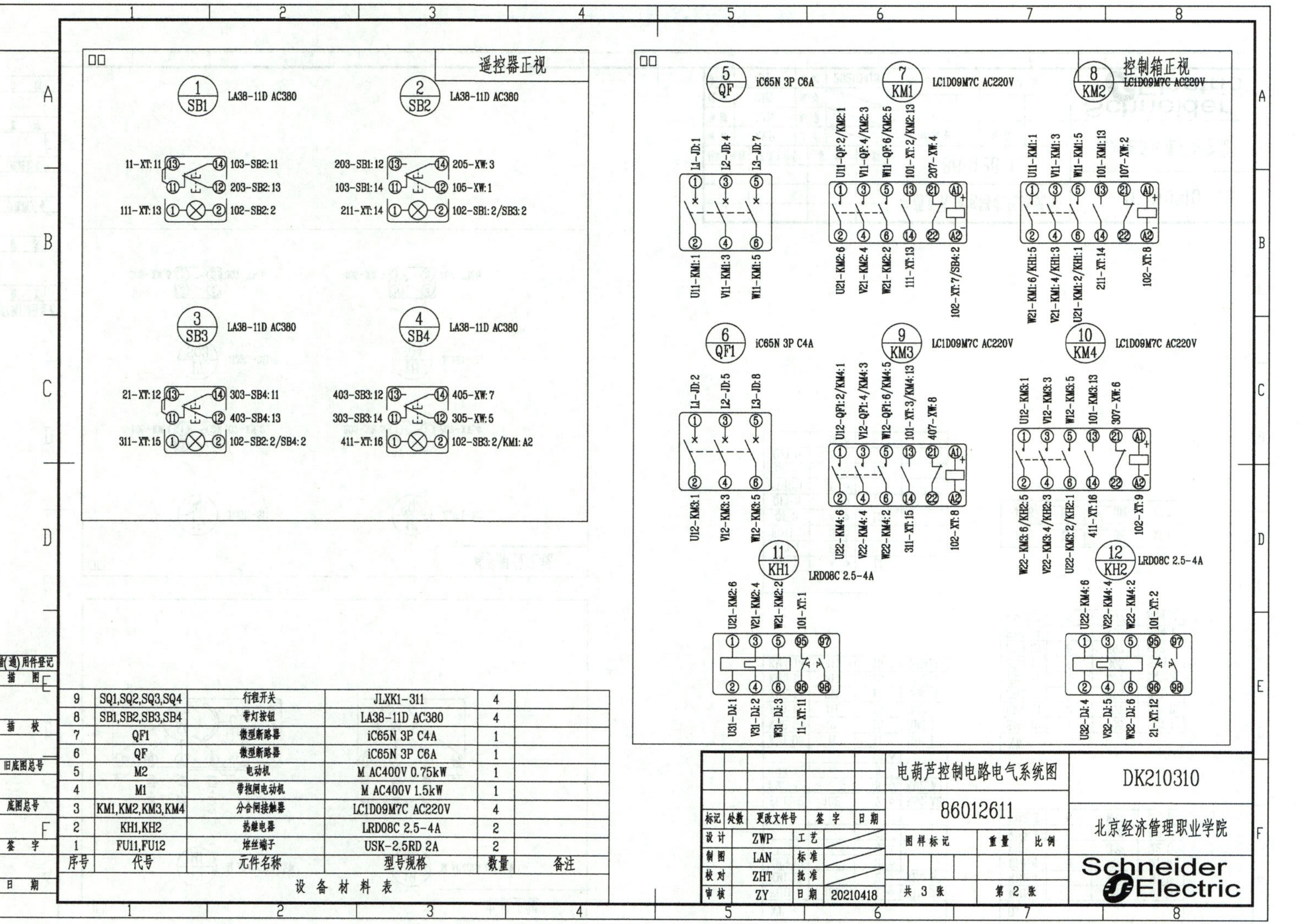

图 2-29　电动葫芦控制电路电气系统图（续一）

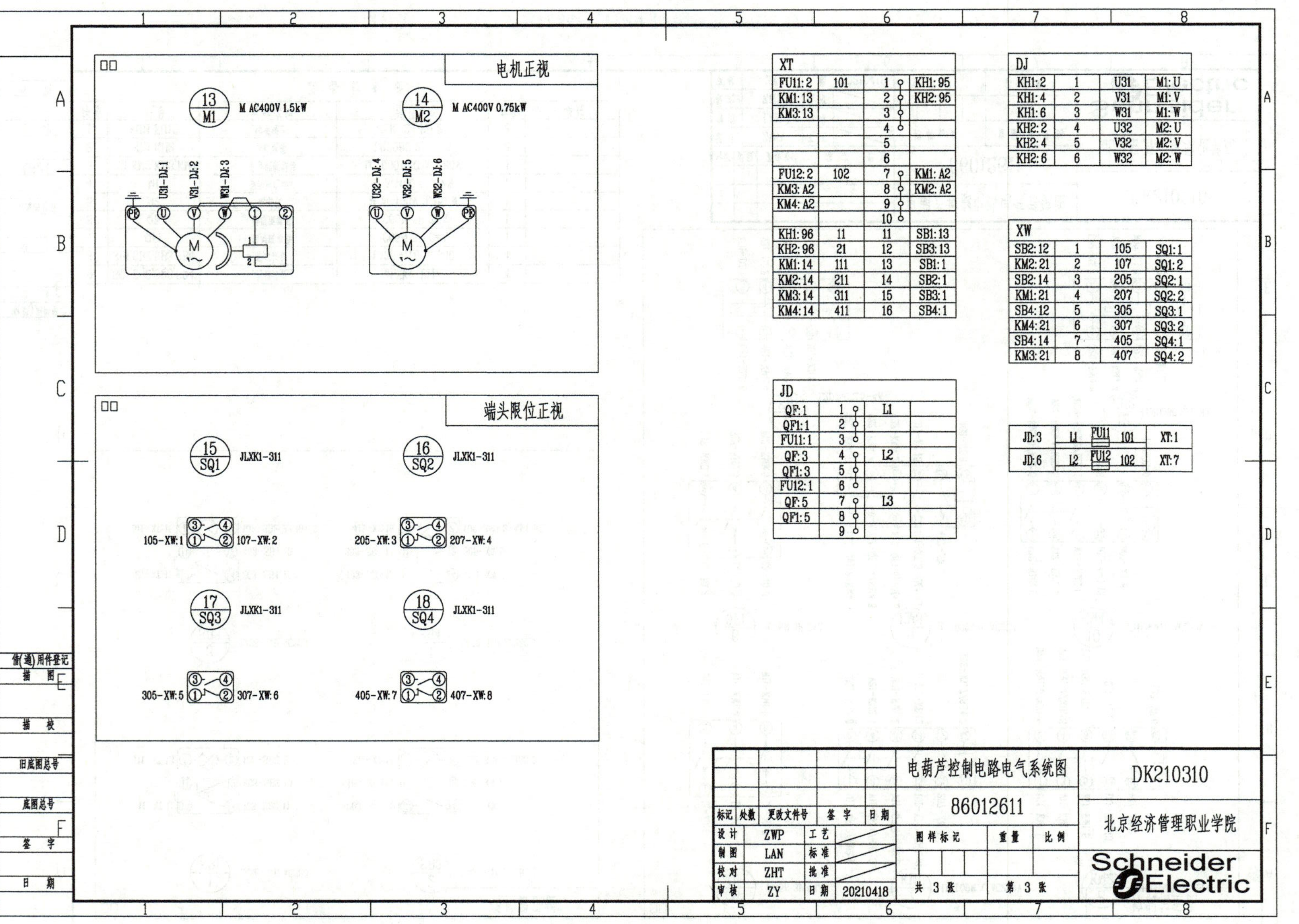

图 2-29　电动葫芦控制电路电气系统图（续二）

学习单元三

智慧园区——消防水泵安装与调试

智慧消防是利用物联网、人工智能、虚拟现实、移动互联网等新技术，配合大数据云计算平台、火警智能研判等专业应用，实现城市消防的智能化，是智慧城市消防信息服务的数字化基础，也是智慧城市智慧感知、互联互通、智慧化应用架构的重要组成部分。智慧消防的基础，是基础设施的管理，如消防水泵，大多数消防水源提供的消防用水，都需要消防水泵进行加压，以满足灭火时对水压和水量的要求。水泵由于设置、维护不当产生故障势必影响灭火救援，造成不必要的损失。

单元任务概述：

消火栓系统是建筑物内最基本的消防设备，该系统由消防给水设备和电控部分组成。消防设备通过电气控制柜，实现对消火栓系统的如下控制：消防泵起、停；显示启泵按钮位及显示消防泵工作、故障状态等。

图 3-1 所示为消防水泵和消防控制柜外观。

图 3-1　消防水泵和消防控制柜

消防水泵是灭火救援的重要设备，在消防灭火中起着极为重要的作用，为了安全起见，消防水泵控制柜应设置在消防水泵房或专用消防水泵控制室内，消防水泵控制柜在平时应使消防水泵处于自动启泵状态，消防水泵不应设置自动停泵的控制功能，停泵应由具有管理权限的工作人员根据火灾扑救情况管理。消防水泵应能手动起停和自动起停，消防水泵控制柜应设置机械应急启泵功能，并应保证在控制柜内的控制线路发生故障时由有管理权限的人员在紧急时起动消防水泵。

本节学习单元的目标是识读消防水泵运行的电气系统图。在教学的实施过程完成以下目标：

1. 认识电气图中所有低压电器，掌握图形符号和文字符号，理解其结构和工作原理。

2. 完成电动机星－三角减压起动控制电路的安装与调试，分析电气线路图推导工作过程，绘制布置图和接线图，按图安装元器件并正确接线调试。

3. 分析电动机减压起动控制电路，掌握减压控制电路的设计思路。

4. 培养主动学习和科学的思维能力，以及严谨、规范的工作作风，安全意识、严格按照规范流程完成任务，实施过程符合 8S 管理要求，有耐心和毅力分析解决操作中遇到的问题。

学完本学习单元内容，学生可根据图样自行分析消防水泵的电气控制系统图，完成单元任务考核。

任务十五　转换开关识别与检测

任务工单

任务名称				姓名	
班级		组号		成绩	
工作任务	◆ 阅读资讯内容，完成引导问题 ◆ 在实训室元器件库中，根据转换开关的外形和标识，正确选出一个 LW5-16LH3/3 型转换开关型或 HZ10-10/3 型转换开关 ◆ 使用万用表检测转换开关的通断				
任务目标	知识目标 ● 掌握转换开关的结构和工作原理 ● 掌握转换开关技术指标的含义 技能目标 ● 能从外观正确选取不同型号的转换开关 ● 能正确画出转换开关的图形符号和电气符号 ● 能识读转换开关的接线图 ● 能正确使用万用表检测转换开关的好坏 职业素养目标 ● 安全意识：严格遵守操作规范和操作流程 ● 自主学习：主动完成任务内容，提炼学习重点 ● 团结合作：与人为善，主动帮助他人，善于协调工作关系				
任务分配	职务	姓名	工作内容		
	组长				
	组员				
	组员				

【资讯】

转换开关又称组合开关，是一种切换多回路的低压开关。开关轴上叠焊多个动触头，轴转动时动触头依次与静触头接通或分断，切换电路。是供两路或两路以上电源或负载转换用的开关电器产品。转换开关由多节触头组合而成，有单极、双极和三极，在电气设备中，多用于非频繁地接通和分断电路，接通电源和负载，测量三相电压以及控制小容量异步电动机的正反转和星－三角起动等。超过三极以上含多极的称为万能转换开关。

转换开关外形如图 3-2 所示。

【引导问题一】转换开关的功能作用是什么？

【引导问题二】转换开关主要适用于什么场所？

转换开关内部结构（见图 3-3）

图 3-2 转换开关外形

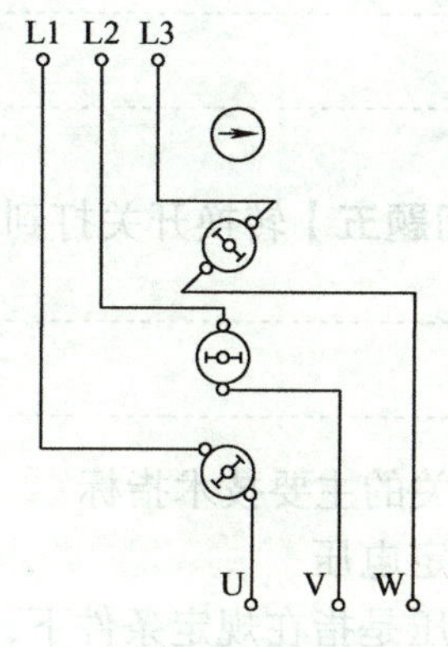

图 3-3 转换开关内部接线图

开关的三对静触头分别装在三层绝缘垫板上，并有接线柱，用于与电源及用电设备相连接。动触头和绝缘垫板一起套在附有手柄的方形绝缘转轴上。手柄和转轴能在平行于安装平面内沿顺时针方向每次转动 90°，带动三个动触头分别与三对静触头接触或分离，实现接通或分断电路的目的。

转换开关的电气符号（见图 3-4）

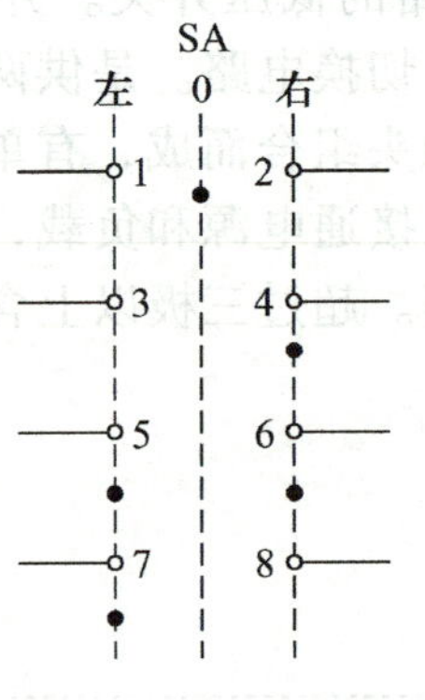

a) 图形及文字符号

	位置		
触头	左	0	右
1–2		×	
3–4			×
5–6	×		×
7–8	×		

b) 触头接线表

图 3-4　转换开关端子接线图

图中显示了开关的档位、触头数目及接通状态，表中用“ × ”表示触头接通，否则为断开，由接线表才可画出其图形符号。

具体画法是：用虚线表示操作手柄的位置，用有无“.”表示触头的闭合和打开状态，比如，在触头图形符号下方的虚线位置上画“.”，则表示当操作手柄处于该位置时，该触头是处于闭合状态；若在虚线位置上未画“.”时，则表示该触头是处于打开状态。

【引导问题三】转换开关打到左侧时，接通的触头有哪几对？

【引导问题四】转换开关打到中间时，接通的触头有哪几对？

【引导问题五】转换开关打到右侧时，接通的触头有哪几对？

转换开关的主要技术指标

（1）额定电压

额定电压是指在规定条件下，开关在长期工作中能承受的电压。

（2）额定电流

额定电流是指在规定条件下，开关在合闸位置允许长期通过的最大工作电流。

（3）通断能力

通断能力指在规定条件下，在额定电压下能可靠接通和分断的最大电流值。

（4）机械寿命

指在需要修理或更换机械零件前所能承受的无载操作次数。

（5）电寿命

指在规定的正常工作条件下，不需要修理或更换零件情况下，带负载操作的次数。

转换开关的安装与使用

（1）转换开关应安装在控制箱内，其操作手柄最好伸出在控制箱的前面或侧面。开关为断开状态时应使手柄在水平旋转位置。倒顺开关外壳上的接地螺栓必须可靠接地。

（2）若需在箱内操作，开关应装在箱内右上方，并且在它的上方不安装其他电器，否则应采取隔离或绝缘措施。

（3）转换开关分断能力较低，不能分断故障电流。

（4）用于控制电动机正反转时，必须在电动机完全停止转动后才能反向起动，且每小时的接通次数不能超过 15 ～ 20 次。当操作频率过高或负载功率因数低时，应降低开关的容量使用，以延长其使用寿命。

【引导问题六】查阅资料，写出转换开关常用的型号有哪些？

【引导问题七】转换开关的安装注意事项有哪些？

实操任务：使用万用表检测转换开关的性能。

一、任务准备

1. 各组在实训室元器件库中，根据转换开关的外形和标识，正确选出图 3-5 所示任意一个转换开关。

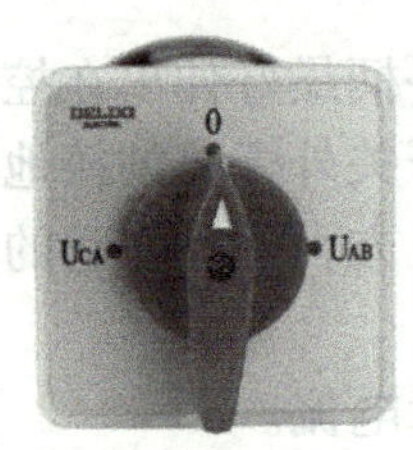

a) LW5-16YH3/3型转换开关

b) HZ10-10/3型转换开关

图 3-5　转换开关

2. 领取数字万用表一块。

二、任务步骤

1. 外观检测，检查外观是否完整，各接线端和螺钉是否完好。
2. 将万用表档位调至________档。
3. 按表 3-1 和表 3-2 的要求，用万用表检测触头，将数据记录在表 3-1 和表 3-2 中。

表 3-1　LW5-16YH3/3 型转换开关检测表

开关手柄转到指示 U_{CA} 同相触头间电阻			开关手柄转到指示 U_{AB} 同相触头间电阻		
L1 相	L2 相	L3 相	L1 相	L2 相	L3 相
开关手柄转到指示 0 相间绝缘电阻					
L1—L2 相		L2—L3 相		L3—L1 相	
结论：					

表 3-2　检测 HZ10-10/3 型转换开关

手柄转到“通”位置时同相触头间电阻			手柄转到“断开”位置时同相触头间电阻		
L1 相	L2 相	L3 相	L1 相	L2 相	L3 相
相间绝缘电阻					
L1—L2 相		L2—L3 相		L3—L1 相	
结论：					

4. 万用表用完后，调至________档位。

5. 归还设备，清理台面，检查安全条例，培养职业素养。

任务小结

请同学们思考并总结学习过程中的知识重点、出现的问题等，记录在下面空白处。

任务十六　电动机Y-△减压起动电路安装与调试

任务工单

<table>
<tr><td>任务名称</td><td colspan="3"></td><td>姓名</td><td></td></tr>
<tr><td>班级</td><td></td><td>组号</td><td></td><td>成绩</td><td></td></tr>
<tr><td>工作任务</td><td colspan="5">园区某工厂机加工车间要安装一台大功率风机，现为此风机安装电气控制柜。电气柜内设计安装电动机减压起动控制电路，要求电动机采用Y-△减压起动方式，Y起动△全压运行，电路采用继电—接触器控制，并设置热过载、短路、欠电压、失电压保护
◆ 根据电气原理图，在实训室元器件库中选出合适的元器件和配件耗材，检测器件的性能好坏
◆ 根据安装图，合理布局网孔板
◆ 根据接线图，按照安装工艺要求进行线路布线连接
◆ 通电试车，如出现问题，检测排障</td></tr>
<tr><td>任务目标</td><td colspan="5">知识目标
● 掌握电动机Y-△电路连接的特点
● 掌握电动机手动Y-△起动控制电路的电气线路图和工作特点
● 掌握电动机自动Y-△起动控制电路的电气线路图和工作特点
技能目标
● 能正确绘制电动机自动Y-△起动控制电路的接线图
● 能按照电气布置图合理布局，元器件摆放合理，操作空间合适
● 能根据接线图，遵照板前布线工艺要求，正确进行线路连接
● 能正确使用万用表对电路进行通电前检测
● 能根据故障现象，分析、判断故障原因，检修线路
职业素养目标
● 安全意识：严格遵守操作规范和操作流程
● 自主学习：主动完成任务内容，提炼学习重点
● 团结合作：主动帮助同学，善于协调工作关系
● 工匠精神：培养一丝不苟、严谨细致、勇于探索的学习态度，精益求精、认真细致的工作态度，确保安装质量，提高质量意识，培育爱岗敬业的专业素质</td></tr>
<tr><td rowspan="4">任务分配</td><td>职务</td><td>姓名</td><td colspan="3">工作内容</td></tr>
<tr><td>组长</td><td></td><td colspan="3"></td></tr>
<tr><td>组员</td><td></td><td colspan="3"></td></tr>
<tr><td>组员</td><td></td><td colspan="3"></td></tr>
</table>

电动机Y－△减压起动控制电路安装与调试 

【资讯】

电动机直接起动的优点是所用电气设备少，电路简单；缺点是起动电流大，异步电动机起动电流是额定电流的 4 ～ 7 倍，对容量较大的电动机，会使电网电压严重下跌，不仅使电动机起动困难、缩短寿命，而且影响其他用电设备的正常运行。因此，较大容量的电动机需采用减压起动。

减压起动是指利用起动设备将电压适当降低后加到电动机的定子绕组上进行起动，待电动机起动运转后，再使其电压恢复到额定值正常运转。由于电流随电压的降低而减小，所以减压起动达到了减小起动电流的目的。但是，由于电动机转矩与电压的二次方成正比，所以减压起动也将导致电动机的起动转矩大为降低。因此，减压起动需要在空载或轻载下起动。

常见的减压起动方法有 4 种：定子绕组串接电阻减压起动；自耦变压器减压起动；Y－△减压起动；延边△减压起动。

一、电动机的Y－△联结

减压起动是指把正常工作时电动机三相定子绕组做△联结的电动机，起动时换接成Y联结，待电动机起动好之后，再将电动机三相定子绕组按△联结，使电动机在额定电压下工作。采用Y－△减压起动，可以减少起动电流，其起动电流仅为直接起动时的 1/3，起动转矩也为直接起动时的 1/3。大多数功率较大△联结的三相异步电动机的减压起动都采用这种方法。图 3-6 所示为定子绕组Y－△接线示意图。

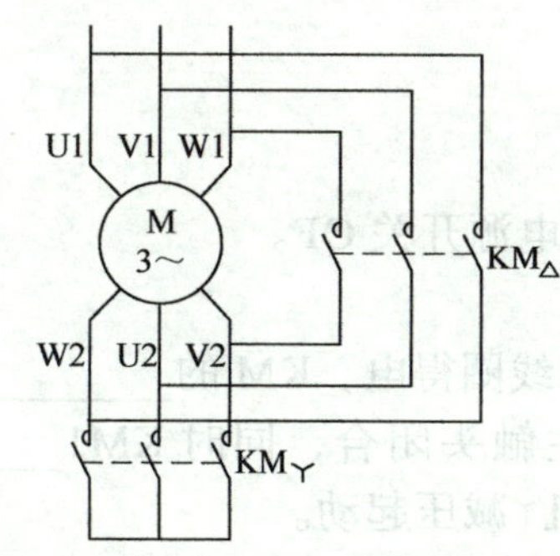

a) 定子绕组Y－△接线

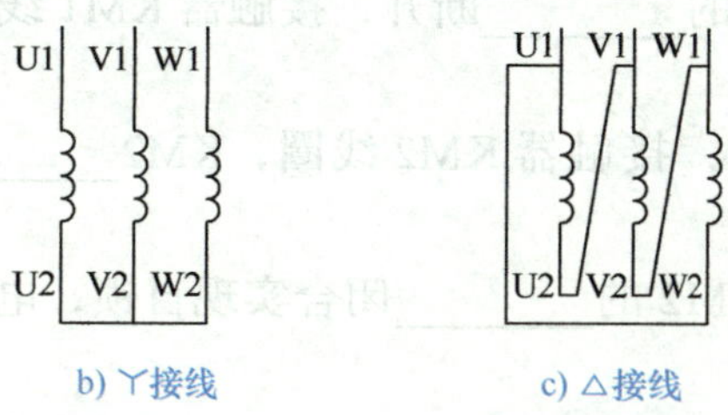

b) Y接线　　c) △接线

图 3-6　定子绕组Y－△接线示意图

二、按钮、接触器控制的Y－△减压起动控制电路

图 3-7 所示为按钮接触器控制的Y－△减压起动电路。

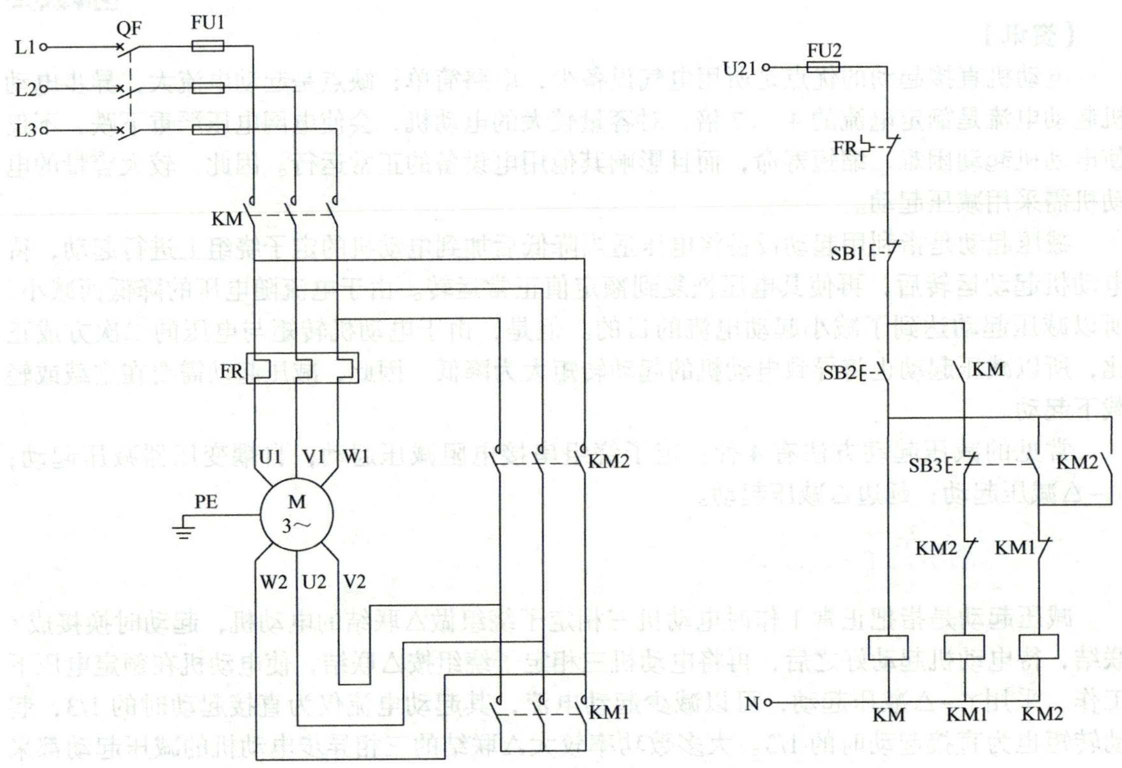

图 3-7　按钮接触器控制的Y－△减压起动电路

【引导问题一】

1. 电路工作过程分析：合上电源开关 QF。

（1）Y形减压起动

a）按下起动按钮 SB2，KM 线圈得电，KM 的________闭合实现自锁；

b）KM1 线圈得电，KM1 主触头闭合，同时 KM1________断开，实现联锁，切断 KM2 线圈使其不能得电，电动机Y减压起动。

（2）△全压起动运行

a）按下按钮 SB3，SB3 的________断开，接触器 KM1 线圈失电，电动机________运转停止；

b）SB3 的________闭合，接触器 KM2 线圈，KM2________断开，实现联锁，切断 KM1 线圈使其不能得电；

c）KM2 主触头闭合，KM2 的________闭合实现自锁，电动机________全压运行。

（3）停止

按停止按钮 SB1，整个控制电路失电，电动机 M 失电停转。

2. 电路特点

本电路使用了三个交流接触器，其中 KM 为电源引入接触器，KM1 为________起动接触器，KM2 为________运行接触器。按钮中的 SB2 为起动按钮，SB3 为________转换按钮，SB1 为停止按钮。

在电动机从减压起动到全压起动时，必须再按下转换按钮 SB3，才能进行全压起动，不能实现自动控制，因此我们通常采用时间继电器控制Y－△减压起动的方式。

三、时间继电器控制的Y－△减压起动控制电路

图 3-8 所示为时间继电器控制的Y－△减压起动控制电路。

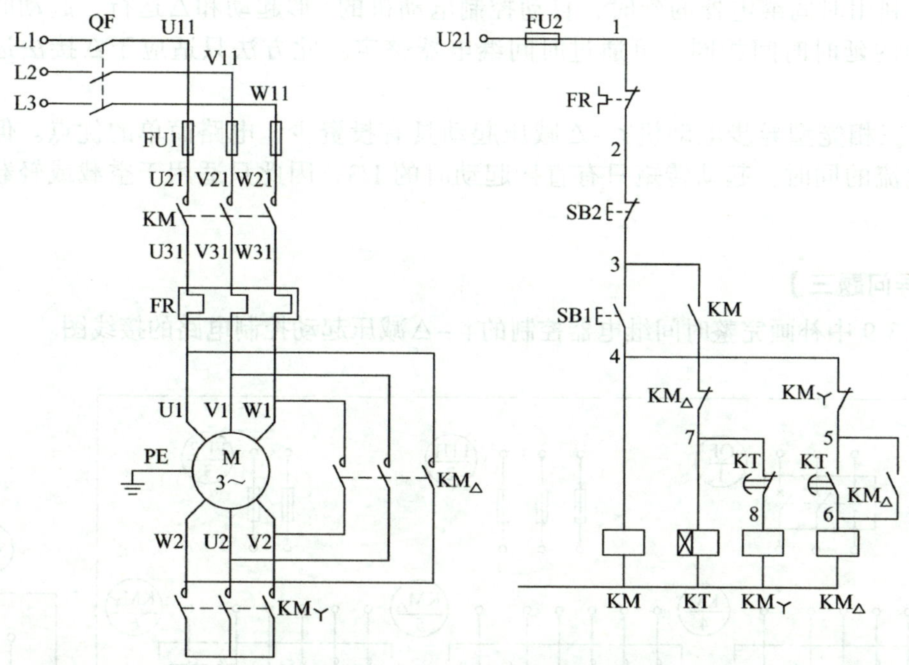

图 3-8 时间继电器控制的Y－△减压起动控制电路

【引导问题二】

1. 电路工作过程：合上断路器 QF

（1）Y减压起动

a）按下起动按钮 SB1，时间继电器 KT 和接触器 KM、KM_{Y}的线圈均________。

b）接触器 KM 的________，实现自锁，同时主触头也吸合，为起动做好准备。

c）接触器 KM_{Y}的常闭触头断开，实现________，同时主触头闭合，电动机Y减压起动。

d）时间继电器 KT 开始计时。

（2）△全压起动

计时时间到，KT 开始动作，

a）KT________断开，接触器 KM_{Y}的线圈失电，常闭触头复原解除互锁，主触头

断开；

b）KT____________闭合，KM△线圈得电，主触头闭合，电动机△全压运行；

c）KM△____________断开，KT线圈失电，时间继电器停止工作。

停止：按下停止按钮 SB2，电动机 M 失电停止运转。

2. 电路特点

（1）本电路由 3 只交流接触器 KM1、KM丫、KM△主触头的通断配合，分别将电动机的定子绕组接成丫接法或△接法。当________、________线圈通电吸合时，其主触头闭合，定子绕组接成丫接法；当________、________线圈通电吸合时，其主触头闭合，定子绕组接成△接法。

（2）利用时间继电器的延时，自动控制电动机的丫形起动和△运行，起动时间与时间继电器的延时时间相同，可通过时间继电器整定。此方法只适应于△接法运行的电动机。

（3）三相笼型异步电动机丫－△减压起动具有投资少、电路简单的优点。但是在限制起动电流的同时，起动转矩只有直接起动时的 1/3，因此只适用于空载或轻载起动的场合。

【引导问题三】

在图 3-9 中补画完整时间继电器控制的丫－△减压起动控制电路的接线图。

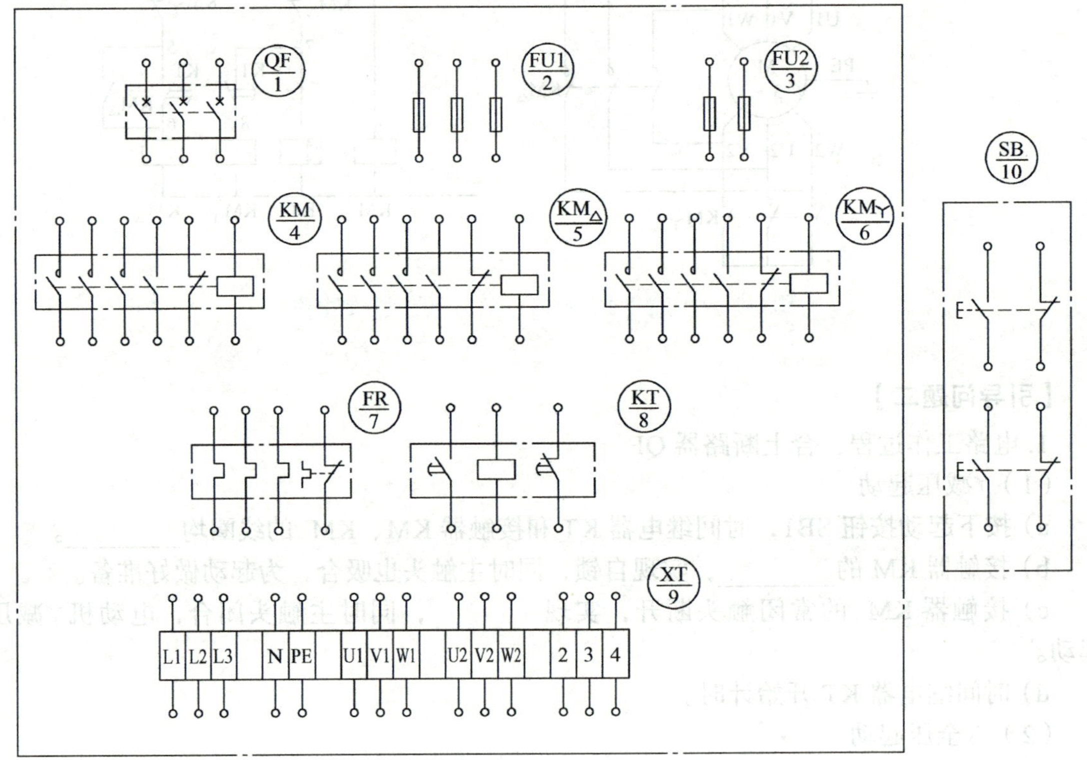

图 3-9　时间继电器控制的丫－△减压起动控制电路接线图

实操任务：电动机时间继电器控制的Y-△减压起动控制电路安装与调试。

一、任务准备

根据时间继电器控制的Y-△减压起动控制电路安装图要求，领取元器件及耗材。

1. 所有元器件外观应完整无损，附件齐全。

2. 用万用表检测所有元器件的好坏，包括线圈电阻、触头的分、合情况等，将表3-3中的内容填写完整。

表3-3 时间继电器控制的Y-△减压起动控制电路元器件清单

序号	名称	型号规格	数量	检测结果
1	低压断路器			
2	熔断器			
3	交流接触器			
4	热继电器			
5	时间继电器			
6	按钮			
7	端子排			
8	导轨			
9	线槽			
10	塑料软铜线一			
11	塑料软铜线二			
12	编码套管			
13	接线端子			

二、任务步骤

1. 根据安装图，在网孔板上安装导轨、线槽和元器件；元器件的安装位置应整齐、匀称、间距合理、便于更换。

2. 根据接线图布线，布线应符合板前布线工艺要求。

3. 自检电路，安装完毕的电路板，应不通电测试，将万用表打到蜂鸣档。

按电气原理图从电源端开始，逐段核对接线及接线端子处是否正确，有无漏接、错接之处，接线端子是否符合要求，压接是否牢固。

（1）主电路的检测，合上QF，分别压下接触器KM衔铁、KM_{Y}衔铁和$KM_{\triangle}$的衔铁，使主触头闭合，测量每一相两端是否相通，检测完成填入表3-4中。

表 3-4　时间继电器控制的Y-△减压起动控制电路的主电路检测

操作步骤	压下 KM 衔铁			压下 KM$_{Y}$衔铁			压下 KM$_{\triangle}$衔铁		
	L1–U1	L2–V1	L3–W1	L1–W2	L2–U2	L3–V2	U2–V2	V2–W2	W2–U2
测量值									

（2）控制电路检测，按下 SB1，读数应为 KM、KM$_{Y}$、KT 线圈并联的阻值；按下 KM 和 KM$_{\triangle}$的衔铁，读数也应为 KM、KM$_{\triangle}$线圈并联的阻值；同时按下 KM 和 KM2 的衔铁，读数应为 KM、KT、KM$_{Y}$线圈电阻的并联阻值，将检测结果填入表 3-5。

表 3-5　时间继电器控制的Y-△减压起动控制电路的控制电路检测

操作步骤	控制电路两端（U21–N）		
	按下 SB1	按下 KM、KM$_{\triangle}$衔铁	按下 KM、KM$_{Y}$衔铁
测量值			

4. 以上步骤检查无误后，请老师检查后，才可连接三相电源，通电试车。

5. 通电试车，

（1）提醒同组人员注意；

（2）通电试车时，旁边应有教师监护，出现故障及时断电，检修并排障后再次通电；

（3）试车完毕，先断开电源后拆线。

6. 清理现场，严格按照 8S 制度整理现场，清洁、清扫实训环境，整理、整顿实训器材，节约实训耗材，检查安全条例，培养职业素养。

请同学们思考并总结学习过程中的知识重点、出现的问题等，记录在下面空白处。

任务十七　电动机减压起动控制电路识读与分析

电动机减压起动控制电路识读与分析

任务名称				姓名	
班级		组号		成绩	
工作任务	◆ 识读电动机定子绕组串接电阻减压起动控制电路、自耦变压器减压起动控制电路的电气原理图，按照图样分析电路工作过程，掌握电路特点 ◆ 阅读资讯内容，完成引导问题 ◆ 根据设计要求，绘制符合功能要求的控制电路电气原理图				
任务目标	知识目标 ● 掌握电动机定子绕组串接电阻减压起动的工作特点 ● 掌握电动机自耦变压器减压起动控制电路的工作特点 ● 掌握根据要求设计控制电路的方法 技能目标 ● 能独立分析电气原理图 ● 能根据实际要求，灵活选用不同类型的减压起动电路 ● 能自主查阅资料，寻找符合设计要求的电气原理图 职业素养目标 ● 科学思维：把握细节，严谨细致，勇于探索的科学态度 ● 自主学习：主动完成任务内容，提炼学习重点 ● 团结合作：主动帮助同学，善于协调工作关系				
任务分配	职务	姓名	工作内容		
	组长				
	组员				
	组员				

【资讯】

常见的减压起动方法有四种：定子绕组串接电阻减压起动；自耦变压器减压起动；Y-△减压起动；延边△减压起动。

一、定子绕组串接电阻减压起动控制线路

电阻器是具有一定阻值的电气元件，电流通过时，在它上面将产生电压降。利用电阻器的这一特性，可控制电动机的起动、制动及调速。

电阻器的功率较大，一般为千瓦（kW）级，工作时发热量较大，需要有良好的散热性能，因此在外形结构上与电子产品中常用的电阻器有较大的差异。常用于控制电动机起动、制动及调速的电阻器有铸铁电阻器、板形（框架式）电阻器、铁铬合金电阻器和管形电阻器，外形如图 3-10 所示。

图 3-10　电阻器外形图

定子绕组串接电阻减压起动是指在电动机起动时，把电阻串接在电动机定子绕组与电源之间，通过电阻的分压作用来降低定子绕组上的起动电压。待电动机起动后，再将电阻短接，使电动机在额定电压下正常运行。

图 3-11 所示为时间继电器控制串联电阻减压起动电路。

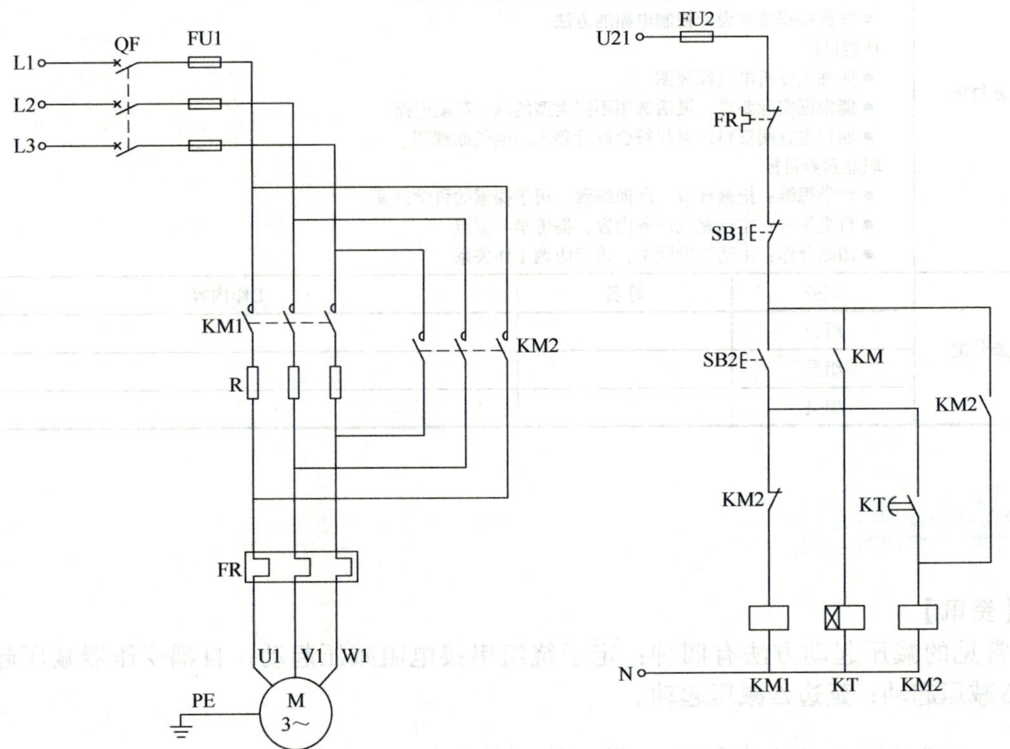

图 3-11　时间继电器控制串联电阻减压起动

【引导问题一】

1. 电路工作过程分析：合上电源开关 QF。

① 减压起动。

按下起动按钮 SB2，交流接触器 KM1 线圈得电吸合实现________。

a）KM1 主触头闭合→电动机 M 得电，串电阻减压起动；

b）KM1 的________触头闭合，时间继电器 KT 线圈得电，开始计时。

② 全压运动。

a）时间继电器 KT 线圈得电→延时 5s（时间继电器整定 5s）后，KT 的________；

b）闭合，KM2 线圈得电，KM2________闭合，保持 KM2 线圈通电；

c）KM2 的________断开，交流接触器 KM1 线圈失电，KM1 主触头断开，切除起动电阻，但由于 KM2 主触头闭合→电动机 M 全压运转。

③ 交流接触器 KM1 线圈失电，KM1 的________（2 个）复位断开，时间继电器 KT 线圈失电，KT 的________瞬时复位断开，但交流接触器 KM2 线圈通过闭合的常开触头保持通电。

④ 停止。

按下停止按钮 SB1，交流接触器 KM2 线圈失电，主触头 KM2 复位断开，电动机 M 失电停止运转；同时，KM2 的________复位断开，KM2 线圈保持失电状态。

2. 电路特点

定子串电阻减压起动方法由于不受电动机接线方式的限制，设备简单，因此常用于中小型生产机械中。对于大功率电动机，由于所串电阻能量消耗大，一般改用串接电抗器实现减压起动。另外，由于串电阻（电抗器）起动时，加到定子绕组上的电压一般只有直接起动时的一半，因此其起动转矩只有直接起动时的 1/4，所以定子串电阻（电抗器）减压起动方法，只适用于起动要求平稳、起动次数不频繁的空载或轻载起动，这种减压起动方法在生产实际中的应用正在逐步减少。

二、自耦变压器减压起动控制电路（见图 3-12）

自耦变压器减压起动（补偿器减压起动）是指利用自耦变压器来降低加在电动机三相定子绕组上的电压，达到限制起动电流的目的。电动机起动时，定子绕组得到的电压是自耦变压器的二次电压，一旦起动完毕，自耦变压器便被切除，电动机全压正常运行。

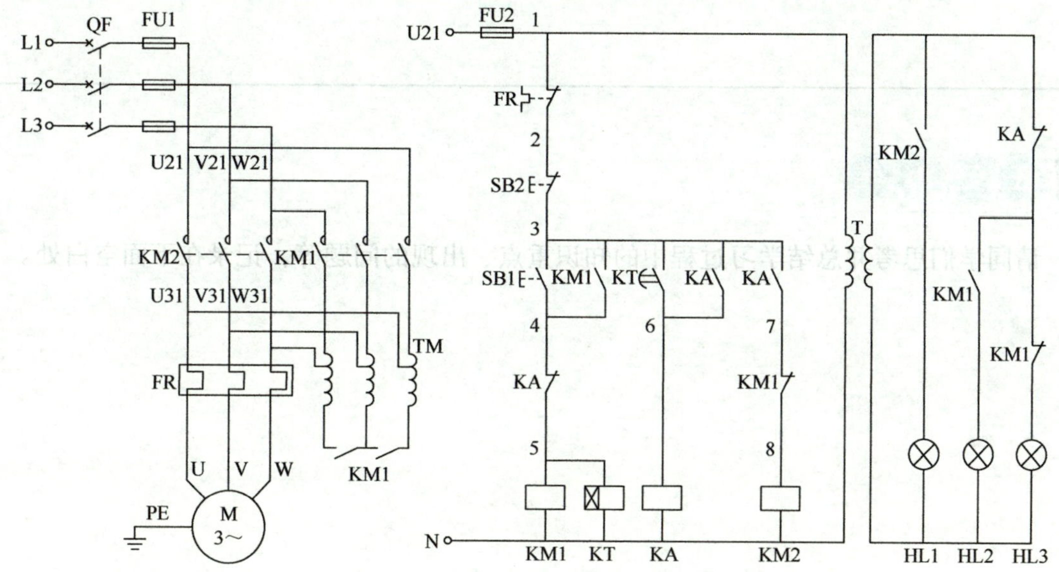

图 3-12 自耦变压器减压起动控制电路

【引导问题二】

1. 电路工作过程分析，合上电源开关 QF。

① 减压起动。

a）按下启动按钮 SB1 →交流接触器 KM1 线圈得电吸合并自锁，指示灯 HL2 亮；

b）KM1 主触头闭合→电动机 M 得电经________减压起动；同时时间继电器 KT 线圈得电，开始计时。

② 全压起动。

a）时间继电器 KT 线圈得电延时 5s（时间继电器整定 5s）后，KT 的________闭合，KA 线圈得电，KA 的________闭合实现自锁；

b）KA 的________断开，KM1 的线圈失电，KM1 的________复位，KA 的闭合，KM2 线圈得电，KM2 主触头闭合，电动机 M 全压运行。

③ 停止。

按下停止按钮 SB2，控制电路断电，电动机 M 停转。

2. 电路特点

自耦变压器减压起动的优点是：起动转矩和起动电流可以调节。缺点是设备庞大，成本较高。因此，这种方法适用于额定电压为 220 / 380V、接法为△-Y形、容量较大的三相异步电动机的减压起动。

【引导问题三】

同学们，请自行分析电动机相关减压起动电路，并绘制原理图。

!!! 任务小结

请同学们思考并总结学习过程中的知识重点、出现的问题等，记录在下面空白处。

单元任务考核

单元任务考核 

考核任务		成绩	
姓名		学号	

根据《自动报警规范》和《高层民用建筑设计防火规范》，消火栓泵有三个地方可控制起动。①在室内消火栓箱处直接起动。②在消防控制室处控制。③在水泵房消火栓泵附近控制。因此，此系统采用消防箱、消防总线和消防多线多地控制方式，提高系统安全性。

请同学们根据图样分析消防水泵电气系统图（参见图 3-13）。

一、分析电路中的元器件（每空 1 分，共 10 分）

主电路中的元器件除了常用的低压断路器 QF、热继电器 KH、主交流接触器 KM1，控制电动机Y接法连接的交流接触器________，控制电动机△接法的交流接触器________，还有电流互感器 TA。

电流互感器 TA 是将交流电路中的大电流转换为一定比例的小电流（我国标准为 5A），以供测量和继电保护只之用。图中 TA 的一次侧穿过 L2 相电流，电流互感器的________、________端子接电流表，以监测主电路电流，防止电流过大烧毁电动机。

控制电路主要有：转换开关________、________型时间继电器 KT1、________型时间继电器 KT2、用于消防多线控制的中间继电器________，用于消防总线控制的中间继电器________、以及控制箱内控制的中间继电器________。

二、分析电路工作过程（每空 1 分，共 35 分）

合上断路器 QF，停泵指示灯________灯亮。

1. 控制箱控制电动机运行

将转换开关 SA 转到手动位置，________和________端子接通。

2. 按下启动按钮 SF1，Y形启泵电路接通，________和________的线圈得电

a）手动控制电路中 KM3 的常闭触头________、________断开，实现联锁；

b）备用自投电路中的 KM3 常开触头________和________闭合，实现自锁，时间继电器 KT1 的线圈得电，开始________。

c）主电路中的 KM1 的主触头和 KM3 的主触头闭合，电动机实现________接法起动。

时间继电器 KT1 的计时时间到：

a）KT1 的________常开触头________和________闭合，KA3 的线圈得电，KA3 的常开触头________和________闭合，KM2 的线圈________，KM2 的常闭触头________和________断开，KT1 和 KA3 的线圈同时失电，Y接法电路断开；

b）KM2 的常开触头________和________闭合实现自锁，KM2 的主触头和 KM1 的主触头都闭合，电动机实现________接法运行；

c）停泵指示电路的 KM2 的常闭触头________和________断开，KG 灯灭；

d）△接法运行指示运行电路的 KM2 常开触头________和________闭合，HR 灯亮。按下停止按钮 SS1，电动机停止运行

3. 消防多线起动运行，KA1 的线圈得电

a）丫接法启泵电路中的 KA1 常开触头________和________闭合，电动机起动运行，开始丫－△减压起动电路运行；

b）消防应急控制中的 KA1 的常开触头________和________闭合，KT2 得电后，△接法运行投入电路中的 KT2________触头 7、8 断开，转换开关 SA 控制的电路不再通电，影响紧急运行；

c）当紧急情况解除，停止 KA1 的通电，KA1 的________和________触头断开，KT2 的线圈失电开始计时，计时时间到后，KT2 的 7、8 触头闭合，恢复原来状态。

4. 消防总线起动运行，KA2 的线圈得电，KA2 的常开触头________、________闭合，KM3 和 KM1 的线圈得电；其余控制与手动控制类似；消防总线停止，KA2 的线圈失电，电动机停止运行。

三、分析接线图（每空 1 分，共 25 分）

电气控制柜的主要组成，单就硬件来说，电气控制柜包括柜体，安装板，层板，散热装置，操作面板部分（需要在柜体上开孔）。

1. 根据接线图分析，操作面板部分即仪表门正视图，包括的元器件有________、________、________、________、________、________、________、________、________、________，这些元器件放在面板处，容易观察和操作。

2. 一次分区部分主要集中的是主电路中的元器件，包括________、________、________、________、________、________。

3. 二次分区部分主要集中的是控制电路中的元器件，包括________、________、________、________、________。

4. 按不同的功能，将端子排也分了几部分，________主要是与电源部分相连，________部分与柜体元器件相连，还有辅助的________。

四、查阅资料，为了提高消防水泵的安全使用率，分析消防水泵的控制电路还应增加哪些功能？（20 分）

五、单元任务小结（10 分）

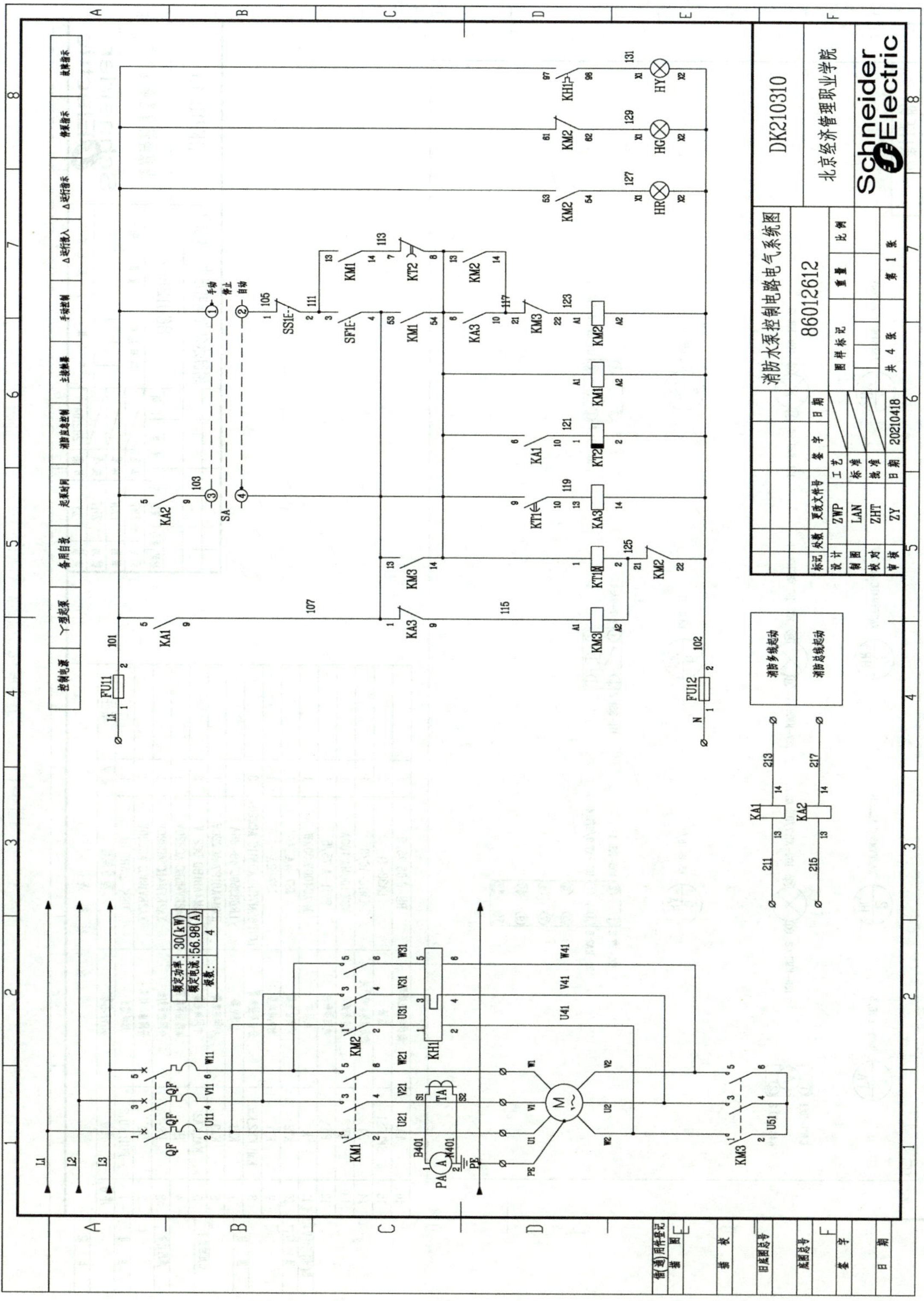

图 3-13 消防水泵控制电气系统图

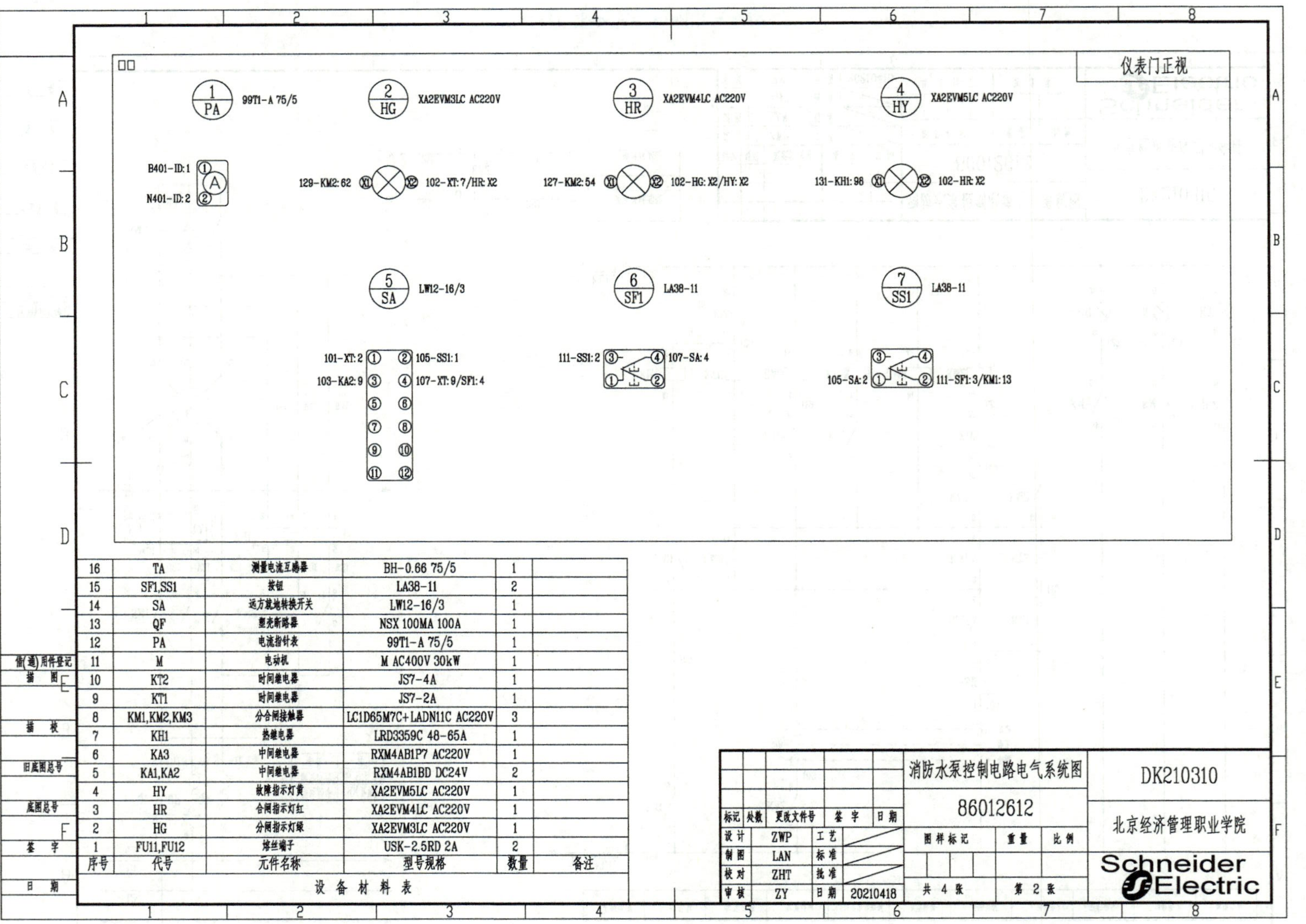

序号	代号	元件名称	型号规格	数量	备注
16	TA	测量电流互感器	BH-0.66 75/5	1	
15	SF1,SS1	按钮	LA38-11	2	
14	SA	远方就地转换开关	LW12-16/3	1	
13	QF	塑壳断路器	NSX 100MA 100A	1	
12	PA	电流指针表	99T1-A 75/5	1	
11	M	电动机	M AC400V 30kW	1	
10	KT2	时间继电器	JS7-4A	1	
9	KT1	时间继电器	JS7-2A	1	
8	KM1,KM2,KM3	分合闸接触器	LC1D65M7C+LADN11C AC220V	3	
7	KH1	热继电器	LRD3359C 48-65A	1	
6	KA3	中间继电器	RXM4AB1P7 AC220V	1	
5	KA1,KA2	中间继电器	RXM4AB1BD DC24V	2	
4	HY	故障指示灯黄	XA2EVM5LC AC220V	1	
3	HR	合闸指示灯红	XA2EVM4LC AC220V	1	
2	HG	分闸指示灯绿	XA2EVM3LC AC220V	1	
1	FU11,FU12	熔丝端子	USK-2.5RD 2A	2	

设备材料表

图 3-13 消防水泵控制电气系统图（续一）

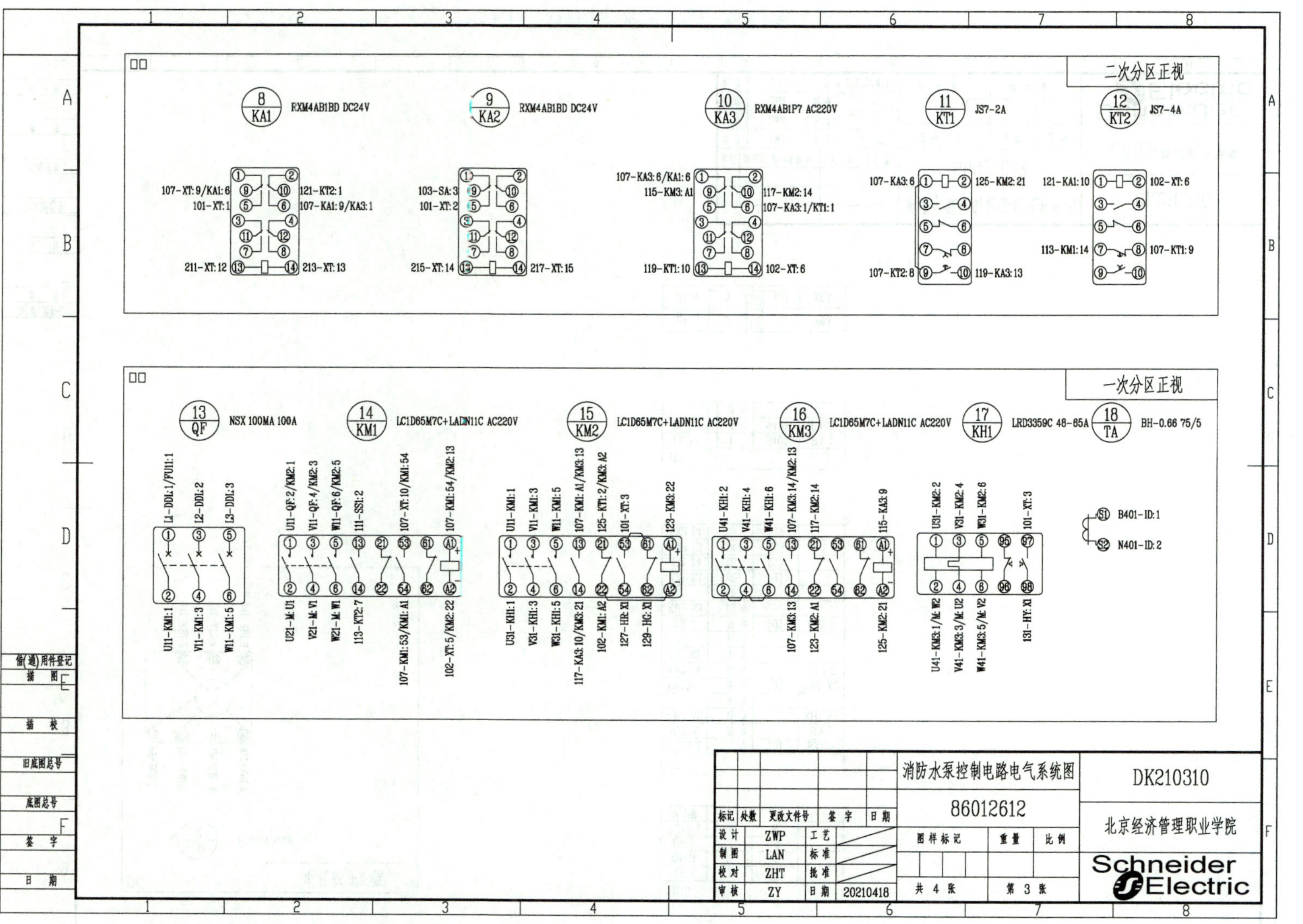

图 3-13 消防水泵控制电气系统图（续二）

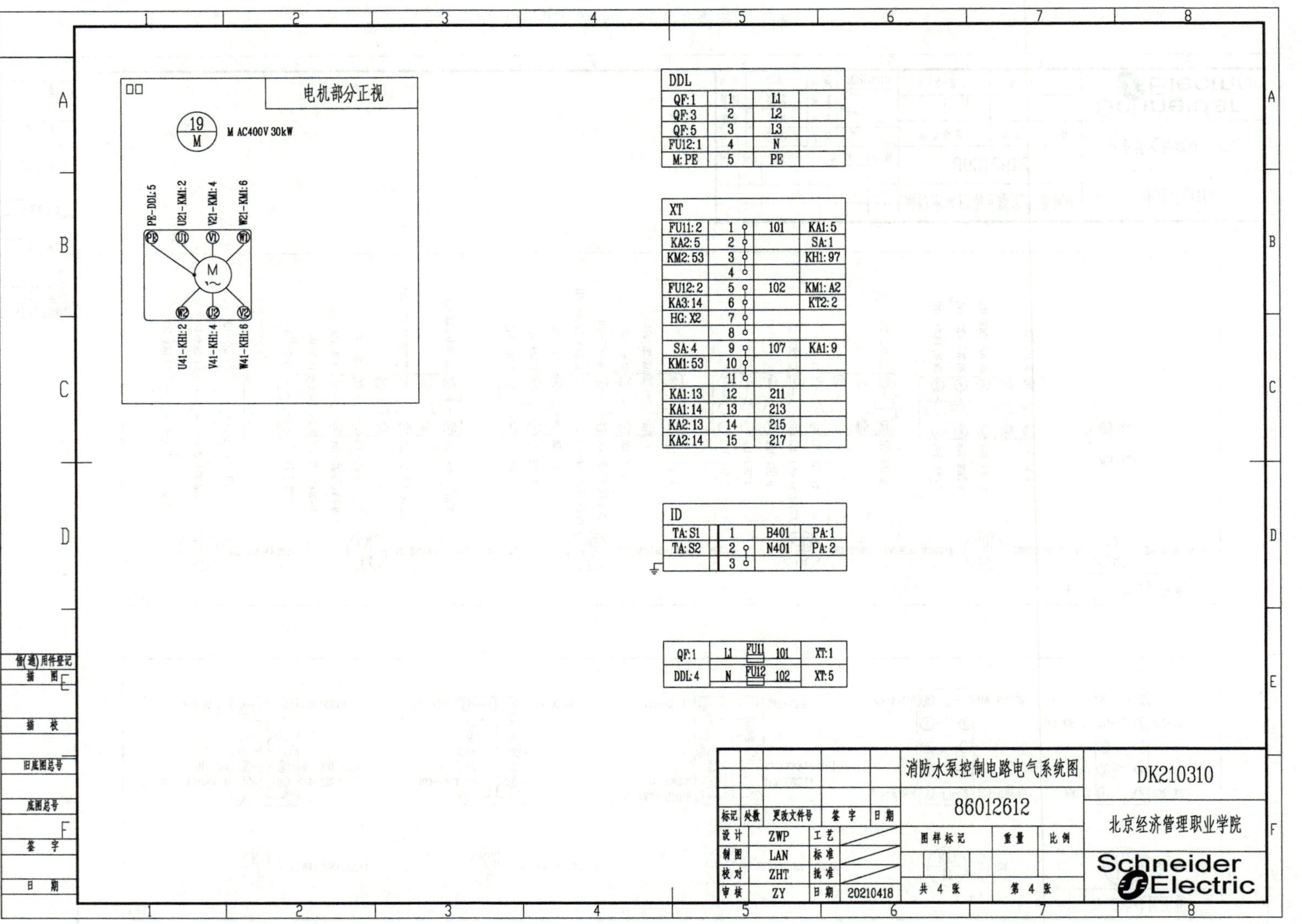

图 3-13 消防水泵控制电气系统图（续三）

学习单元四

智慧园区——消防风机安装与调试

智慧园区消防系统核心是消防联动控制系统，是指火灾探测器探测到火灾信号后，能自动切除报警区域内有关的空调器，关闭管道上的防火阀，停止有关换风机，开启有关管道的排烟阀，自动关闭有关部位的电动防火门、防火卷帘门，按顺序切断非消防用电源，接通事故照明及疏散标志灯，停运除消防电梯外的全部电梯，并通过控制中心的控制器，立即起动灭火系统，进行自动灭火。消防联动系统框图如图 4-1 所示。

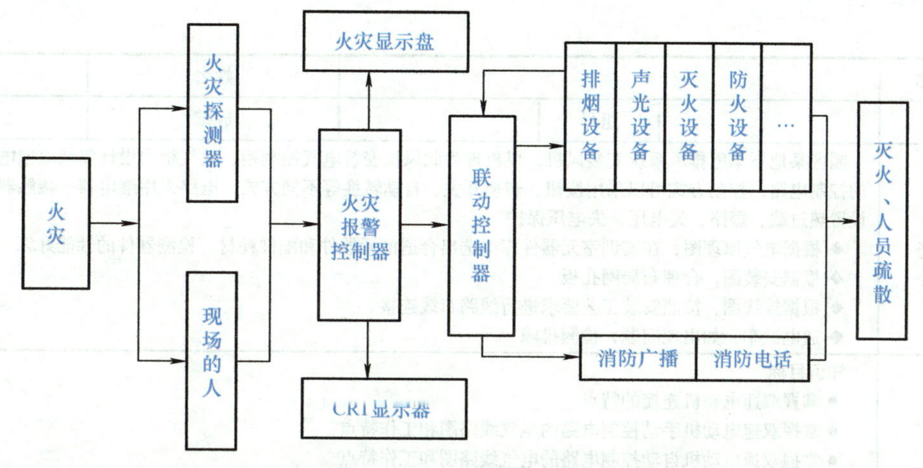

图 4-1　消防联动系统框图

单元任务概述：

园区建设地下车库项目，车库需设置防排烟控制设备，考虑地下室受空间限制，在满足风量及风压的参数下选择双速风机，低速作为排风换气使用，发生火灾时转为高速运行消防排风，如排风和防排烟分开使用，消防风机只在发生火灾时才用，平时出现问题很难发现并检修，真正火灾时难以正常使用，选择双速风机一机两用，提高设备的使用效率，减少项目建设的成本。

风机控制箱设计根据 GB50116—2019《火灾自动报警系统设计规范》要求，消防水泵、防烟和排烟风机的控制设备，除应采用联动控制方式外，还应在消防控制室设置手动直接控制装置，必须有双电源互投功能，防止因火灾断电无法起动消防风机疏散生命通道的浓烟毒烟，用于控制消防风机的起动和停止。并且必须装有防火阀控制点，根据安全要求切断消防机供电，防止火灾因电气蔓延。送风口、排烟口、排烟窗或排烟阀开起和关闭的动作信号，防烟、排烟风机起动和停止及电动防火阀关闭的动作信号，均应反馈至消防联动控制器。

本节学习单元的目标是识读双速风机电气原理图。在教学的实施过程完成以下目标：

1. 掌握双速风机的工作原理和接线方法。

2. 完成双速电动机运行的控制电路的安装与调试，分析电气线路图推导工作过程，绘制布置图和接线图，按图安装元器件并正确接线。

3. 培养主动学习和科学的思维能力，以及严谨、规范的工作作风，安全意识、严格按照规范流程完成任务，实施过程符合 8S 管理要求，有耐心和毅力分析解决操作中遇到的问题。

学完本学习单元内容，学生可根据图样自行分析消防风机联动控制的电气系统图，完成单元任务考核。

任务十八　双速电动机控制电路安装与调试

<table>
<tr><td>任务名称</td><td colspan="3"></td><td>姓名</td><td colspan="2"></td></tr>
<tr><td>班级</td><td></td><td>组号</td><td></td><td>成绩</td><td colspan="2"></td></tr>
<tr><td>工作任务</td><td colspan="6">园区某地下车库排风系统安装风机，风机现为此风机安装电气控制柜。电气柜内设计安装双速电动机运行的控制电路，控制方式可以采用按钮、转换开关、自动转换等不同方式，电路采用继电器—接触器控制，并设置热过载、短路、欠电压、失电压保护
◆ 根据电气原理图，在实训室元器件库中选出合适的元器件和配件耗材，检测器件的性能好坏
◆ 根据安装图，合理布局网孔板
◆ 根据接线图，按照安装工艺要求进行线路布线连接
◆ 通电试车，如出现问题，检测排障</td></tr>
<tr><td>任务目标</td><td colspan="6">知识目标
● 掌握双速电动机连接的特点
● 掌握双速电动机手动控制电路的电气线路图和工作特点
● 掌握双速电动机自动控制电路的电气线路图和工作特点
技能目标
● 能正确绘制双速电动机按钮控制电路的接线图
● 能按照电器布置图合理布局，元器件摆放合理，操作空间合适
● 能根据接线图，遵照板前布线工艺要求，正确进行线路连接
● 能正确使用万用表对电路进行通电前检测
● 能根据故障现象，分析、判断故障原因，检修线路
职业素养目标
● 安全意识：严格遵守操作规范和操作流程
● 自主学习：主动完成任务内容，提炼学习重点
● 团结合作：主动帮助同学，善于协调工作关系
● 工匠精神：培养一丝不苟、严谨细致、勇于探索的学习态度，精益求精、认真细致的工作态度，确保安装质量，提高质量意识，培育爱岗敬业的专业素质</td></tr>
<tr><td rowspan="4">任务分配</td><td>职务</td><td>姓名</td><td colspan="4">工作内容</td></tr>
<tr><td>组长</td><td></td><td colspan="4"></td></tr>
<tr><td>组员</td><td></td><td colspan="4"></td></tr>
<tr><td>组员</td><td></td><td colspan="4"></td></tr>
</table>

双速电动机控制电路识读与分析

双速电动机控制电路安装与调试

【资讯】

双速电动机是有两种运行速度的电机，属于异步电动机变极调速，是通过改变定子绕组的连接方法达到改变定子旋转磁场磁极对数，从而改变电动机的转速。

图 4-2 所示为常见的双速电动机外形。

a) YD系列双速电动机

b) 干洗机专用双速电动机

c) 洗衣机用双速电动机

图 4-2　常见的双速电动机外形

一、双速电动机定子绕组的连接

图 4-3a 是定子绕组采用△联结，3 个电源线连接在接线端 U1、V1、W1，每个绕组的中点接出端子 U2、V2、W2 空着不接，此时电动机磁极为 4 极，同步转速为 1500r/min，电动机低速运转。

图 4-3b 是定子绕组采用丫-丫联结，电动机绕组端子 U1、V1、W1 连在一起，三相电源 U2、V2、W2 的 3 根接线上，此时电动机磁极为 2 极，同步转速为 3000r/min，电动机高速运转。

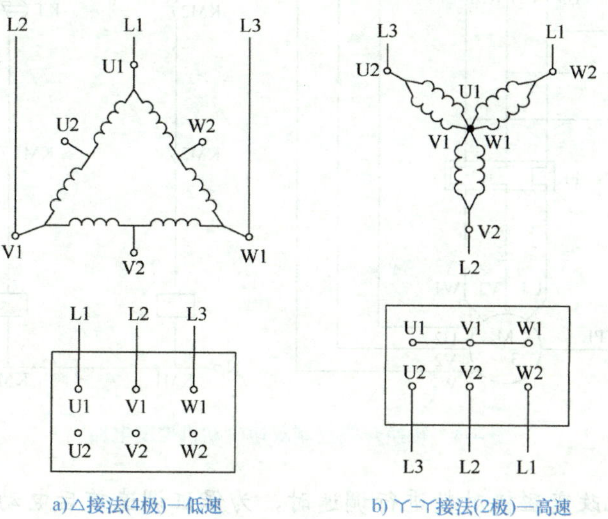

a) △接法(4极)—低速　　b) 丫-丫接法(2极)—高速

图 4-3　4/2 极双速电动机定子绕组接线图

二、手动控制双速电动机控制电路

1. 转换开关控制双速电动机控制电路（见图 4-4）

工作原理分析

低速运行：

转换开关 SA 扳到低速位置，KM1 线圈得电，KM1 主触头闭合，KM1 常闭触头断开实现与 KM2、KM3 的联锁，KM2 和 KM3 线圈均不得电，双速电动机作△联结，电动机低速运行。

高速运行：

转换开关 SA 扳到高速位置，KT 线圈得电，KT 常开瞬动触头闭合，KM1 线圈得电，电动机低速起动运行。KT 延时时间到，KT 延时断开常闭触头断开，KM1 线圈断电，KM1 常开触头恢复断开，常闭辅助触头恢复闭合，KT 延时闭合常开触头闭合，KM2、KM3 线圈得电，KM2、KM3 常闭辅助触头断开，实现与 KM1 联锁，KM2、KM3 主触头闭合，双速电动机作Y－Y联结，电动机高速运转。

停车：转换开关扳到空挡位置，不论电动机原来处于低速还是高速运转，控制回路断电，电动机停转。

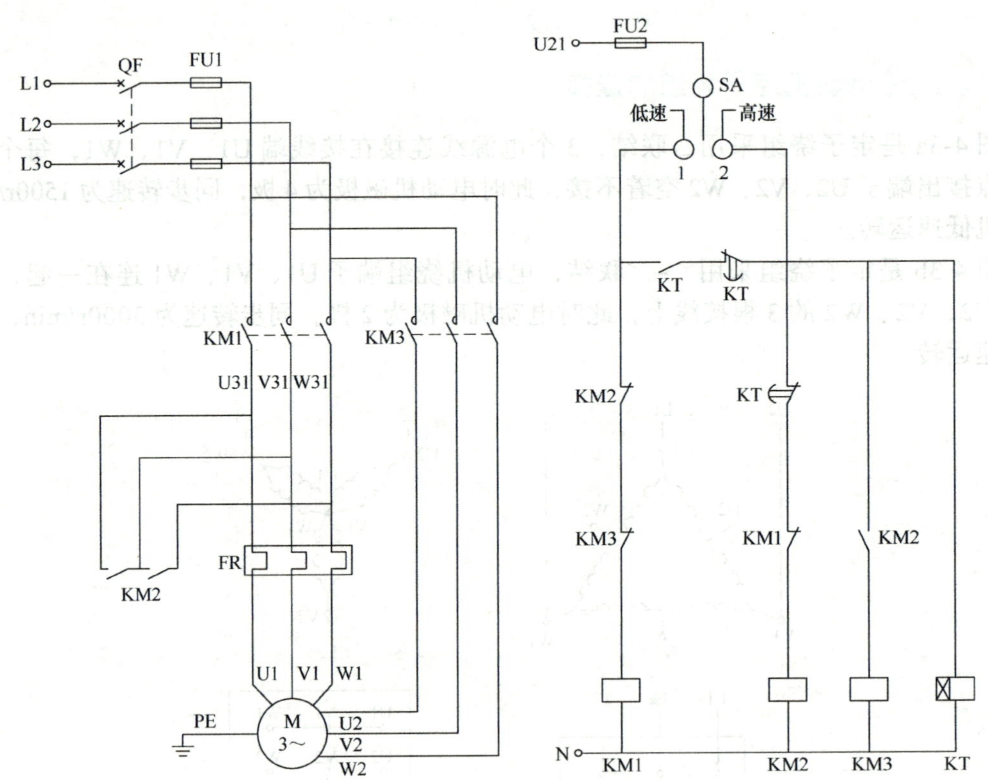

图 4-4　转换开关控制双速电动机控制电路

注意： 当电动机改变磁极对数进行调速时，为保证调速前后电动机旋转方向不变，在主电路中必须交换电源相序。即低速为 U1、V1、W1 引入电动机，高速时为 W2、V2、U2 引入电动机。

2. 按钮控制的双速电动机控制电路（见图 4-5）

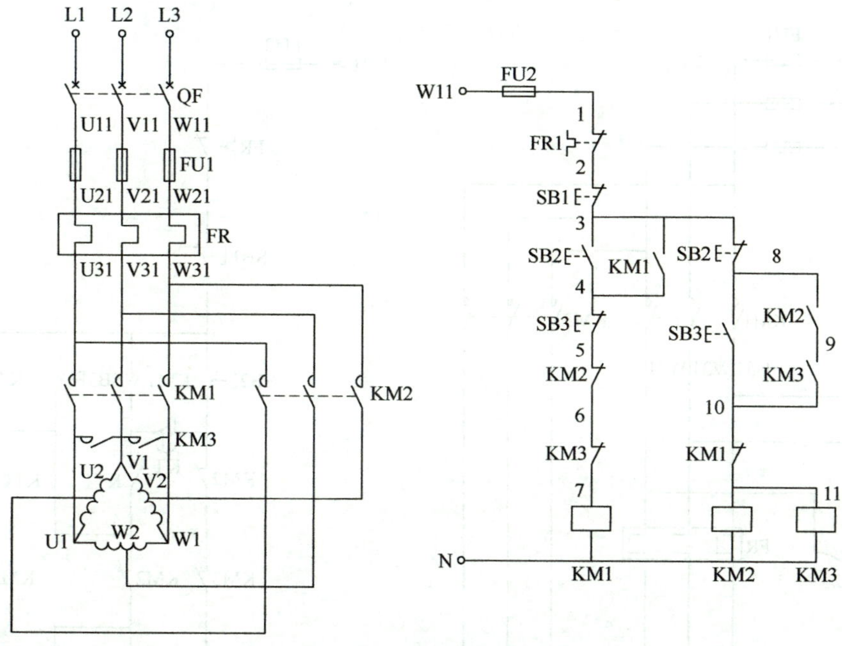

图 4-5 按钮控制的双速电动机控制电路

同学们可自行分析电路工作过程。

请同学们根据电气原理图，画出完整接线图。

三、自动控制双速电动机控制电路（见图 4-6）

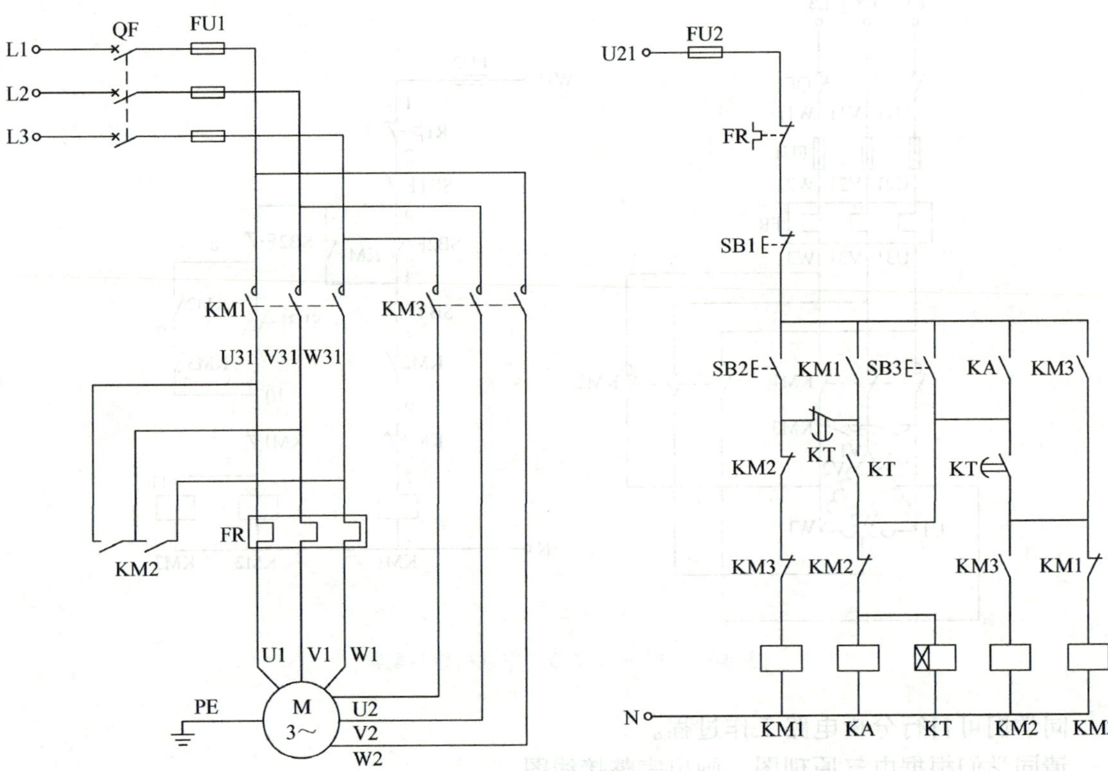

图 4-6　双速电动机自动控制电路

【引导问题一】

工作过程分析：

合上电源开关 QF。

1. 低速控制：按下 SB2，KM1 线圈得电。

a）KM1 主触头闭合，定子绕组接成________，电动机________运行；

b）KM1________闭合实现自锁；

c）KM1 常闭触头断开，使________________不得电。

2. 高速控制：按下 SB3，________线圈得电。

a）KA 常闭触头________；

b）KT 瞬动触头闭合，KM1 线圈得电，定子绕组接成________，电动机________起动；KT 延时时间到，KT________触头断开，KM1 断电，同时 KT________________触头闭合，KM2、KM3 线圈得电，定子绕组接成________________，电动机________运行。

中间包括：

KM1 线圈失电，KM1 主触头断开，________连接断开，常开辅助触头断开，解除自锁停止过程：按下停止按钮 SB1，控制电路断电，电动机停转。

请同学们根据电气原理图，补画完整接线图。

实操任务：按钮控制双速电动机控制电路。

一、任务准备

根据双速电动机按钮控制电路安装图要求，领取元器件及耗材。

1. 所有元器件外观应完整无损，附件齐全。

2. 用万用表检测所有元器件的好坏，包括线圈电阻、触头的分、合情况等，将表4-1中的内容填写完整。

表 4-1 元器件清单表

序号	名称	型号规格	数量	检测结果
1	低压断路器			
2	熔断器			
3	交流接触器			
4	热继电器			
5	按钮			
6	双速异步电动机			
7	端子排			
8	导轨			
9	线槽			
10	塑料软铜线			
11	塑料软铜线			
12	编码套管			
13	接线端子			

二、任务步骤

1. 根据安装图，在网孔板上安装导轨、线槽和元器件；元器件的安装位置应整齐、匀称、间距合理、便于更换。

2. 根据接线图布线，布线应符合板前布线工艺要求。

3. 自检电路，安装完毕的电路板，应不通电测试，将万用表打到蜂鸣档。

（1）主电路的检测，检测完成将结果填入表 4-2、表 4-3 中。

表 4-2　主电路检测（1）

项目	U1–V1	V1–W1	W1–U1	U11–V11	V11–W11	W11–U11
不动任何元件						
按下 KM1 衔铁						

表 4-3　主电路检测（2）

项目	U2–V2	V2–W2	W2–U2	U11–V11	V11–W11	W11–U11
不动任何元件						
按下 KM2 衔铁						

（2）控制电路的检测：测量 U21 与 N 之间的阻值。

按下 SB2，应为________的线圈电阻值，松开 SB2，测量结果为________，按下 KM1 的衔铁，读数为________的电阻值。

按下 SB3，应为________和________________线圈电阻值，松开 SB3，测量结果为________，按下 KM2 和 KM3 的衔铁，读数为________________的电阻值。

4. 按电动机铭牌要求的联结方式接好电动机，测量电动机三相之间的绝缘性。

5. 以上步骤检查无误后，请老师检查后，才可连接三相电源，通电试车。

6. 通电试车。

（1）提醒同组人员注意；

（2）通电试车时，旁边应有教师监护，出现故障及时断电，检修并排障后再次通电；

（3）试车完毕，先断开电源后拆线。

7. 清理现场，严格按照 8S 标准整理现场，清洁、清扫实训环境，整理、整顿实训器材，节约实训耗材，检查安全条例，培养职业素养。

请同学们思考并总结学习过程中的知识重点、出现的问题等，记录在下面空白处。

单元任务考核

单元任务考核 

考核任务		成绩	
姓名		学号	

防烟系统、排烟系统的手动控制方式，应能在消防控制室内的消防联动控制室内手动控制送风口、电动挡烟垂壁、排烟口、排烟窗、排烟阀的开启或关闭，以及防烟风机、排烟风机等设备的起动或停止，防烟、排烟风机的起动、停止按钮应采用专用线路直接连接至设置在消防控制室内的消防联动控制器的手动控制盘，并应直接手动控制防烟、排烟风机的起动、停止。

请同学们分析消防风机电气系统图（参见图 4-7）。

一、分析电路中的元器件

远距离操作一般设在环控电控室中，方便控制和维护。图中的 SS1 和 SF1、SS2 和 SF2 都在操作箱中，实现远距离控制。现场则由操作柜实现。

电气柜中主要的元器件有转换开关、热继电器、交流接触器、指示灯等。其中为了保证发生火灾时电动机高速运行，发生热过载时热继电器只满足报警功能而不切断电路。

二、分析电路工作过程（每空 1 分，共 50 分）

合上断路器 QF，主电路通电，电源指示灯________亮，控制电路低速停止信号________和高速停止信号________都亮。

低速运行时：

（1）将转换开关 SA 转到本柜位置，________和________端子接通，按下按钮________，低速就地手动控制电路接通，________线圈通电，电动机________起动运行，同时低速运行信号 HR1 亮，停止时转动________到停止。

（2）将转换开关 SA 转到操作箱位置，________和________端子接通，按下远距离操作箱中起动按钮________，KM1 线圈通电，KM1 的常开触头________、________接通实现________，电动机低速起动运行，停止按下________即可。

长期运行出现热过载时，热继电器____________动作，低速故障信号________、________闭合，________灯亮，发出________信号。

高速运行时：

（1）将转换开关 SA 转到本柜位置________和________端子接通，按下按钮________，高速就地手动控制电路接通，________线圈通电，________的常开触头________、________接通，KM 线圈得电，主电路中电动机________速起动运行，同时高速运行信号________亮，停止时转动________到停止。

（2）将转换开关 SA 转到操作箱位置，________和________端子接通，按下远距离操作箱中起动按钮________，________线圈通电，KM2 的常开触头________、________接通，________线圈得电，________的常开触头 13、14 和________的常开触头 13、14 都闭合，实现对 SF2 的________，主电路中电动机________起动运行，停止时按下________即可。

运行出现热过载时，热继电器________动作，低速故障信号________、________闭合，________灯亮，发出________信号。

消防联动信号报警，通过消防联动模块 F1、F2 的配合，________指示灯亮，发出________。火灾发生后，电动机高速运行，最怕出现问题延误救火时间，为防止混乱电动机发生失误无人知晓，特设立高速运行故障音响系统，以警铃加指示灯的形式提醒故障发生，同学们可自行分析。

三、请同学们查阅资料，分析消防风机在不同的场景中如何利用 AI 技术实现智慧控制（40 分）

四、单元任务小结（10 分）

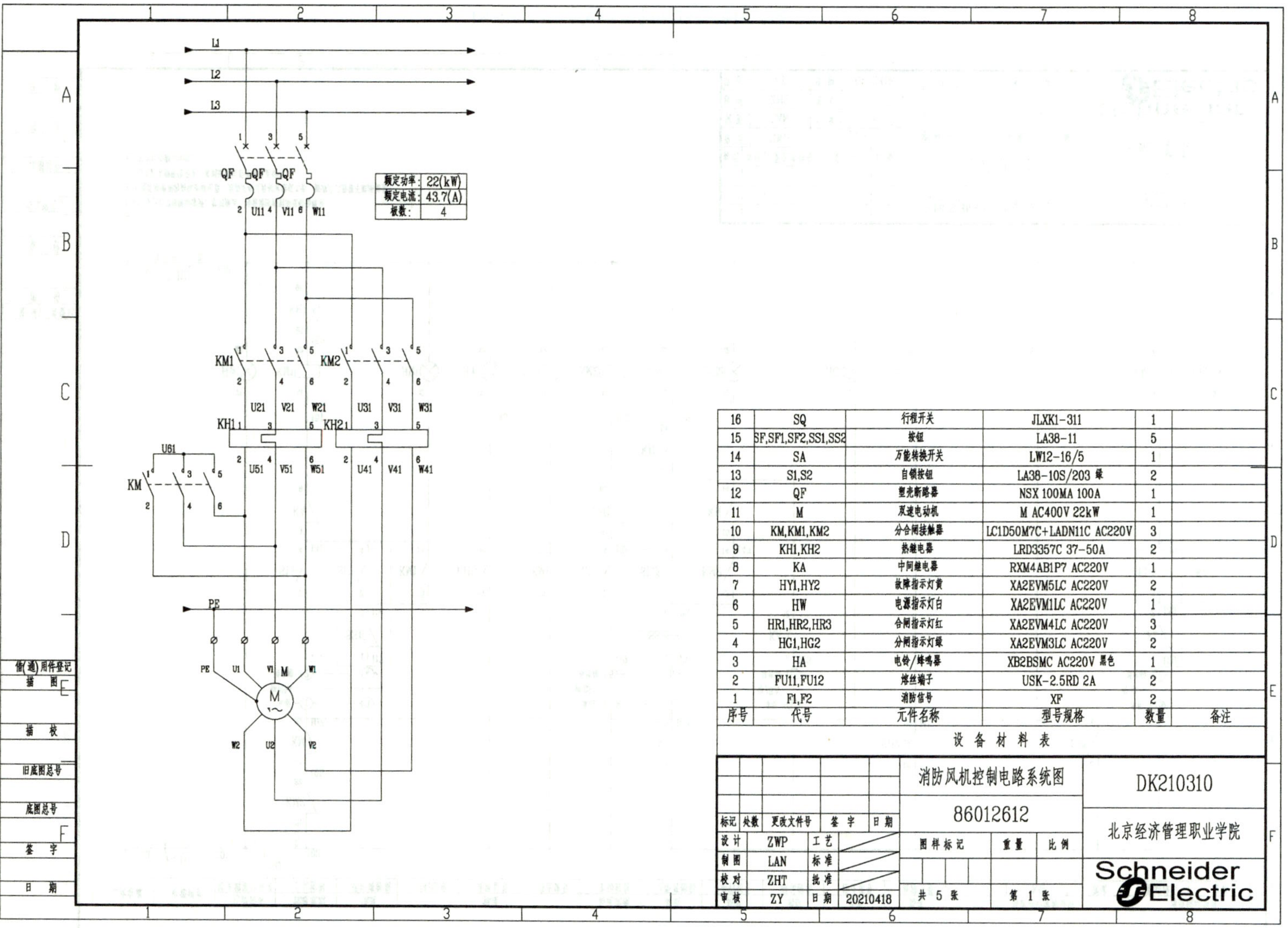

序号	代号	元件名称	型号规格	数量	备注
16	SQ	行程开关	JLXK1-311	1	
15	SF,SF1,SF2,SS1,SS2	按钮	LA38-11	5	
14	SA	万能转换开关	LW12-16/5	1	
13	S1,S2	自锁按钮	LA38-10S/203 绿	2	
12	QF	塑壳断路器	NSX 100MA 100A	1	
11	M	双速电动机	M AC400V 22kW	1	
10	KM,KM1,KM2	分合闸接触器	LC1D50M7C+LADN11C AC220V	3	
9	KH1,KH2	热继电器	LRD3357C 37-50A	2	
8	KA	中间继电器	RXM4AB1P7 AC220V	1	
7	HY1,HY2	故障指示灯黄	XA2EVM5LC AC220V	2	
6	HW	电源指示灯白	XA2EVM1LC AC220V	1	
5	HR1,HR2,HR3	合闸指示灯红	XA2EVM4LC AC220V	3	
4	HG1,HG2	分闸指示灯绿	XA2EVM3LC AC220V	2	
3	HA	电铃/蜂鸣器	XB2BSMC AC220V 黑色	1	
2	FU11,FU12	熔丝端子	USK-2.5RD 2A	2	
1	F1,F2	消防信号	XF	2	

图 4-7 消防风机控制电路系统图

学习单元五

智慧园区——新能源路灯系统运行

智慧新能源实训平台介绍

近年来，国家对“新基建”建设高度重视，作为城市经济发展的重要平台，智慧园区的建设搭上了发展的快车，信息化、数字化和智能化赋能也必将为园区升级带来诸多利好。路灯这项公共基础设施，从市民主干道到商业广场，从居民社区路到城市旅游景点，遍布城市各个角落。而智慧路灯正是以城市路灯杆为载体，整合资源利用，通过采集城市建设大数据信息，为城市管理部门提供了强有力的数据接口。

在智慧园区，智慧路灯可具有智慧照明控制、移动基站、视频监控、环境监测、无线、新能源电动车汽车充电桩等多项功能。

单元任务概述：

智慧路灯的基础功能是照明，风光互补道路照明是一个新兴的新能源利用领域，它不仅为城市照明减少对常规电的依赖，也为农村照明提供了新的解决方案，是智慧路灯的主流产品。为详细阐述风光互补电路的工作原理，设计了 INET 智慧新能源创新实训平台，旨在给学生提供一个综合的实践环境。

INET 智慧新能源创新实训平台（见图 5-1）主要由光伏供电装置、光伏供电系统、风力供电装置、风力供电系统组成。实训平台采用模块式结构，各装置和系统具有独立的功能，可以组合成光伏发电实训系统、风力发电实训系统。

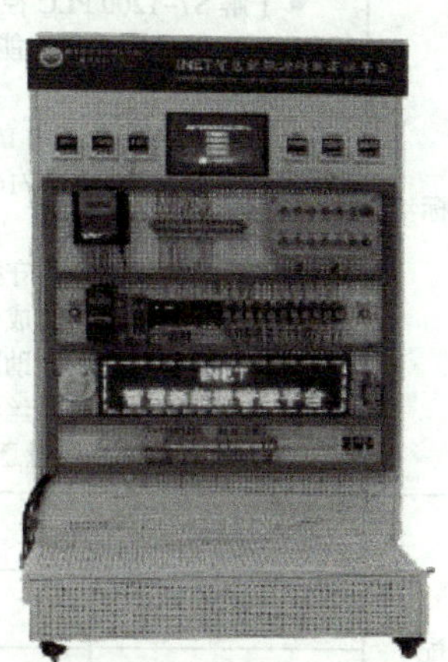

图 5-1　INET 智慧新能源创新实训平台控制柜

本节学习单元的目标是识读智慧新能源创新实训平台电气图。在教学的实施过程完成以下目标：

1. 了解新能源技术，理解风力发电和光能发电的原理，以及风光互补发电系统的工作原理。

2. 了解现代先进的控制技术，包括 PLC、变频器、触摸屏等元器件的应用。

3. 认识可编程序控制器（PLC），理解其结构和工作原理，能简单使用软件编写简单的程序。

4. 分析实训平台电气线路系统图，掌握系统图集的识读方法。

5. 培养主动学习和科学的思维能力，以及严谨、规范的工作作风，安全意识、严格按照规范流程完成任务，实施过程符合 8S 管理要求，有耐心和毅力分析解决操作中遇到的问题。

学完本学习单元内容，学生可根据图样自行分析智慧新能源创新实训平台的电气控制系统图，完成单元任务考核。

任务十九　可编程序控制器（PLC）电气控制系统认知

任务工单

<table>
<tr><td>任务名称</td><td colspan="3"></td><td>姓名</td><td></td></tr>
<tr><td>班级</td><td></td><td>组号</td><td></td><td>成绩</td><td></td></tr>
<tr><td>工作任务</td><td colspan="5">通过 S7–1200 PLC 对电动机的单向连续运行控制电路的改造，让学生从直观到抽象，逐渐掌握 PLC 在电气控制系统中的硬件接线
◆ 扫描二维码，观看可编程序控制器（PLC）电气控制系统认知微课
◆ 阅读资讯内容，完成引导问题
◆ 完成用 PLC 控制电动机单向连续运行的硬件接线
◆ 使用 TIA Portal V16 软件完成电动机的单向连续运行控制任务软件设计</td></tr>
<tr><td>任务目标</td><td colspan="5">知识目标
● 了解 S7–1200 PLC 控制系统组成
● 了解 PLC 系统各功能模块；
技能目标
● 会 PLC 控制系统的 I/O 接线
● 会使用 TIA Portal V16 软件编写调试简单的 PLC 程序
职业素养目标
● 安全意识：严格遵守操作规范和操作流程
● 自主学习：主动完成任务内容，提炼学习重点
● 团结合作：主动帮助同学，善于协调工作关系
● 工匠精神：培养一丝不苟、严谨细致、勇于探索的学习态度，精益求精、认真细致的工作态度，确保安装质量，提高质量意识，培育爱岗敬业的专业素质</td></tr>
<tr><td rowspan="4">任务分配</td><td>职务</td><td>姓名</td><td colspan="3">工作内容</td></tr>
<tr><td>组长</td><td></td><td colspan="3"></td></tr>
<tr><td>组员</td><td></td><td colspan="3"></td></tr>
<tr><td>组员</td><td></td><td colspan="3"></td></tr>
</table>

可编程序控制器（PLC）电气控制系统认知

扫描二维码，观看 PLC 的微课。

【资讯】

S7-1200 PLC 控制系统组成。

INET 智慧新能源创新实训平台的组成中，PLC 选用的是西门子 S7-1200 PLC，S7-1200 PLC 控制系统由电源模块，CPU 模块，信号模块，通信模块，HMI 触摸屏和工业控制软件组成，如图 5-2 所示。

【引导问题一】S7-1200 PLC 控制系统由哪些部分组成？

【引导问题二】查阅资料，市面上常用的 PLC 品牌有哪些？

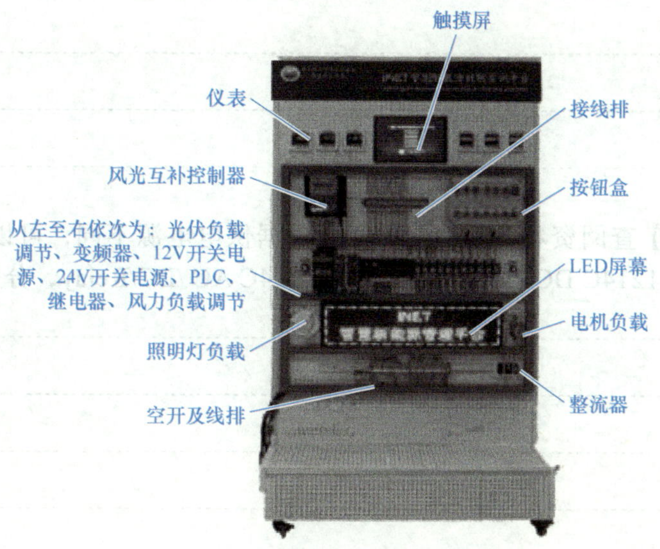

图 5-2 INET 智慧新能源创新实训平台

S7-1200 各功能模块简介

1. CPU 模块（见图 5-3）

S7-1200 PLC 的 CPU 模块将微处理器，电源，数字量，输入 / 输出电路，模拟量输入 / 输出电路，PROFINET 以太网接口，高速运动控制功能，组合到一个设计紧凑的外壳中。每块 CPU 内可以安装一块信号板，安装以后不会改变 CPU 的外形和体积。

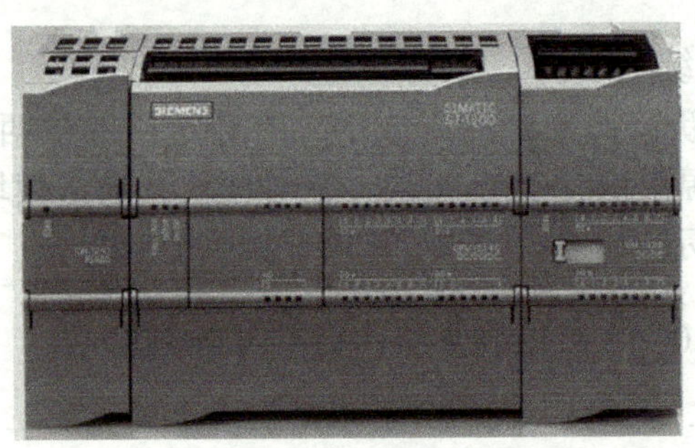

图 5-3　S7-1200 的 CPU 模块

2. 信号模块

输入（Input）模块和输出（Output）模块简称为 I/O 模块，数字量（又称开关量）输入模块和数字量输出模块简称为 DI 模块和 DO 模块，模拟量输入模块和模拟量输出模块简称为 AI 模块和 AQ 模块，它们统称为信号模块，简称为 SM。如图 5-4 所示，信号模块是联系外部现场设备和 CPU 的桥梁，安装在 CPU 模块的右边，扩展能力最强的 CPU 可以扩展 8 个信号模块，以增加数字量和模拟输入，输出点。

【引导问题三】 查阅资料，西门子的 PLC 系列产品的型号有哪些？

【引导问题四】 查阅资料，S7-1200 PLC 根据供电电源不同，可以分为 CPU 1214C DC/DC/DC，CPU 1214C DC/DC/Relay，CPU 1214C AC /DC/Relay，分别代表什么含义？

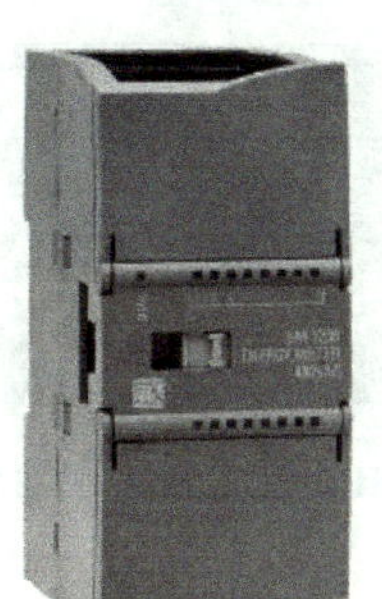

图 5-4 信号模块

3. 通信模块

通信模块安装在 CPU 模块的左边，最多可以添加 3 块通信模块，可以使用点对点通信模块、PROFIBUS 模块，工业远程通信模块、AS-i 接口模块和 IO-Link 模块。如图 5-5 所示。

4. 电源模块（见图 5-6）

PLC 使用 220V 交流电源或 24V 直流电源。内部的开关电源为各种模块提供 5V、±12V、24V 等直流电源。小型 PLC 一般都可以为输入电路和外部的电子传感器（如接近开关等）提供 24V 直流电源，驱动 PLC 负载的直流电源一般由用户提供。

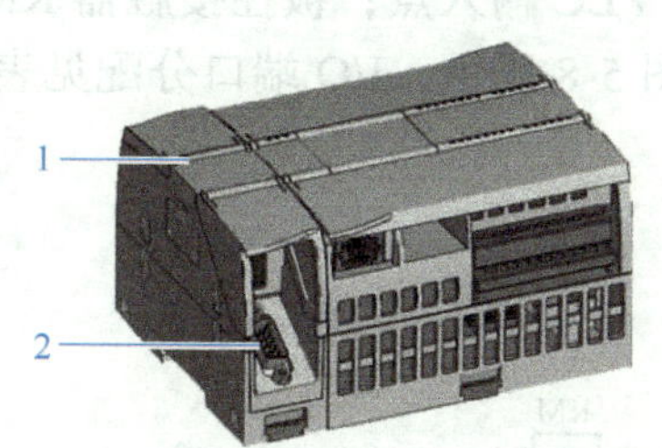

图 5-5 S7-1200 的通信模块结构

1—通信模块的状态 LED 2—通信连接器

图 5-6 S7-1200 电源模块

【引导问题五】查阅资料，PLC 的数字量输入模块和模拟量输入模块分别接收什么样的信号？

---

5. SIMATIC HMI 精简系列面板

西门子 SIMATIC HMI 精简系列面板 KTP700 BASIC PN 触摸屏作为人机界面，以 S7-1200 作为控制器，通过单击触摸屏上的按键，实现对控制对象控制，通过触摸屏上的“系统指示灯”和“电机状态显示”等对象实现对现场系统工作状态的监控功能。如图 5-7 所示。

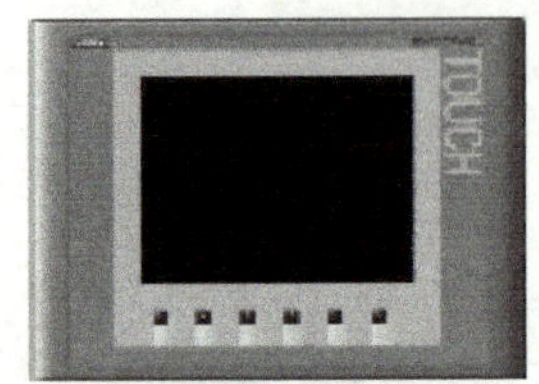

图 5-7　SIMATIC HMI 精简系列面板

6. 工业控制软件

TIA 博途是 Totally Integrated Automation（全集成自动化）的简称，TIA 博途（TIA Portal）是西门子自动化的全新工程设计软件平台。

实操任务：利用 S7-1200 PLC 进行电动机的单向连续运行控制电路的升级改造。扫描二维码，观看可编程序控制器的微课。

一、任务准备

本任务使用的 PLC 是西门子 S7-1200，电动机的单向连续运行控制电路中控制按钮有 2 个，即起动按钮 SB1，停止按钮 SB2，占用 2 个 PLC 输入点；被控接触器 KM 线圈，占用 1 个 PLC 输出点，PLC 控制系统接线示意图如图 5-8 所示，I/O 端口分配见表 5-1。

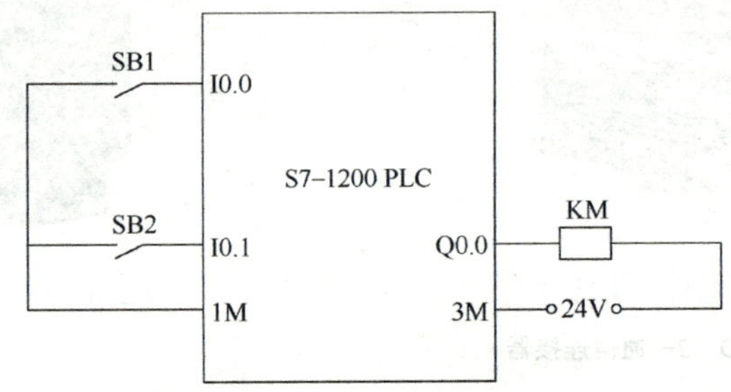

图 5-8　PLC 控制系统接线示意图

表 5-1　I/O 分配

序号	状态	名称	作用	I/O 口
1	输入	按钮 SB1	控制 KM 起动	I0.0
2	输入	按钮 SB2	控制 KM 停车	I0.1
3	输出	接触器 KM	控制电动机	Q0.0

二、任务步骤

1. 启动 TIA Portal V16 软件

首先启动 TIA Portal V16 软件。从桌面上直接双击图标，启动博途软件。

2. 创建新项目

单击“创建新项目”，填写项目名称为“电动机单向连续运行控制电路设计”，路径和作者这里不做修改，单击“创建”按钮。出现图 5-9 所示对话框，这样一个新的项目创建完毕。

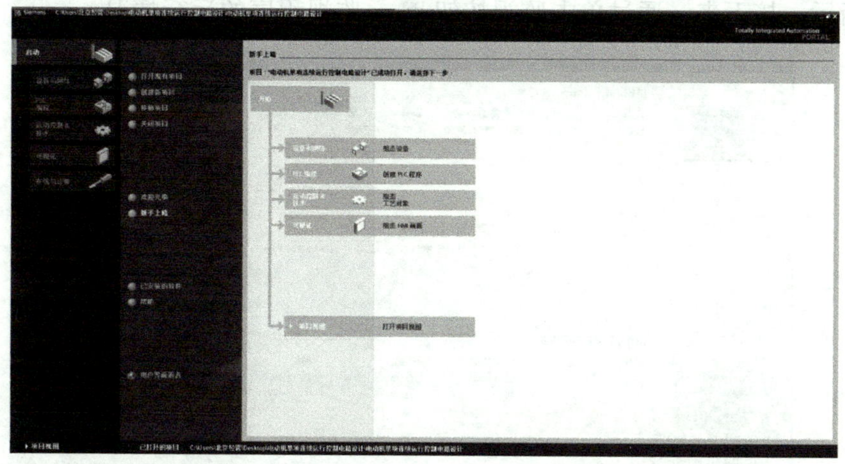

图 5-9 创建新项目

3. PLC I/O 变量表建立

单击 PLC 变量，双击添加新变量表，按照表 5-1 完成 I/O 分配，如图 5-10 所示。

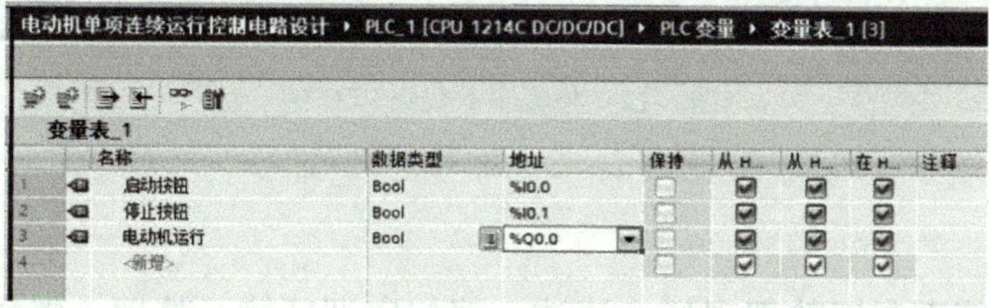

图 5-10 I/O 分配

4. PLC 编程

程序如图 5-11 所示。

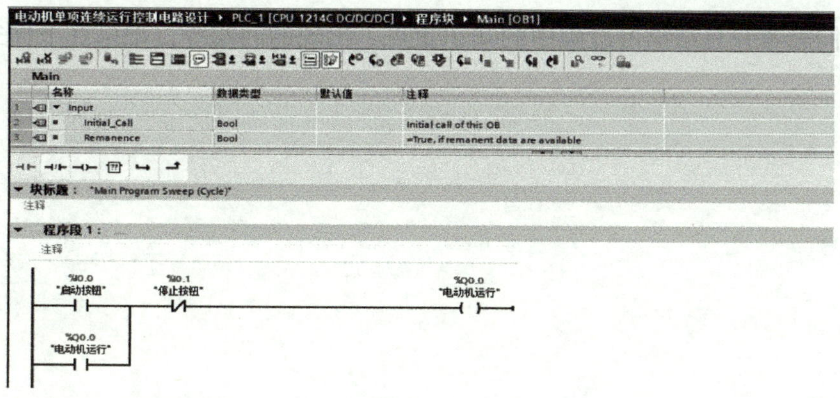

图 5-11 PLC 程序

5. 软硬件调试

首先将程序下载到PLC中。单击下载图标，弹出下载对话框，PG/PC接口类型选择PNIE，PG/PC接口选择网卡，单击“开始搜索”，单击“下载”，将程序下载到PLC中。如图5-12所示。接下来，通过单击监视按钮，监视程序的运行情况。

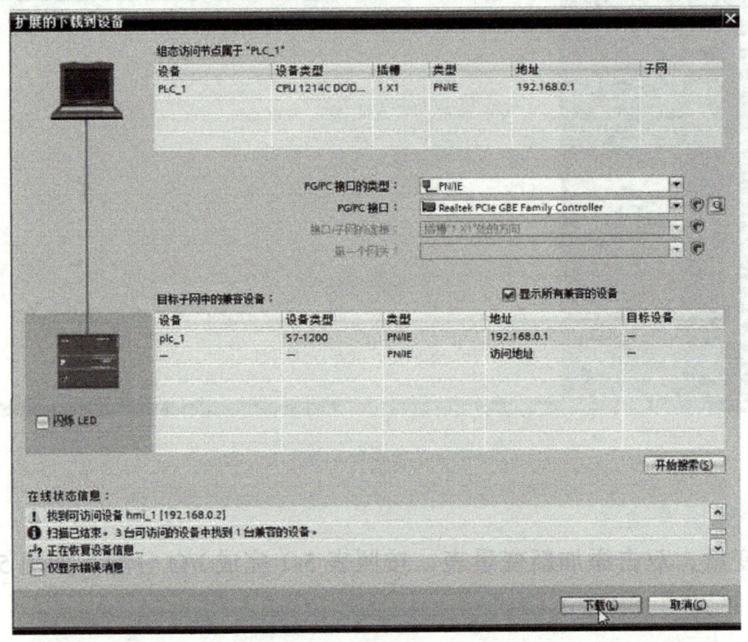

图5-12 将程序下载到PLC中

6. 运行调试

7. 清理现场

严格按照8S管理制度整理现场，清洁、清扫实训环境，整理、整顿实训器材，节约实训耗材，检查安全条例，培养职业素养。

任务小结

请同学们思考并总结学习过程中的知识重点、出现的问题等，记录在下面空白处。

电气控制技术

任务评价手册

班级 ________________

姓名 ________________

学号 ________________

单元任务考核

考核任务		成绩	
姓名		学号	

INET智慧新能源创新实训平台仿照城市新能源路灯工作原理设计，采用模块式结构，各装置和系统具有独立的功能，分为光伏供电装置、光伏供电系统、风力供电装置、风力供电系统组成，具体设备器件如图5-13所示，该平台功能框图如图5-14所示。

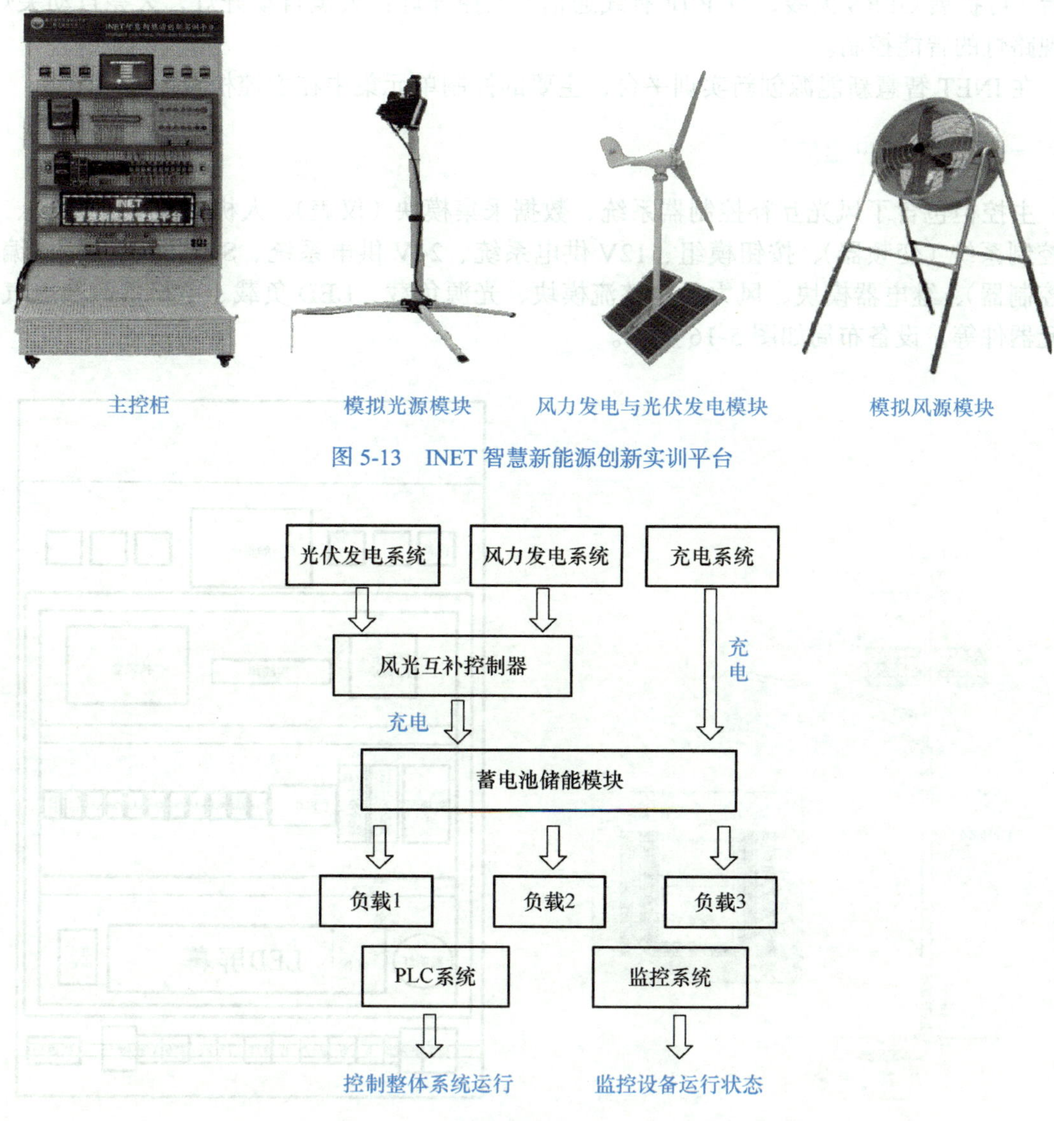

图5-13　INET智慧新能源创新实训平台

图5-14　智慧新能源创新实训平台功能框图

风力发电部分模拟风源产生风力吹动风力机叶片，叶片的运动产生机械能，而风力发电机可将机械能转换为电能，再由风光互补控制器为蓄电池充电；太阳能电池板能将吸收的光能转换为电能，再由风光互补控制器为蓄电池充电。蓄电池充电时，控制器会控制蓄电池不被过充。蓄电池释放所储存的电能时，控制器会控制蓄电池不被过放电，保护蓄电池。可编程序控制器（PLC）控制整体系统的自动运行，人机界面（触摸屏）监控设备运行状态。新能源路灯工作示意如图 5-15 所示。

风光互补控制器具有充电电池反接、光伏电池反接保护功能，两路负载过电流、短路报警保护功能，两路负载多重控制模式：光控、时控、全开放功能，电池过充和过放报警保护功能，两路负载不同电压下保护功能，光伏输入端防雷保护功能，蓄电池温度补偿功能，有效延长蓄电池的使用寿命，RS-485 通信功能，工作状态和发电数据可以实时上传，后台（可扩展 GPRS 无线，TCP/IP 有线通信）光控开灯：天黑自动开灯，天亮自动关灯，实现路灯的智能控制。

在 INET 智慧新能源创新实训平台，主要的控制单元集中在主控柜上。

一、主控柜的组成

主控柜包含了风光互补控制器系统、数据采集模块（仪表）、人机系统（触摸屏）、风力控制系统（变频器）、按钮模组、12V 供电系统、24V 供电系统、S7-200 PLC（可编程序控制器）、继电器模块、风力发电整流模块、光源负载、LED 负载、电机负载及电气控制元器件等。设备布局如图 5-16 所示。

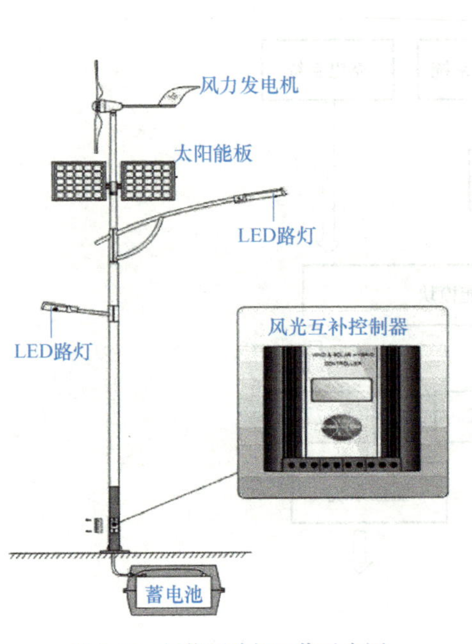

图 5-15　新能源路灯工作示意图

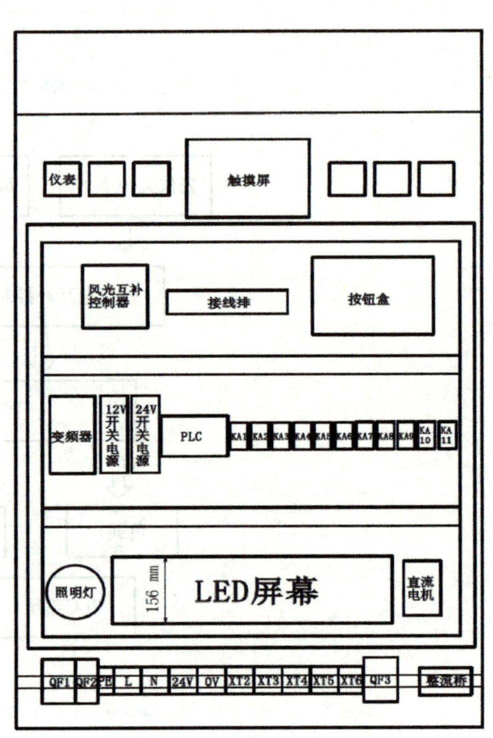

图 5-16　设备布局图

二、INET 智慧新能源创新实训平台电气系统线路图（参见图 5-21）

电气线路系统图包含四张，分别为

第一张图样：设备供电线路图；

第二张图样：PLC DI/DQ 的接线图；

第三张图样：光伏发电、风力发电、控制器、电站、负载调节原理图；

第四张图样：负载、充电继电气原理图。

该套图样详细表示主控柜、模拟光源模块、风力发电与光伏发电模块、模拟风源模块组的成套装置之间的连接关系。目的是便于详细理解设备的工作原理、分析和计算电路特性。

三、分析设备供电线路图（每空 1 分，共 15 分）

此电气图分为 6 个独立部分。

外接电源接线图如图 5-17 所示。

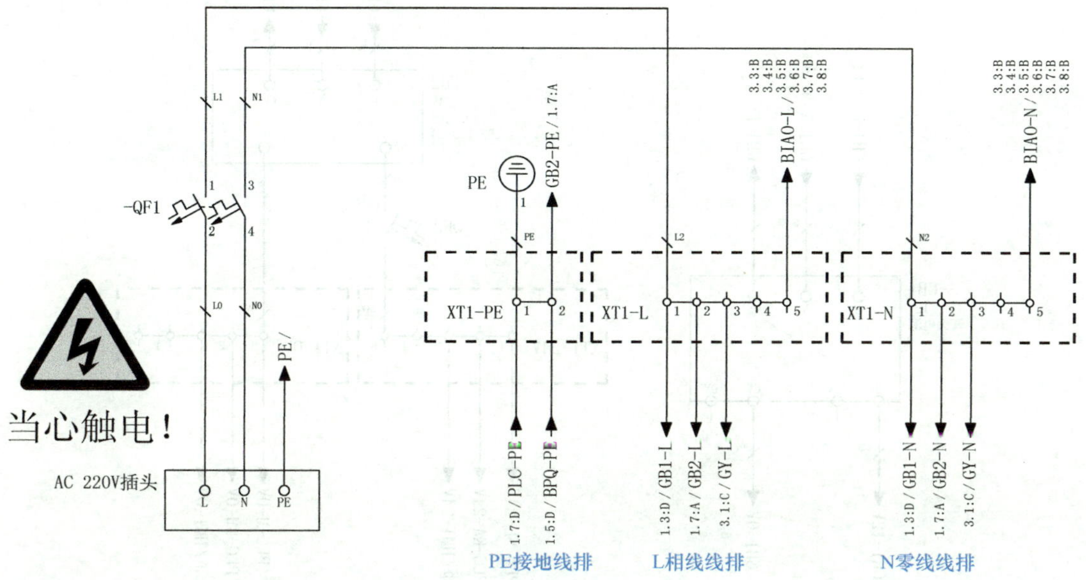

图 5-17 单相电源接线图

【引导问题一】

（1）图中包含的元器件有单相三头插头，接入 220V 交流电，2P 的微型断路器________，端子排按功能分为________、________、________。

（2）XT1-L 从电源接入 L2，引出 5 个端子，分别接到________、________、________、________、________，其中，XT1-L 的 3 号端子 1.7：D/PLC-L 代表此端接到 1 号图样 7：D 区域的 PLC 上的 L 端。

BIAO-L 代表 5 号端子接出到 6 个测量仪表的 L 端，6 个导线单独画比较乱，以线束的形式表示。

【引导问题二】

12V 开关电源（GB1）和 24V 开关电源（GB2）的接线图，如图 5-18 所示。

（1）12V 开关电源中接入端有两个，GB1–L/1.4：C 表示 GB1 的 L 端是从 1 号图纸的 4：C 区域接出，查找即从 XT1–L 处接出，

同理 GB1–N/1.5：C 表示 GB1 的 N 端是从________号图样的________区域接出，查找即从________接出。

接入端接入 220V 电压，内部转换为 12V 引出，接出端有三个，分别接到________、________、________。

（2）24V 开关电源中接入端有两个，接入 220V 电压，内部经变压、整流、滤波、稳压四个环节转换为 24V 直流电输出，因需要 24V 电源供电器件较多，所以接到端子排 XT1–24V，中间由 1P 的断路器控制。

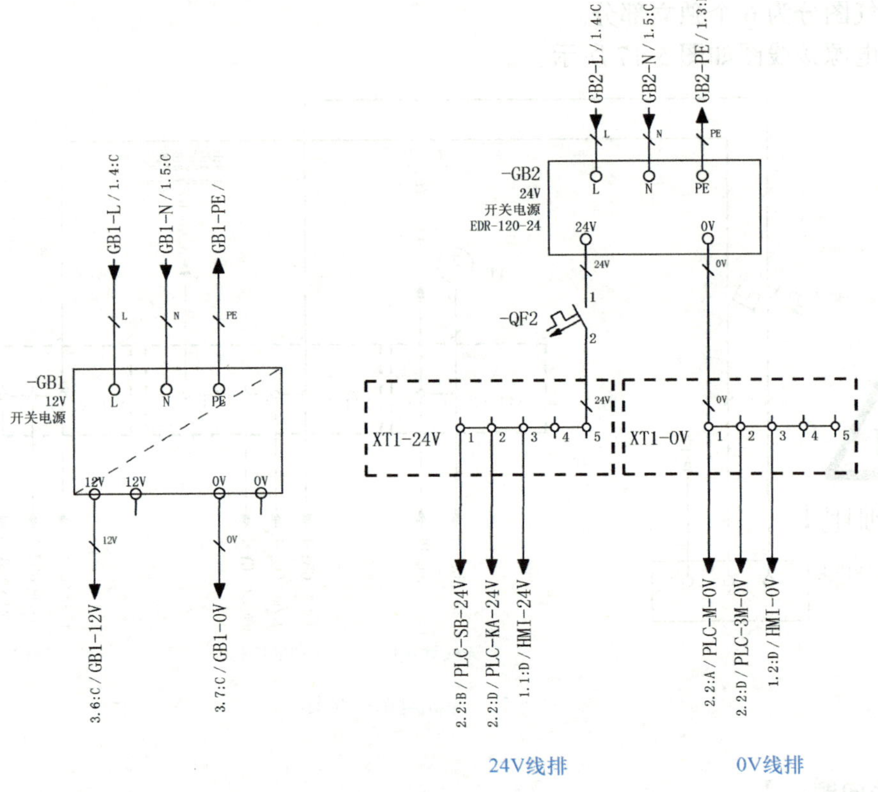

图 5-18　12V 和 24V 电源接线图

四、PLC DI/DQ 的接线图（每空 1 分，共 28 分）

1. CPU 1214C DC/DC/DC 的电源电压、输入回路和输出回路电压均为 24V。输入回路也可以使用内置的 DC 24V 电源。

2. 根据 PLC DI/DQ 的接线图，完成 S7–1200 CPU1214C 输入输出配置表 5-2。

表 5-2 S7-1200 CPU1214C 输入输出配置

序号	输入输出	配置	序号	输入输出	配置
1	I0.0		15	Q0.0	
2	I0.1		16	Q0.1	
3	I0.2		17	Q0.2	
4	I0.3		18	Q0.3	
5	I0.4		19	Q0.4	
6	I0.5		20	Q0.5	
7	I0.6		21	Q0.6	
8	I0.7		22	Q0.7	
9	I1.0		23	Q1.0	
10	I1.1		24	Q1.1	
11	I1.2		25	Q1.2	
12	I1.3		26	1M	
13	I1.4		27	2M	
14	I1.5		28	3L	

3. 线圈与触头的关系

图 5-21（续二）中 KA1 下方有图 5-19 所示符号，表示中间继电器 KA1 的线圈动作时，带动 KA1 的 5 和 9、6 和 10 两对常开触头动作，触头接线位置在图 5-21（续二）的 1：D 区域。

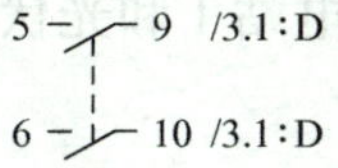

5 — 9 /3.1:D

6 — 10 /3.1:D

图 5-19 KA 的端子接线图

五、光伏发电、风力发电、控制器、电站、负载调节原理图（每空 1 分，共 31 分）

实训平台的按钮盒如图 5-20 所示。

【引导问题三】

1. 风光互补控制器主要控制主电路________、________、________、________四部分。

2. 与外部设备相连的端子排分为________、________、________、________、________。

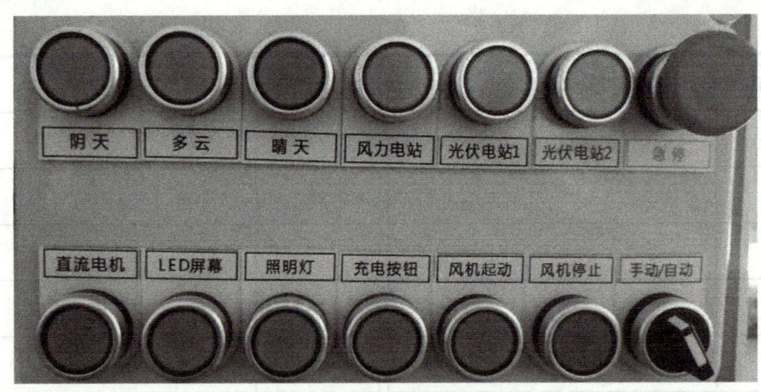

图 5-20 按钮盒

3. 光源控制部分，模拟光源模包含了光源支架，可自由调节高度以及光照角度，采用两个 1000W 卤钨灯，模拟阴天、多云、晴天的天气环境。

按下按钮 SB1，PLC 控制 KA1 的线圈吸合工作，KA1 的________、________两对常开触头闭合，灯 1 通电照射，可模拟阴天环境。

按下按钮 SB2，PLC 控制________的线圈吸合工作，灯 2 亮，模拟多云环境。

按下按钮________，PLC 控制________和________的线圈同时吸合工作，灯 1 灯 2 亮，模拟晴天环境。

4. 风源采用了 750W 的三相异步发电机，风量大、可调节高度以及风向，通过变频器（BPQ）改变频率模拟各种风速，吹动叶片带动风力发电机。

按下风力电站按钮 SB4，PLC 控制风力电站的继电器 KA3 线圈得电吸合，KA3 的三对常开触头________、________、________闭合，发电机将风能转换为电能输入到风光互补控制器。

发电机输出的电能为三相交流电，需通过风力整流器，将交流整流为直流，流入电流表测电流，并入电压表两端________测电压，同时在回路中串入可调电阻，通过改变阻值来改变电压值和电流值。

5. 两块光伏电池板分别构成光伏电站 1 和光伏电站 2，通过灯 1 和灯 2 的组合照射，将光能转变为电能。

按下按钮 SB5，PLC 控制 KA4 的________、________闭合，光伏电站 1 工作。

按下按钮 SB6，PLC 控制 KA5 的________、________闭合，光伏电站 2 工作。

光伏电站将光能转换为________，因此直接与测量仪表相连，并在实训时，通过串联的可调电阻改变阻值，测量变化的电压值和电流值。

6. 负载输出部分通过负载线排 XT6，实现对直流电动机负载、LED 屏幕负载、照明灯负载的供电，电源输出有两种形式，一种是直接由 12V 电源供电，一种是风光互补控制器控制蓄电池对负载供电，两种方式的切换时在触摸屏的组态界面中由供电模式转换按钮实现。

这两种模式不能同时供电，因此 KA10 的常开触头________、________和常闭触头________、________形成联锁关系。

7. 蓄电池充电，一般是接入充电器直接充电，如操作不当，容易出现短路等现象，为了安全起见，充电时合上 QF3，按下充电按钮 SB11，PLC 控制 KA9 的________、________闭合，接入 24V 直流电，借助光伏输入端口，由风光互补控制器实现内部转换将电能储存至________。

六、负载电气原理图（每空 1 分，共 6 分）

设备带有________、________和________等负载（FZ），太阳能和风能转化为电能后，可存储到蓄电池，也可直接供负载工作，负载工作的电压都是________V。直流电动机通过中间继电器 KA6 和 KA11 的________实现了电动机的________转运行。

经过以上分析过程，完成 INET 智慧新能源创新实训平台系统图的识读。

七、查阅资料，介绍变频器的功能及应用（10 分）

八、单元任务小结（10 分）

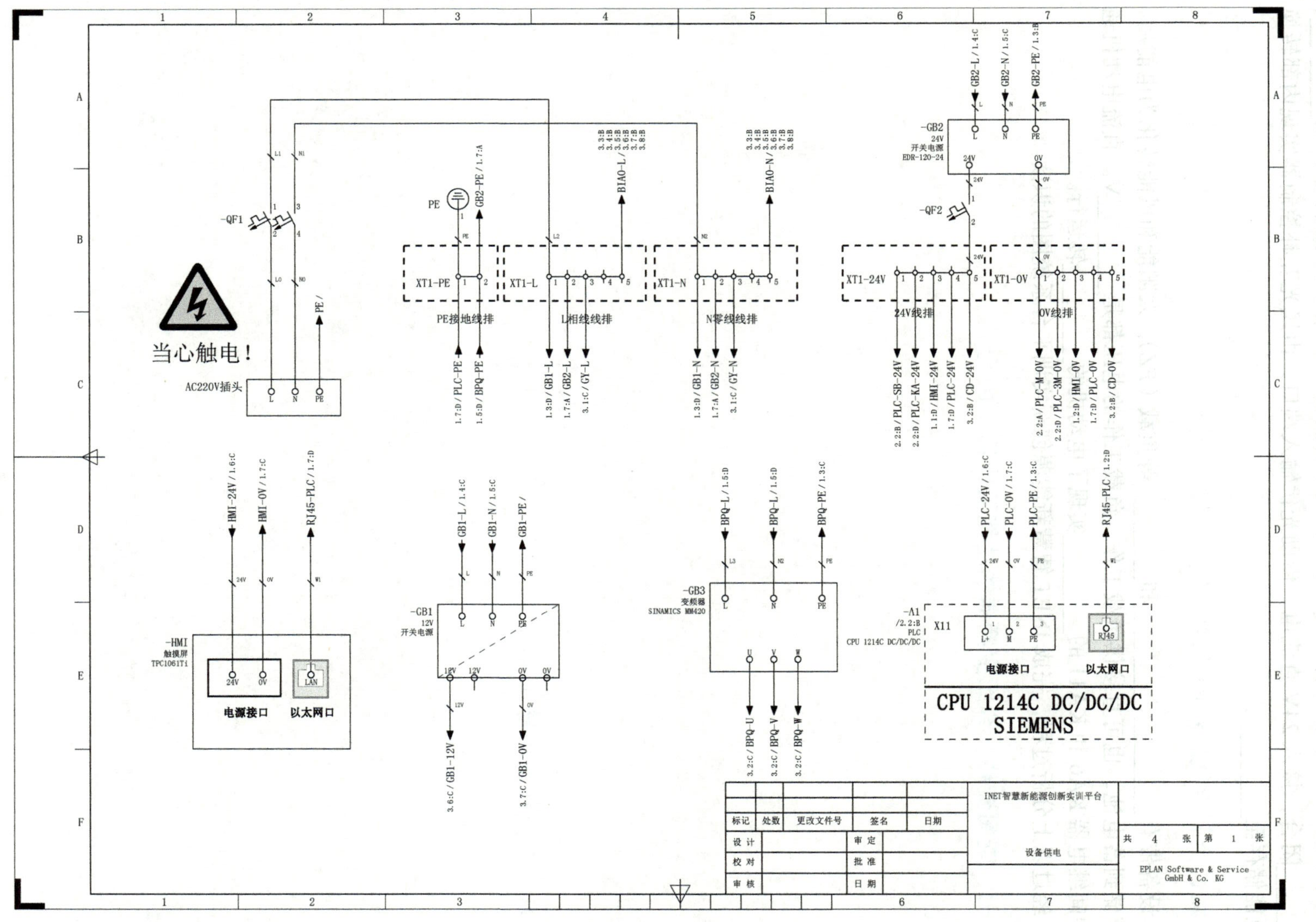

图 5-21 INET 智慧新能源创新实训平台电气控制系统图

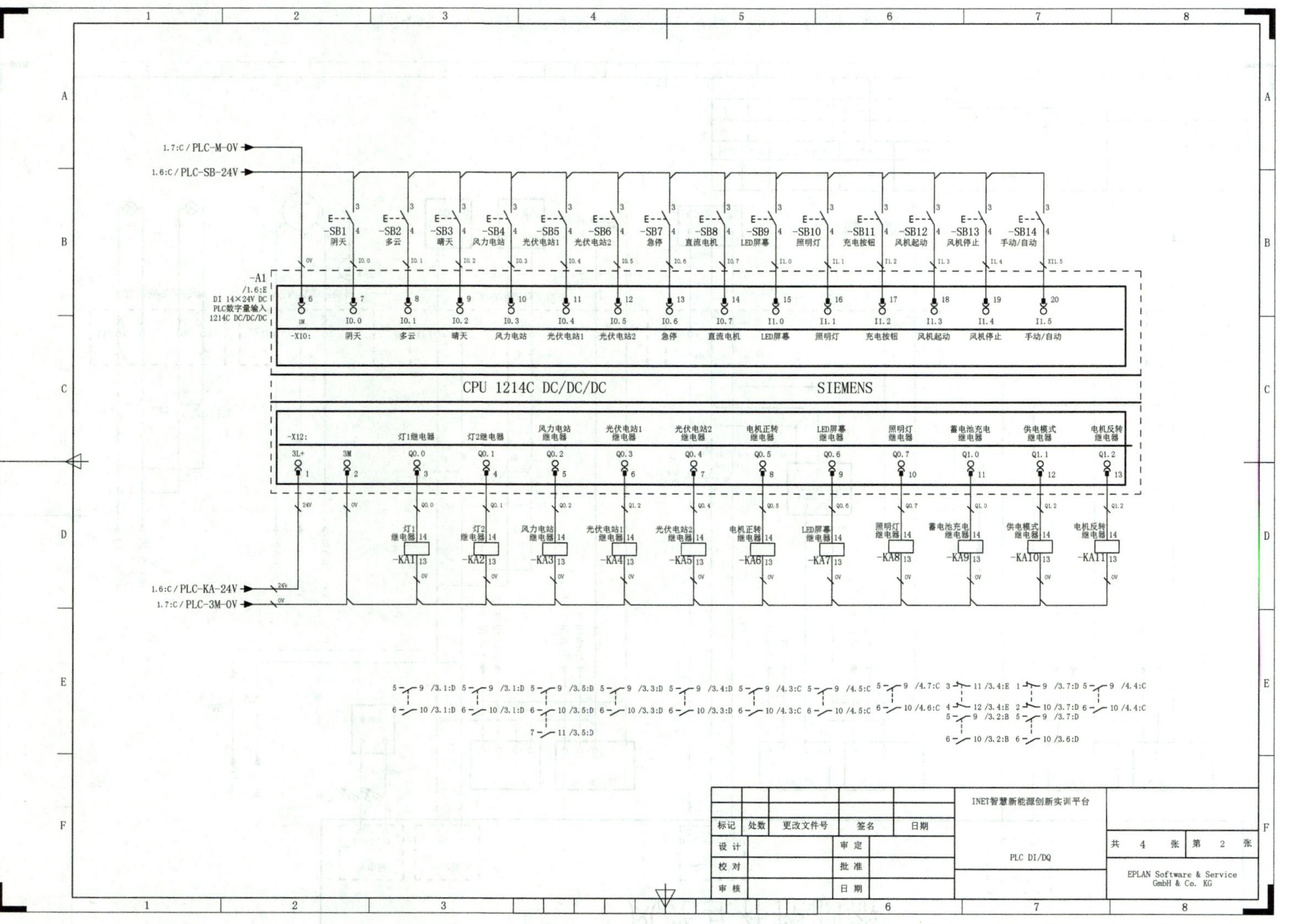

图 5-21 INET智慧新能源创新实训平台电气控制系统图（续一）

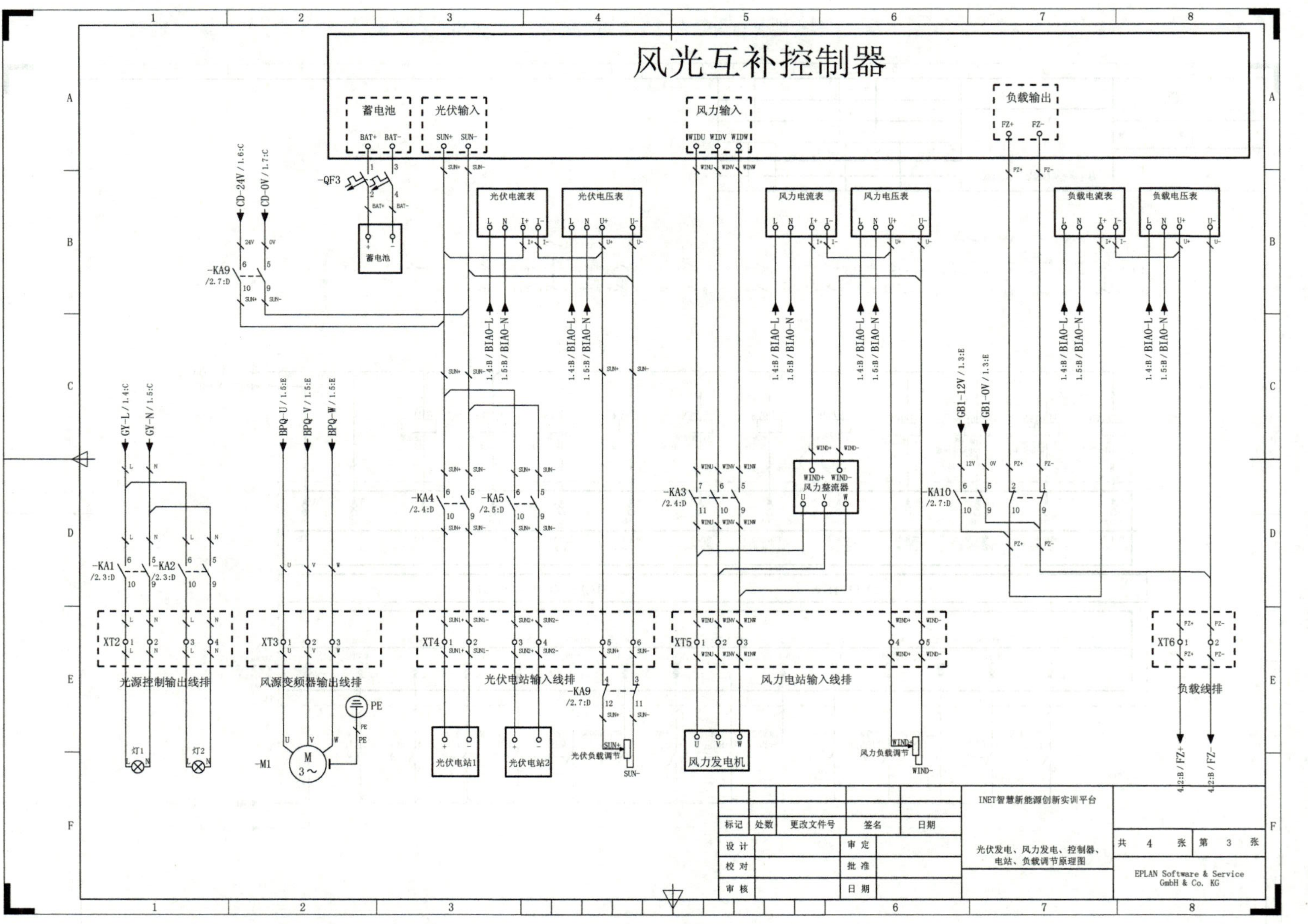

图 5-21　INET智慧新能源创新实训平台电气控制系统图（续二）

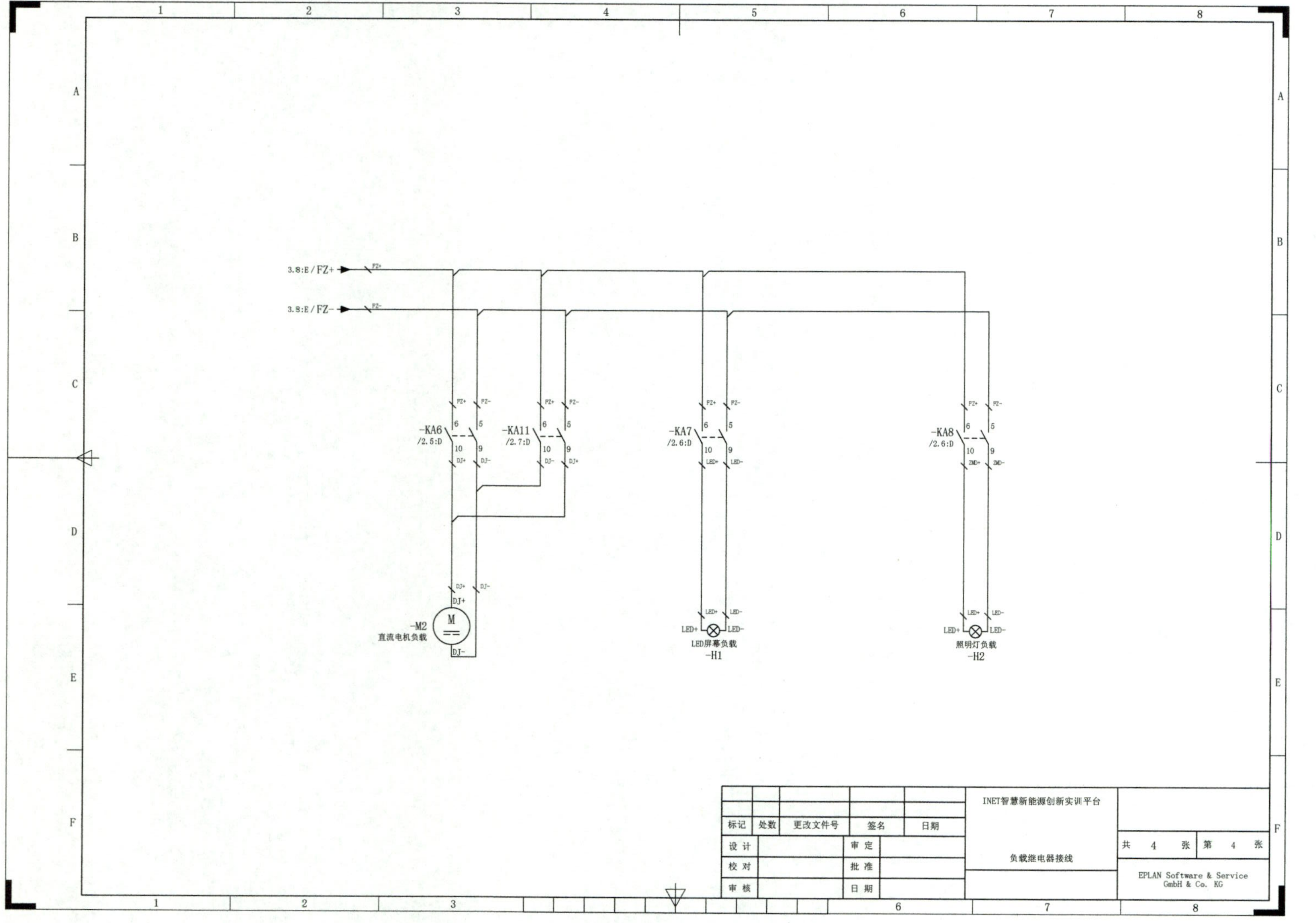

图 5-21 INET智慧新能源创新实训平台电气控制系统图（续三）

学习单元六

综合实训——机床的维修排障

机床是指制造机器的机器，亦称工作母机或工具机。一般分为金属切削机床、锻压机床和木工机床等。现代机械制造中加工机械零件的方法很多：除切削加工外，还有铸造、锻造、焊接、冲压、挤压等，但凡属精度要求较高和表面粗糙度要求较细的零件，一般都需在机床上用切削的方法进行最终加工，机床在国民经济现代化的建设中起着重大作用。

单元任务概述：

工业园区车间生产设备包括车床、镗床、铣床、刨床等不同型号的机床，普通机床（见图 6-1）包含机械装置和电气控制部分，数控机床（见图 6-2）还包含液压系统和软件编程等，属于结构复杂的先进加工设备，要发挥设备的高效益，就必须正确操作和精心维护，使设备保持良好的技术状态，延缓老化过程，及时发现和消灭故障隐患，从而保障安全运行。

图 6-1　车床、钻床、铣床

图 6-2　数控车床、数控钻床、数控铣床

车间将机床的日常维护进行制度化管理，并将设备的维修技能作为考核员工的基础指标。因此本单元选取铣床为例，结合铣床的电气原理图，对铣床的电气控制部分进行故障分析，并能够按照企业管理制度，正确填写维修记录并归档。

本学习单元的目标是掌握机床的排障方法，了解机床维修的基本流程。在教学的实施过程中完成以下目标：

1. 熟悉铣床的基本机构，了解铣床的工作过程。

2. 掌握常用机床维修的基本检修过程、检修原则、检修思路和常用检修方法。

3. 能够根据故障现象和原理图，分析故障范围，查找故障点，制定维修方案，掌握故障检修的基本方法。

4. 培养主动学习和科学的思维能力，以及严谨、规范的工作作风，安全意识、严格按照规范流程完成任务，实施过程符合 8S 管理要求，有耐心和毅力分析解决操作中遇到的问题。

学完本学习单元内容，学生可根据图样自行分析车床的电气控制系统图，完成单元任务考核。

任务二十　X62W 型万能铣床控制电路识读与分析

任务工单

<table>
<tr><td>任务名称</td><td colspan="3"></td><td>姓名</td><td></td></tr>
<tr><td>班级</td><td></td><td>组号</td><td></td><td>成绩</td><td></td></tr>
<tr><td>工作任务</td><td colspan="5">了解铣床的结构，掌握铣床的工作流程，识读铣床运行控制电路的电气原理图，熟悉铣床电气元件的分布位置和走线情况
◆ 阅读资讯内容，完成引导问题
◆ 根据电气原理图，分析铣床的工作过程</td></tr>
<tr><td>任务目标</td><td colspan="5">知识目标
● 认识 X62W 铣床，了解其结构，熟悉其工作原理
● 掌握 X62W 铣床的电气控制线路的工作过程
技能目标
● 能根据工作过程分析电气原理图
● 能分析铣床电气元器件的分布位置和走线情况
● 能自主查阅资料，寻找铣床的相关知识
职业素养目标
● 科学思维：把握细节，严谨细致，勇于探索的科学态度
● 自主学习：主动完成任务内容，提炼学习重点
● 团结合作：主动帮助同学，善于协调工作关系
● 工匠精神：培养一丝不苟、严谨细致、勇于探索的学习态度，精益求精、认真细致的工作态度，维修过程细心，提高质量意识，培育爱岗敬业的专业素质</td></tr>
<tr><td rowspan="4">任务分配</td><td>职务</td><td>姓名</td><td colspan="3">工作内容</td></tr>
<tr><td>组长</td><td></td><td colspan="3"></td></tr>
<tr><td>组员</td><td></td><td colspan="3"></td></tr>
<tr><td>组员</td><td></td><td colspan="3"></td></tr>
</table>

X62W 型万能铣床控制电路识读与分析 

【资讯】

铣床是一种高效率的加工机械，在一般加工厂中铣床的数量仅次于车床。铣床可用来加工平面、斜面和沟槽等，装上分度头还可以铣切直齿齿轮和螺旋面，如果装上圆工作台还可以铣切凸轮和弧形槽。铣床的种类很多，按结构形式和加工性能的不同，可分为卧式铣床、立式铣床、仿形铣床、龙门铣床和各种专用铣床等。这里以图 6-3 所示的 X62W 型万能铣床为例介绍。

图 6-3　X62W 型万能铣床外形实物图

一、X62W 型万能铣床的结构

X62W 型万能铣床是一种多用途机床，可以实现平面、斜面、螺旋面以及成型面的加工，可以加装万能铣头、分度头和圆工作台等机床附件来扩大加工范围。X62W 型万能铣床主要由床身、主轴、导杆支架、悬梁、溜板、工作台、回转盘和升降台等部分组成，如图 6-4 所示。

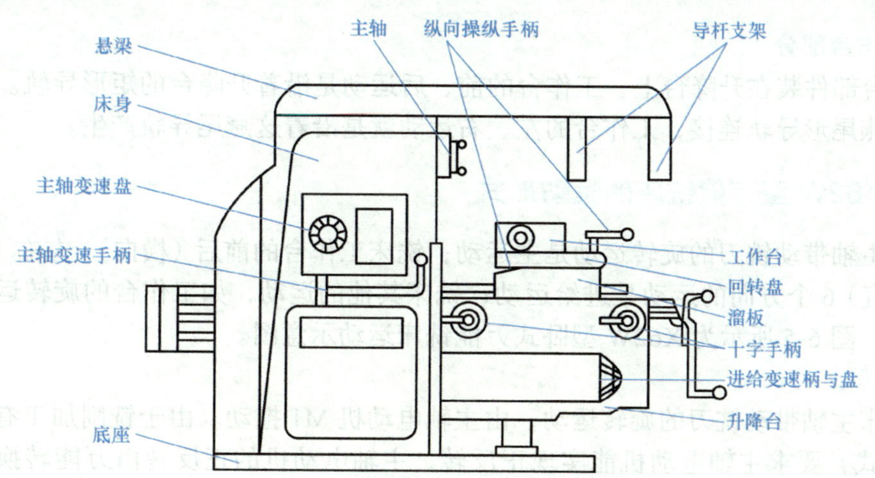

图 6-4　X62W 型万能铣床结构示意图

1. 床身部分

由床身、底座和悬梁组成。悬梁的前后移动通过齿轮、齿条来实现。机床工作时，悬梁由两套偏心紧栓来卡紧。悬梁前端安装刀杆支架，支架内装有滑动轴套，轴套与刀杆的间隙可手工调整，底座内部是冷却液等。

2. 主轴传动部分

主轴传动机构装在床身内部，由五根轴组成。电动机装在床身的后面。利用变速操纵箱上的拔叉来移动两个三联齿轮和一个两联齿轮，组成不同的啮合使主轴获得 18 种转速。

3. 变速操纵部分

主轴变速操纵箱装在床身左侧窗口上，变速主轴转速由一个手柄和一个刻度盘来实现。变速时为了使齿轮容易啮合，搬动手柄可使电动机有一冲动，冲动时间的长短与手柄运动的速度有关，为了避免齿轮的撞击，希望冲击时间越短越好，因此当把手柄向原来位置推动时，要求推动速度快一些，只是在接近最终位置时，把推动速度减慢，以利齿轮啮合。

4. 进给变速部分

进给变速操纵箱是一个独立部件，装在升降台左边，变速箱包括五根传动轴，利用传动轴上的三联齿轮和一套齿轮的不同啮合组成 18 种进给速度，速度的变换由进给操纵箱来控制，操纵箱装在进给变速箱的前面。

为了保证变速顺利，进给电动机也有一冲动装置，蘑菇形手柄轴向移动可使电动机产生冲动。变换进给速度，准许在开车的情况下进行。

工作台三个方向的进给传动和快速移动都是靠进给变速箱里轴上的两个电磁离合器。左边的电磁离合器吸合时，产生慢速进给；右边的电磁离合器吸合时，产生快速。两个离合器是联锁的。

5. 升降台部分

升降台部件与床身燕尾形导轨相连，用两根镶条调整导轨的配合间隙。升降台右后方的手柄是用来将升降台夹紧在床身上。升降台前面有横向操纵手轮和升降操纵手柄。手柄有五个位置：向上、向下、向前、向后及停止。五个位置是联锁的，机动和手动也是联锁的。

6. 工作台部分

工作台部件装在升降台上，工作台的前、后运动是沿着升降台的矩形导轨。工作台与其底座是燕尾形导轨连接，工作台的左、右运动就是沿着这燕尾导轨产生。

二、X62W 型万能铣床的运动形式

铣床主轴带动铣刀的旋转运动是主运动；铣床工作台的前后（横向）、左右（纵向）和上下（垂直）6 个方向的运动是进给运动；铣床其他的运动，如工作台的旋转运动则属于辅助运动，图 6-5 所示为 X62W 型卧式万能铣床运动示意图。

1. 主运动

指铣床主轴带动铣刀的旋转运动，由主轴电动机 M1 拖动。由于铣削加工有顺铣和逆铣两种方式，要求主轴电动机能实现正反转，主轴电动机的正反转由万能转换开关 SA3 控制。

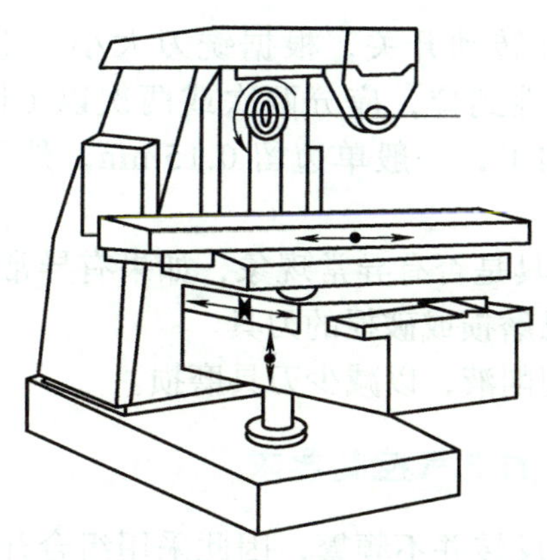

图 6-5 X62W 型卧式万能铣床运动示意图

2. 进给运动

指铣床工作台的前后（横向）、左右（纵向）和上下（垂直）6 个方向的运动，由进给电动机 M2 拖动。要求进给电动机能正反转，并通过操纵手柄和电磁离合器相配合来实现 3 个坐标轴 6 个方向的位置调整。

3. 辅助运动

铣床的其他运动都属于辅助运动，如工作台的旋转运动；工作台在 6 个方向上的快速移动。

三、X62W 铣床的加工过程

1）将机床电源开关打开，正反转开关转到正转位置上。

2）校正机床主轴的垂直度及虎钳平行度，并把虎钳牢固地锁紧在工作平台上。

3）放两个高度合适的垫块在虎钳上，将工件放在垫块上，转动虎钳手柄将工件平稳的固定在虎钳上。

4）选择合适的套筒夹，把寻边器装于机床主轴刀杆头内，将高低速转换开关转至 H 档，主轴转动开关打到转动位置，转动主轴变速开关，将转速调整在 500 ～ 550r/min 之间，对工件进行巡边。(根据图样要求把工件分中或者寻单边)。

5）以分中寻边方式进行加工，转速调好后，打开紧急停止开关，按下电源开关，再将主轴转动开关打开，寻边器由主轴带动转起来，开始寻边，用手摇动左右，前后移动摇动摇杆，先寻 AB 边，寻好后 Y 轴归零，再寻 BC 边，寻好后 X 轴归零，转过来寻 CD 边，寻好后分中 Y 轴，最后寻 DA 边，再分中 X 轴，这样分中寻边就寻好了。

6）根据工件的材质和开槽的大小选择合适的铣刀，装夹在主轴夹头内，装夹刀具凸出长度应尽量减少，但不可夹持刀具刃口，刀具装夹时需夹紧牢固。

7）根据刀具的大小及工件的材质选择适当的转速，先在工件顶面碰刀，先将铣刀直径 1/4 面积对于工件上，然后用手慢慢均匀向上摇动上，下移动摇杆，用力不可过猛，以免损坏刀具或工件，待碰刀后将 Z 轴归零，然后下降约 1 ～ 2mm，接着用手摇至上次归零处 0.05 ～ 0.08mm 处，再半条半条地进刀，待刚好进半条时碰到工件为准，再次将 Z 轴归零，这样 Z 轴碰刀完成。

8）进行开槽，按下主轴转动开关，根据铣刀大小、工件材质和开槽深度进行铣削工作，注意深度不能一次性到位，应分两次或两次以上阶段进行加工（包括侧壁加工），注意预留余量给磨床加工，一般单边留 0.15mm，然后根据图样要求进行其他的孔穴加工。

9）在铣削过程中注意刀具是否有异常现象，如果有异常情况应立即停机，进行修磨或更换刀具，不可继续使用已磨损或破损的刀具。

加工过程中选择适当的切削液，以减少刀具磨损。

四、X62W 型万能铣床的电气控制要求

1）由于主轴电动机的正反转并不频繁，因此采用组合开关来改变电源相序实现主轴电动机的正反转。由于主轴传动系统中装有避免振动的惯性轮，使主轴停车困难，故主轴电动机采用电磁离合器制动来实现准确停车。

2）由于工作台要求有前后、左右、上下六个方向的进给运动和快速移动，所以也要求进给电动机能正反转，并通过操纵手柄和电磁离合器配合实现。进给的快速移动是通过电磁铁和机械挂挡来实现的。为了扩大其加工能力，在工作台上可加装圆形工作台，圆形工作台的回转运动是由进给电动机经传动机构驱动的。

3）主轴和进给运动均采用变速盘来进行速度选择，为了保证齿轮的良好啮合，两种运动均要求变速后作瞬间点动。

4）当主轴电动机和冷却泵电动机过载时，进给运动必须立即停止，以免损坏刀具和铣床。

5）根据加工工艺的要求，该铣床应具有以下电气联锁措施：

① 由于六个方向的进给运动同时只能有一种运动产生，因此采用了机械手柄和位置开关相配合的方式来实现六个方向的联锁。

② 为了防止刀具和铣床的损坏，要求只有主轴旋转后才允许有进给运动。

③ 为了提高劳动生产率，在不进行铣削加工时，可使工作台快速移动。

④ 为了减少加工工件的表面粗糙度，要求只有进给停止后主轴才能停止或同时停止。

6）要求有冷却系统、照明设备及各种保护措施。

五、X62W 型万能铣床的电气原理图分析（完整电气原理图参见图 6-14）

1. 主轴电动机与冷却泵电动机电路分析（见图 6-6）

（1）主轴电动机 M1 控制

为了方便操作，主轴电动机 M1 采用两地控制方式，一组安装在工作台上；另一组安装在床身上。SB1 和 SB2 是两组起动按钮并联接在一起，SB5 和 SB6 是两组停止按钮串联在一起。KM1 是主轴电动机 M1 的起动接触器，YC1 是主轴制动用的电磁离合器，SQ1 是主轴变速时瞬时点动的位置开关。主轴电动机是经过弹性联轴器和变速机构的齿轮传动链来实现传动的，可使主轴具有 18 级不同的转速（30 ～ 1500r/min）。

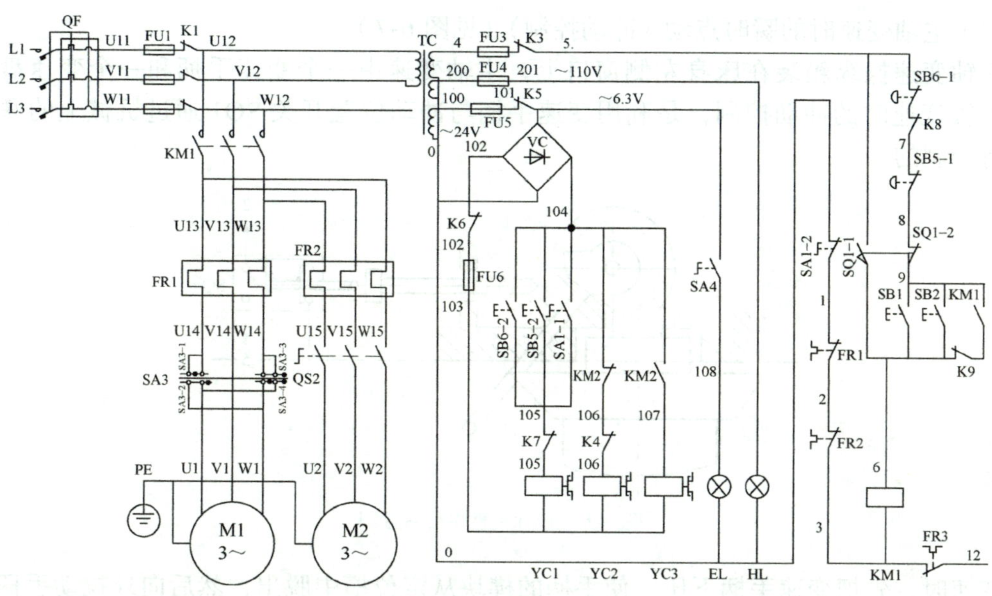

图 6-6 主轴电动机和冷却泵电动机主电路及控制电气原理图

【引导问题一】

① 主轴电动机 M1 的起动

主轴换向开关 SA3 的位置及动作见表 6-1。

表 6-1 主轴换向开关 SA3 的位置及动作说明表

位置	正转	停止	反转
SA3-1	-	-	+
SA3-2	+	-	-
SA3-3	+	-	-
SA3-4	-	-	+

注："+"表示接通，"-"表示断开

起动前，应首先选择好主轴的转速，然后合上电源开关 QS1，再把主轴换向开关 SA3 扳到所需要的转向。

按下起动按钮________或________，接触器 KM1 通电________并________锁，主电动机 M1 起动。当主电动机起动后，KM1 的辅助触头接通控制电路的进给控制部分，才可以开动进给电动机。

② 主轴电动机 M1 的制动

当按下停止按钮________或________时，接触器 KM1 断电释放，电动机失电而停转，但由于机械系统有较大的惯性，所以必须制动，将停止按钮按到底，其常开触头 SB5-2 或 SB6-2 接通电磁铁________，对主电动机实行制动，当主轴停止转动后，方可松开________按钮。

③ 主轴换铣刀控制，只要将开关 SA1 拨向换刀位置，常开触头 SA1-1 接通________，将电动机轴抱住，主轴不可能再自由转动。而开关 SA1-2 将电源切断，确保人身安全。

（2）主轴变速时的瞬时点动（冲动控制）（见图 6-7）

主轴变速操纵箱装在床身左侧窗口上，主轴变速由一个变速手柄和一个变速盘来实现。主轴变速时的冲动控制，是利用变速手柄与冲动位置开关 SQ1 通过机械上的联动机构进行控制的。

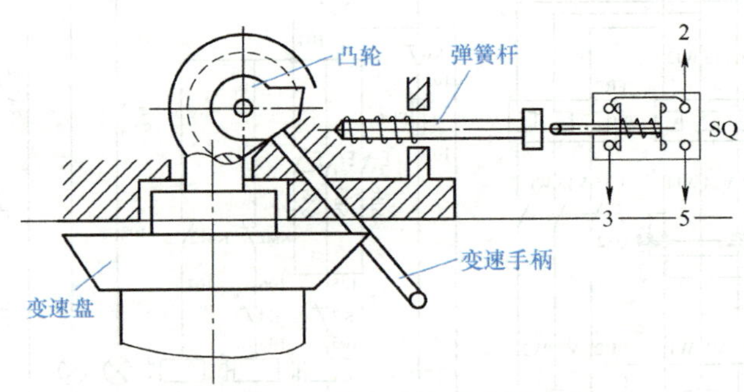

图 6-7　主轴变速冲动示意图

变速时，先把变速手柄下压，使手柄的榫块从定位槽中脱出，然后向外拉动手柄使榫块落入第二道槽内，使齿轮组脱离啮合。转动变速盘，选定所需转速后，把手柄推回原位，使榫块重新落进槽内，使齿轮组重新啮合（这时已改变了传动比）。

变速时为了使齿轮容易啮合，扳动手柄复位时电动机 M1 会产生一冲动：

在变速手柄推进时，手柄上装的凸轮将弹簧杆推动一下又返回，这时弹簧杆推动一下位置开关 SQ1，使 SQ1 的常闭触头 SQ1–2 先分断，常开触头 SQ1–1 后闭合，接触器 KM1 瞬时得电动作，电动机 M1 瞬时起动；紧接着凸轮放开弹簧杆，位置开关 SQ1 触头复位，接触器 KM1 断电释放，电动机 M1 断电。

此时电动机 M1 因未制动而惯性旋转，使齿轮系统抖动，在抖动时刻，将变速手柄先快后慢地推进去，齿轮便顺利地啮合。当瞬时点动过程中齿轮系统没有实现良好啮合时，可以重复上述过程直到啮合为止。

变速前应先停车。

（3）主轴电动机 M1 和冷却泵电动机 M3 采用的是顺序控制，冷却泵只有在主电动机起动后才能起动，所以主电路中将 M3 接在主接触器 KM1 触头后面，另外又可用开关 QS2 控制。

2. 工作台电动机电路分析

（1）进给电路分析

进给电动机 M2 的控制。

工作台的进给运动在主轴起动后方可进行工作台的进给可在 3 个坐标的 6 个方向运动，即工作台在回转盘上的左右运动；工作台与回转盘一起在溜板上和溜板一起前后运动；升降台在床身的垂直导轨上作上下运动。这些进给运动是通过两个操纵手柄和机械联动机构控制，相应的位置开关使进给电动机 M2 正转或反转来实现的，并且 6 个方向的运动是联锁的，不能同时接通。

【引导问题二】

① 工作台的左右进给运动。

工作台的左右进给运动由左右进给操作手柄控制。操作手柄与位置开关SQ5和SQ6联动，有左、中、右三个位置。

a）手柄扳向中间位置时，位置开关SQ5和SQ6均未被压合，进给控制电路处于断开状态。

b）当手柄扳向左位置时，手柄压下位置开关SQ5使常闭触头________断开，常开触头________闭合，接触器KM3得电动作，电动机M2正转。在SQ5被压合的同时，通过机械机构将电动机M2的传动链与工作台下面的左右进给丝杠相搭合，所以电动机M2的正转就拖动工作台向左运动。

当工作台向左进给到极限位置时，由于工作台两端各装有一块限位挡铁，所以挡铁碰撞手柄连杆使手柄自动复位到中间位置，位置开关SQ5复位，电动机M3停转，工作台停止了进给，实现了终端保护。

c）当手柄扳向右位置时，手柄压下位置开关SQ6，使常闭触头________分断，常开触头________闭合，接触器________得电动作，电动机M3反转。由于在SQ6被压合的同时，通过机械机构已将电动机M2的传动链与工作台下面的左右进给丝杠相搭合，电动机M2的反转就拖动工作台向右运动。

当工作台向右进给到极限位置时，由于工作台两端各装有一块限位挡铁，所以挡铁碰撞手柄连杆使手柄自动复位到________位置，位置开关________复位，电动机________停转，工作台停止了进给，实现了终端保护。

工作台的向右进给运动原理如图6-8所示。

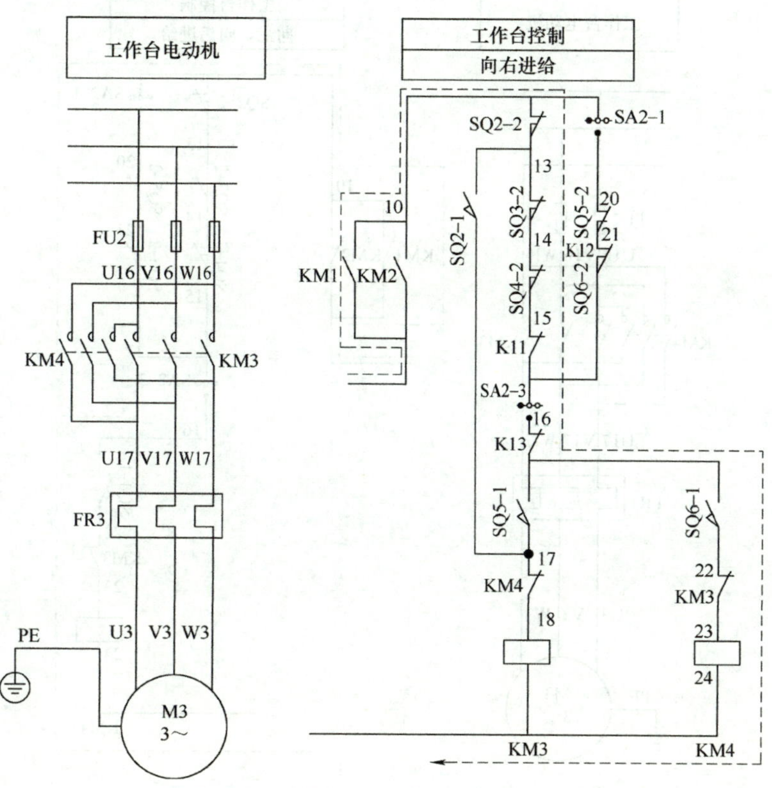

图6-8　工作台的向右进给运动原理图

【引导问题三】将表 6-2 补充完整

表 6-2 工作台左右进给手柄位置及其控制关系

手柄位置	位置开关动作	接触器动作	电动机 M3 转向	传动链搭合丝杠	工作台运动方向
左	SQ5			左右进给丝杠	
中	—	—		—	
右	SQ6			左右进给丝杠	

② 工作台的上下和前后进给。

工作台的上下和前后进给运动是由一个手柄控制的，该手柄与位置开关 SQ3 和 SQ4 联动，有上、下、前、后、中 5 个位置。

a）当手柄扳至中间位置时，位置开关 SQ3 和 SQ4 均未被压合，工作台无任何进给运动。

b）当手柄扳至下或前位置时，手柄压下位置开关 SQ3 使常闭触头 SQ3–2 分断，常开触头 SQ3–1 闭合，接触器 KM3 得电动作，电动机 M2 正转，带动着工作台向上或向前运动。

c）当手柄扳向上或后时，手柄压下位置开关 SQ4 使常闭触头 SQ4–2 分断，常开触头 SQ4–1 闭合，接触器 KM4 得电动作，电动机 M2 反转，带动着工作台向上或向后运动。

工作台的向上向右进给运动原理图如图 6-9 所示。

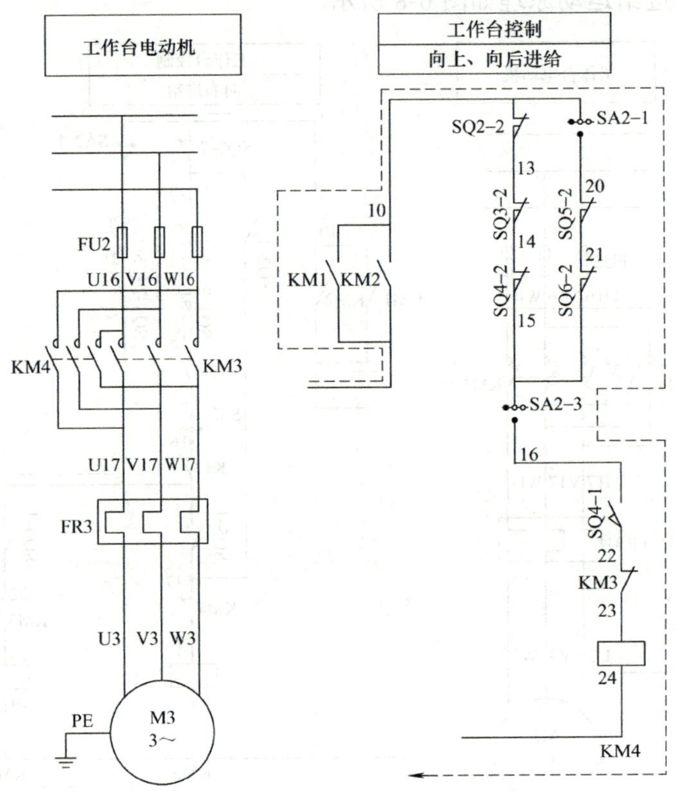

图 6-9 工作台的向上向后进给运动原理图

【引导问题四】

工作台上、下、中、前、后进给手柄位置及控制关系见表 6-3。

表 6-3 工作台上、下、中、前、后进给手柄位置及其控制关系

手柄位置	位置开关动作	接触器动作	电动机 M3 转向	传动链搭合丝杠	工作台运动方向
上	SQ4			上下进给丝杠	向上
下	SQ3			上下进给丝杠	
中	—	—		—	停止
前	SQ3			前后进给丝杠	
后	SQ4			前后进给丝杠	向后

（2）进给变速时的瞬时点动分析

和主轴变速时一样，进给变速时，为使齿轮进入良好的啮合状态，也要进行变速后的瞬时点动。进给变速时，必须先把进给操纵手柄放在中间位置，然后将进给变速盘（在升降台前面）向外拉出，使进给齿轮松开，转动变速盘选定进给速度后，再将变速盘向里推回原位，齿轮便重新啮合。

在推进的过程中，应将转速盘的蘑菇形手轮向外拉出并转动转速盘，把所需进给量的标尺数字对准箭头，然后再把蘑菇形手轮用力向外拉到极限位置并随即推向原位，就在一次操纵手轮的同时，其连杆机构二次瞬时压下行程开关 SQ2，使 KM3 瞬时吸合，M2 作正向瞬动。

其通路为：10 → SA2–1 → 19 → SQ5–2 → SQ6–2 → 15 → SQ4–2 → SQ3–2 → SQ2–1 → KM4（见图 6-14）的常闭触头 17、18 → KM3 线圈，电动机 M2 瞬时转动，手柄推回原位时 SQ2 复位，故电动机只瞬动一下。

由于进给变速瞬时冲动的通电回路要经过 SQ1 ～ SQ4 四个行程开关的常闭触头，因此只有当进给运动的操作手柄都在中间（停止）位置时，才能实现进给变速冲动控制，以保证操作时的安全。同时，与主轴变速时冲动控制一样，电动机的通电时间不能太长，以防止转速过高，在变速时打坏齿轮。

（3）工作台的快速移动控制

为了提高劳动生产率，在不进行铣削加工时，可使工作台快速移动。6 个进给方向的快速移动是通过两个进给操作手柄和快速移动按钮配合实现的。安装好工件后，扳动进给操作手柄选定进给方向，工作台快速移动。

按下按钮 SB3 或 SB4，接触器 KM2 通电吸合，KM2 的一个常开触头接通进给电路，另一个常开触头接通电磁离合器 YC3，常闭触头断开电磁离合器 YC2，离合器 YC2 是将齿轮系统和变速进给系统相联，离合器 YC3 是快速进给变换用的，它的吸合使进给传动跳过齿轮变速链，电动机可直接拖动丝杆套，让工作台快速进给。当快速移动到预定位置时，松开按钮 SB3 或 SB4，接触器 KM2 断电释放，快速进给过程结束。YC2 又吸合，YC3 断开。

（4）圆工作台的控制

为了提高铣床的加工能力，可在工作台上安装附件圆形工作台，进行对圆弧或凸轮的

铣削加工。圆形工作台工作时，所有的进给系统均停止工作，实现连锁。

转换开关 SA2 是用来控制圆形工作台的。当圆形工作台工作时，将 SA2 扳到“接通”位置，此时触头 SA2–1 和 SA2–3 断开，触头 SA2–2 闭合，准备就绪后，按下主轴起动按钮 SB3 或 SB4，则接触器 KM1 吸合，主轴电动机 M1 运转，KM3 线圈经以下路径吸合：

10 → SQ2–2 → SQ3–2 → SQ4–2 → SQ6–2 → SQ5–2 → SA2–2 → KM4 的常闭触头 17、18 →接触器 KM3 线圈得电吸合，电动机 M2 起动，通过一根专用轴带动圆形工作台作旋转运动。

当不需要圆形工作工作时，则将转换开关 SA2 扳到“断开”位置，此时触头 SA2–1 和 SA2–3 闭合，触头 SA2–2 断开，以保证工作台在 6 个方向的进给运动，因为圆工作台的旋转运动和 6 个方向的进给运动也是联锁的。

3. 照明电路控制

铣床照明由变压器 T2 供给 24V 安全电压，由转换开关 SA 控制。照明电路的短路保护由熔断器 FU6 实现。

【引导问题五】

完成 X62W 万能铣床电气原理图的识读（参照图 6-15，完成表 6-4）

表 6-4　铣床电气控制电路图识读结果

识读任务	功能区	电路组成	元件功能
识读电源电路	电源开关及保护	QF	
		FU1	
识读主电路	主轴电动机	KM1	
		FR1	
		SA3	
	冷却泵电动机	FR2	
		QS2	
	工作台电动机	FU2	
		KM3	
		KM4	
		FR3	
识读控制电路 照明电路	控制变压器	TC	
	整流器	VC	
	主轴制动	SB5–2、SB6–2	
		SA1–1	
		YC1	

（续）

识读任务	功能区	电路组成	元件功能
识读控制电路照明电路	工作台快速移动	KM2	
		YC2	
		YC3	
	照明	SA4	
		EL	
	电源指示	HL	
	主轴控制	SB1、SB2	
		SB5-1、SB6-1	
		SQ1	
		SA1-2	
	快速进给	SB3、SB4	
		KM2	
	工作台控制	SA2	
		SQ2	
		SQ3	
		SQ4	
		SQ5	
		SQ6	

请同学们思考并总结学习过程中的知识重点、出现的问题等，记录在下面空白处。

任务二十一　X62W 型万能铣床控制电路故障分析

任务工单

<table>
<tr><td>任务名称</td><td colspan="3"></td><td>姓名</td><td></td></tr>
<tr><td>班级</td><td></td><td>组号</td><td></td><td>成绩</td><td></td></tr>
<tr><td>工作任务</td><td colspan="5">车间引入一批机床，招收机床线路维修电工，考核以 X62 型万能铣床为考核设备，要求掌握铣床基本操作步骤，能正确分析 X62 型万能铣床线路原理、元件功能，具备初步判断机床故障的能力
◆ 阅读资讯内容，完成引导问题
◆ 根据机床维修的基本方法</td></tr>
<tr><td>任务目标</td><td colspan="5">知识目标
● 熟悉铣床的电气原理图
● 掌握 X62W 铣床的电气控制线路的检修过程
技能目标
● 能根据故障现象分析故障原因
● 能用仪表检测故障原因并分析判断
● 能自主查阅资料，寻找铣床维修的相关知识
职业素养目标
● 科学思维：把握细节，严谨细致，勇于探索的科学态度
● 自主学习：主动完成任务内容，提炼学习重点
● 团结合作：主动帮助同学，善于协调工作关系
● 工匠精神：培养一丝不苟、严谨细致、勇于探索的学习态度，精益求精、认真细致的工作态度，维修过程细心，提高质量意识，培育爱岗敬业的专业素质</td></tr>
<tr><td rowspan="4">任务分配</td><td>职务</td><td>姓名</td><td colspan="3">工作内容</td></tr>
<tr><td>组长</td><td></td><td colspan="3"></td></tr>
<tr><td>组员</td><td></td><td colspan="3"></td></tr>
<tr><td>组员</td><td></td><td colspan="3"></td></tr>
</table>

X62W 型万能铣床控制电路故障分析

【资讯】

机床电气故障检修的步骤，如图 6-10 所示，首先要观察现场、查看设备、询问设备情况、观察故障现象，然后利用逻辑分析法判断故障范围，然后用正确的检测方法查找故障点并进行修复。

在采用逻辑分析法检查时，应根据电气原理图的工作原理，控制环节的动作程序以及它们之间的联系，结合故障现象做具体分析，确定可疑范围。在确定了故障发生的可疑范围后，可对范围内的电气元件及连接导线进行外观检查。

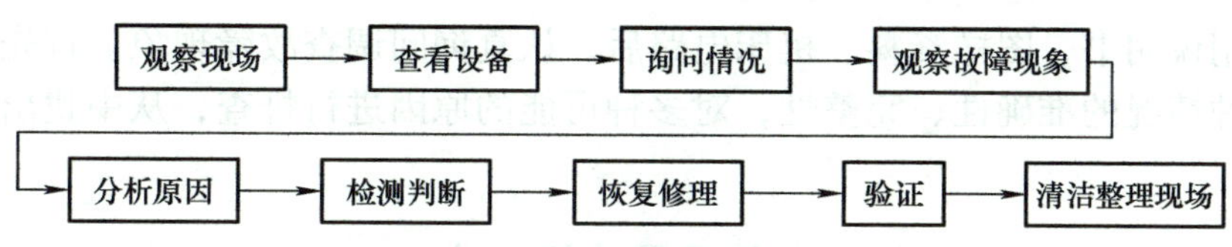

图 6-10 机床故障检修的步骤图

经外观检查未发现故障点时，可根据故障现象，结合电路图分析故障原因，在不扩大故障范围、不损伤电气和机械设备的前提下，进行直接通电实验，或除去负载（从控制箱接线端子板上卸下）通电试验，以分清故障可能是在电气部分还是在机械等其他部分；是在电动机上还是在控制设备上；是在主电路上还是在控制电路上。

一般情况下先检查控制电路，具体做法是：操作某一只按钮或开关时，线路中有关的接触器、继电器将按规定的动作顺序进行工作。若依次动作至某一电气元件时，发现动作不符合要求，既说明该电气元件或其相关电路有问题。再在此电路中进行逐项分析和检查，一般便可发现故障。待控制电路的故障排除恢复正常后再接通主电路，检查对主电路的控制效果，观察主电路的工作情况有无异常等。

下面以铣床为例，分析 X62W 型万能铣床的常见故障及检修方法。

一、维修前的准备

1. 故障调查

（1）问：询问机床操作人员，故障发生前后的情况如何，有利于根据电气设备的工作原理来判断发生故障的部位，分析出故障的原因。

（2）看：观察熔断器内的熔体是否熔断；其他电气元件有无烧毁、发热、断线、导线连接螺钉是否松动；触头是否氧化、积尘等。要特别注意高电压、大电流的地方，活动机会多的部位，容易受潮的接插件等。

（3）听：电动机、变压器、接触器等，正常运行的声音和发生故障时的声音有区别。听声音是否正常，可以帮助寻找故障的范围和部位。

（4）摸：电动机、电磁线圈、变压器等发生故障时，温度会显著上升，可切断电源后用手去触摸判断元件是否正常。

（5）闻：电动机严重发热或过载时间较长，会引起绝缘受损而散发特殊气味；轴承发热严重时也可挥发出油脂气味．闻到特殊气味时，便可确认电动机有故障。

2. 分析故障，判断故障范围

根据故障描述，结合电气原理图分析故障可能存在电路的相关部位，列出可能有问题的元件。

3. 故障查找

查找故障点。可以采用电压分阶测量法、电压分段测量法、电阻分阶测量法、电阻分段测量法进行故障查找。

二、按电路环节功能缩小故障范围，对铣床故障现象描述

先弄清属于主电路的故障还是控制电路的故障，属于电动机的故障还是控制设备的故

障。弄懂使用说明书、图样资料、机床电路后，认真询问调查故障现象。首先要验证操作前提供的各种情况的准确性、完整性，对多种可能的原因进行排查，从中找出本次故障的真正原因。

三、X62W 型万能铣床的常见故障及检修方法

1. 故障

主轴电动机不能起动运行，可能原因：

（1）总熔断器 FU1 熔断数相或接触不良；

（2）控制变压器 T1 烧坏或接线头接触不良；

（3）控制线路保险 FU3 熔断或接触不良；

（4）停止按钮 SB5 或 SB6 闭合不好；

（5）起动按钮 SB1 或 SB2 按下后接触不良；

（6）主轴控制线路连接线断线或接线头接触不良；

（7）接触器 KM1 辅助自锁点接触不良；

（8）接触器 KM1 线圈断线或烧毁；

（9）继电器 FR1 常闭点动作或接触不良；

（10）接触器 KM1 主触头接触不良；

（11）换向开关 SA3 触头接触不良；

（12）电动机接线端子烧坏，线路断相；

（13）电动机 M1 线圈烧毁。

检修方法与技巧。

（1）用低压验电笔测 FU1 下桩头有无电压，若全无电压应测上桩头，如仍无电压说明线路停电，应从线路上查找原因。若下桩头一相或两相有电压应查熔断器 FU1。如接触不良，要把熔断器压紧；若熔断，要更换同规格的熔断器。

（2）用万用表在铣床断开电源的情况下，测试 T1 控制变压器一次侧和二次侧线圈的电阻，若电路烧断或电阻很小时，说明控制变压器烧坏，要更换同规格的控制变压器。若一时判断不清变压器是否烧坏，也可把电源通入测量变压器电压，一次侧应为 380V，二次侧控制电压应为 110V，若无电压或电压不正常，说明变压器 T1 已烧坏。若变压器线头烧坏或接触不良，进行相应处理便可继续使用。

（3）检查控制线路熔断器 FU3 是否未旋紧而接触不上。用万用表电阻档在断开电源的情况下测 FU3 两端，若断路，应查是否接触不良或熔断；如果熔断，应更换同规格的熔丝（熔体）。

（4）断开电源，用万用表电阻挡测 SB5 或 SB6 有无接触不良或闭合不好，若查到按钮 SB5 或是 SB6 接触闭合不好时，应更换同型号按钮。

（5）在断电情况下，按下操作按钮，用万用表电阻挡测 SB1 和 SB2 是否导通可靠，查出哪一个按钮接通不好或按下后不能通路，要更换该按钮。

（6）认真细心检查铣床控制线路各接头有无烧坏或由于振动引起的接触不良，检查出某接头接触不好，要重新压紧接头。

（7）检查接触器 KM1 自锁点是否接触不良。如果直观难以看出，可用下面两种方法

测试判断：

a. 通入电源，操作主轴电动机，如接触器能吸合而当松开按钮后又自动停机说明自锁点接触不良。

b. 也可用万用表在断开电源的情况下把接触器灭弧盖打开用螺钉旋具手柄人为使接触器做闭合运动，这时测接触器 KM1 自锁点是否能闭合，如果闭合不好，要用细砂纸打磨 KM1 辅助触头或修复触头。

（8）在铣床断开电源的情况下用万用表电阻挡去测接触器 KM1 线圈电阻，如果线圈不通或电阻很小，应判断为接触器线圈烧坏，可根据现有条件更换同型号接触器线圈，也可更换接触器。

（9）在铣床断电情况下用万用表测热继电器 FR1 常闭触头是否能闭合，若不能，则说明热继电器已动作或触头接触不良。热继电器已动作时，要找出动作原因，再行复位；如电动机过载或热继电器调整不当而动作，要进行相应处理。如果热继电器常闭触头由于主导线发热烧坏而闭合不好时，要更换热继电器 FR1。

（10）断开铣床电源，打开 KM1 接触器灭弧盖，检查接触器触头是否熔焊或接触不良。熔焊时要设法分开熔焊点；触头烧坏，接触不良要更换动、静触头。

（11）检查主轴换向开关 SA3 闭合是否可靠，如果闭合不好要根据具体情况修复触头或弹簧，使换向开关接触闭合良好。

（12）打开主轴电动机接线盒，检查接线端子是否烧坏或线路断相。若接线端子烧坏，要更换接线端子，并接通断线。

（13）用 500V 绝缘电阻表测试主轴电动机线圈，若电动机线圈绝缘损坏或三相线圈短路，要打开电动机，检查电动机线包，确定已烧毁时要更换线包。

2. 故障

主轴电动机运转后，操作工作台的电动机不能上升或下降，不能向前或向后运动，不能向左或向右运动。

可能原因：

（1）铣床主轴接触器辅助触头 KM1 未能闭合或接触不良；

（2）行程开关 SQ3 触头、SQ4 触头、SQ5 触头、SQ6 触头闭合不好或接触不可靠；

（3）继电器 FR3 常闭触头未闭合或接触不良；

（4）接触器连锁辅助触头 KM2、KM4 接触不良；

（5）接触器 KM2 或接触器 KM4 线圈损坏或机械动作不良；

（6）电动机 M2 卡死或电动机烧毁。

检修方法与技巧：

（1）在断开电源的情况下，用万用表电阻档去测接触器 KM1 辅助触头，在人为使接触器 KM1 闭合时，看 KM1 能否可靠接触，接触不好应擦磨辅助触头并修复好。

（2）铣床进给电动机不能向上或不能向后时，应查行程开关 SQ3 和 SQ5 触头接触是否可靠。在断开铣床电源的情况下用万用表电阻档测上列触头，闭合不好或接触不良时应更换对应的行程开关。如铣床不能向前或向下运动，应查行程开关 SQ4 和 SQ6 触头在操作后的闭合接触是否良好，若某触头接触不上要更换对应的行程开关。也可打开铣床各个行程开关的盖，在操作手柄后观察行程开关动作闭合情况，若某开关闭合不好，先查动作机构是否到位；若不到位，要修复动作机构；若已到位，应查对应的行程开关是否损坏，若损坏要更换该行程开关。

（3）在断开电源的情况下用万用表测热继电器 FR3 常闭触头是否闭合可靠，若未闭合或接触不良，应查热继电器是否动作；如热继电器已动作，要查 M3 和 M2 电动机有无过载或电动机损坏，并进行相应处理。

（4）用万用表查两只接触器联锁常闭头 KM2 或 KM4 是否接触不良，若有要重新修复打磨互锁辅助触头，使其接触良好；若某接触器触头熔焊，使该接触器不能复位时，应先修理该接触器主触头或动作机构使其正常后，辅助触头自然也会闭合复位。

（5）断开铣床电源，打开接触器 KM2 和 KM4，检查动作机构是否灵活，若不灵活要更换该接触器；如果灵活，要用万用表电阻挡测接触器 KM2 和 KM4 线圈是否烧断或有匝间短路，若测得线圈阻值很小或断线，要更换线圈或更换整个接触器。

（6）用 500V 绝缘电阻表测进给电动机线包，若绝缘损坏对地短路或线包烧毁时要更换线包。

3. 故障

主轴起动后冷却泵电动机在操作后不能工作。

可能原因：

（1）冷却泵开关 QS2 动作后触头闭合不好或不能接通线路。

（2）冷却泵接触器 KM1 线圈损坏或接触器动作机构不良。

（3）冷却泵热继电器 FR2 动作或接触不良。

（4）冷却泵电动机烧毁。

检修方法与技巧：

（1）在断开电源的情况下用万用表电阻档测开关 QS2 操作后是否能闭合，若不能闭合，要更换开关。

（2）用万用表电阻档测接触器 KM1 线圈是否断线或电阻很小烧毁，若损坏时应更换线圈；若正常时要检查接触器动作机构是否灵活和主触头接触是否可靠，若接触器损坏时要更换接触器 KM1。

（3）用万用表电阻档测热继电器 FR2 常闭点是否通路，若已动作而不通，应检查 M3 电动机是否过载，处理后再使热继电器 FR2 复位。若热继电器本身常闭点接触不好时，要更换热继电器 FR2。

（4）用 500V 绝缘电阻表测 M3 电动机线圈，若绝缘对地为零或三相线圈相间短路时，要更换电动机线圈。

4. 故障

铣床低压照明灯不亮。

可能原因：

（1）照明变压器 T2 断线或线圈一、二次侧烧毁。

（2）熔断器 FU4 未旋紧或熔丝熔断。

（3）照明开关 SA4 因损坏接触不良。

（4）照明灯座断线或线路断开。

（5）低压灯泡与灯座接触不良。

（6）低压灯泡烧坏。

检修方法与技巧：

（1）用万用表检查照明变压器一次或二次线圈，若电阻不正常或烧断时，要更换变压器 T2。

（2）旋紧熔断器 FU4，或检查熔丝是否熔断，如果熔断了不但要更换同型号熔丝，还要检查线路有无短路，并查出短路点，经处理后再通电工作。

（3）用万用表电阻档测开关 SA4 在操作后是否接触良好，如接触不良要更换 SA4 开关。

（4）检查照明灯座是否与连接线脱开或线路断开，如查出断线点要重新连接。

（5）把低压灯泡取掉，用电笔把灯座弹簧舌向外勾出一些，然后再旋紧灯泡即可。

（6）用万用表电阻档单独测低压灯泡电阻，若电阻无穷大，则表明灯丝烧断，要更换低压灯泡。

【引导问题一】参考图 6-15，完成铣床故障考核表 6-5。

表 6-5 1214 X62W 型万能铣床故障设置表

故障开关	故障现象
K1	
K2	
K3	
K4	
K5	
K6	
K7	
K8	
K9	
K10	
K11	
K12	
K13	
K14	
K15	

1. 领取设备检修单，见表 6-6。
2. 领取所需工具、仪表与设备：测电笔、万用表、X62W 型电气模拟装置等。

表 6-6　设备检修单

№：　　　　　　　　　　　　　　　　　　　编号：

设备名称				设备编号	
设备责任人		联系电话		填表人	
故障发生时间及描述					
故障分析及处理办法	检修人：　　时间：				
备件消耗情况	备件名称		型号	数量	金额
验收记录	验收人：　　时间：				
备注：					

3. 填写维修前调查记录表 6-7。

表 6-7　维修前调查记录表

序号	调查内容	调查结果
1	问	
2	看	
3	听	
4	摸	
5	闻	

4. 根据故障现象，结合电气原理图，判断故障点和可能原因，填写表 6-8。

表 6-8 铣床故障记录表

序号	故障点	故障现象	可能原因	排除方法
1				
2				
3				
4				
5				
6				
7				
8				

5. 故障排除：根据故障点情况，断总电源开关 QS，排除故障。更换两点间的出现断路的导线。在模拟系统中使相应的开关闭合即可。

6. 通电试车。检查铣床各项操作，直至符合技术要求即可。

7. 清理现场，严格按照 8S 标准整理现场，清洁、清扫实训环境，整理、整顿实训器材，节约实训耗材，检查安全条例，培养职业素养。

任务小结

请同学们思考并总结学习过程中的知识重点、出现的问题等，记录在下面空白处。

单元任务考核

考核任务		成绩	
姓名		学号	

CA6140 车床电气控制线路的故障维修（参见图 6-12、图 6-13）

车床是一种应用极为广泛的金属切削机床，能够车削外圆、内圆、端面、螺纹等。CA6140 型普通车床通用性强，适用于加工各种轴类、套筒类、轮盘类零件上的回转表面。

CA6140 型普通车床结构如图 6-11 所示，主要由床身，主轴变速箱，进给箱，溜板箱，刀架，丝杠，光杠，尾架等部分组成。

车床的运动形式有切削运动和辅助运动，切削运动包括工件的旋转（主运动）和刀具的直线进给运动（进给运动），除此之外的其他运动皆为辅助运动。

CA6140 车床电气控制线路分析

CA6140 车床常见电气故障检修（一）

CA6140 车床常见电气故障检修（二）

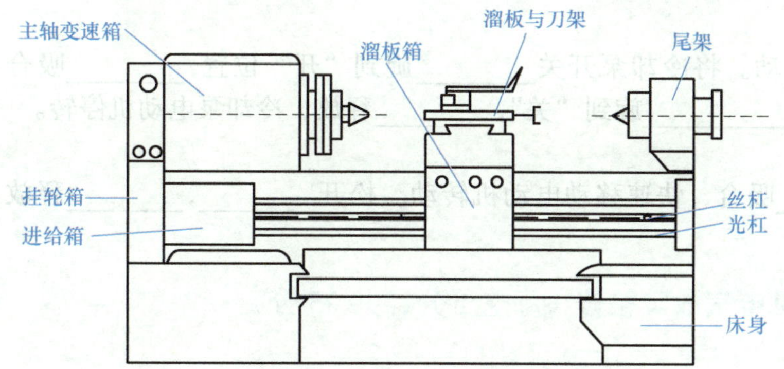

图 6-11　CA6140 车床外形图

一、CA6140 型普通车床电气控制线路分析（每空 1 分，共 14 分）

1. 主轴电动机控制

主电路中的 M1 为主轴电动机，按下起动按钮________、KM 得电________，KM 辅助触头________闭合自锁，KM________闭合，主轴电动机 M1 起动，同时 KM 辅助触头________闭合，为冷却泵起动作好准备。

2. 冷却泵控制

主电路中的M2为冷却泵电动机，在主轴电动机起动后将开关________闭合，________吸合，冷却泵电动机起动，将SA1断开，冷却泵停止，将主轴电动机停止，冷却泵也自动停止。

3. 刀架快速移动控制

刀架快速移动电动机M3采用________控制方式，按下________，________吸合，快速移动电机M3起动，松开SB3，________释放，电动机M3停止。

4. 照明和信号灯电路

接通电源，控制变压器输出电压，________直接得电发光，作为电源信号灯。EL为照明灯，将开关________闭合EL________。

二、CA6140型普通车床的操作（每空1分，共16分）

根据电气原理图，推断车床的操作过程。

1. 准备工作

（1）查看各电气元件上的接线是否紧固，各熔断器是否安装________。

（2）将各开关置________位置。

2. 运行接通电源，参看电气原理图，按下列步骤进行操作：

（1）合上开关QF，“电源”指示灯________亮。

（2）将照明开关SA2旋到________的位置，“照明”指示灯亮，将SA2旋到________，照明指示灯灭。

（3）按下“主轴起动”按钮________，KM吸合，主轴电动机转，按下“主轴停止”按钮________，KM释放，主轴电动机停转。

（4）冷却泵控制

按下________将主轴起动。将冷却泵开关________旋到“开”位置，________吸合，冷却泵电机转动，将________________旋到“关”，________释放，冷却泵电动机停转。

（5）快速移动电机控制

按下________，________吸合，快速移动电动机转动。松开________，________释放，快速移动电动机停止。

三、CA6140车床常见电气故障检修（每空1分，共25分）

1. 主轴电动机不能起动

（1）检查接触器KM是否吸合，如果接触器KM不吸合，首先观察电源指示灯是否亮，若电源指示亮，说明________________________________，然后检查KA2是否能吸合，若KA2能吸合则说明________和________的公共电路总部分________________正常，故障范围在________内，若KA2也不能吸合，则要检查________有没有熔断，热继电器FR1________是否动作，控制变压的输出电压是否正常，线路1-2-3-4之间有没有________的地方。

（2）若KM能吸合，则判断故障在________上。

（3）KM 能吸合，说明 U、V 相正常（若 U、V 相不正常，________输出就不正常，则 KM 无法正常吸合），测量 U、W 之间和 V、W 之间有无________V 电压，没有，则可能是________的 W 相________或连线________路。

2. 主轴电动机起动后不能自锁

当按下起动按钮________后，主轴电动机能够起动，但松开________后，主轴电动机也随之停止，造成这种故障的原因是________的自锁触头________接触________或________松动脱落。

3. 主轴电动机在运行过程中突然停止

故障原因主要是由于热继电器动作造成，原因可能是三相电源________；电源电压过________，负载过________等。

4. 刀架快速移动电动机不能起动

检查主轴电动机能否起动，如果主轴电动机能够起动，则有可能是________接触不良或导线松动脱落造成电路________间电路不通。

四、CA6140 车床常见电气故障检修（每空 2 分，共 30 分）

故障开关	故障现象
K1	
K2	
K3	
K4	
K5	
K6	
K7	
K8	
K9	
K10	
K11	
K12	
K13	
K14	
K15	

五、单元任务小结（15 分）

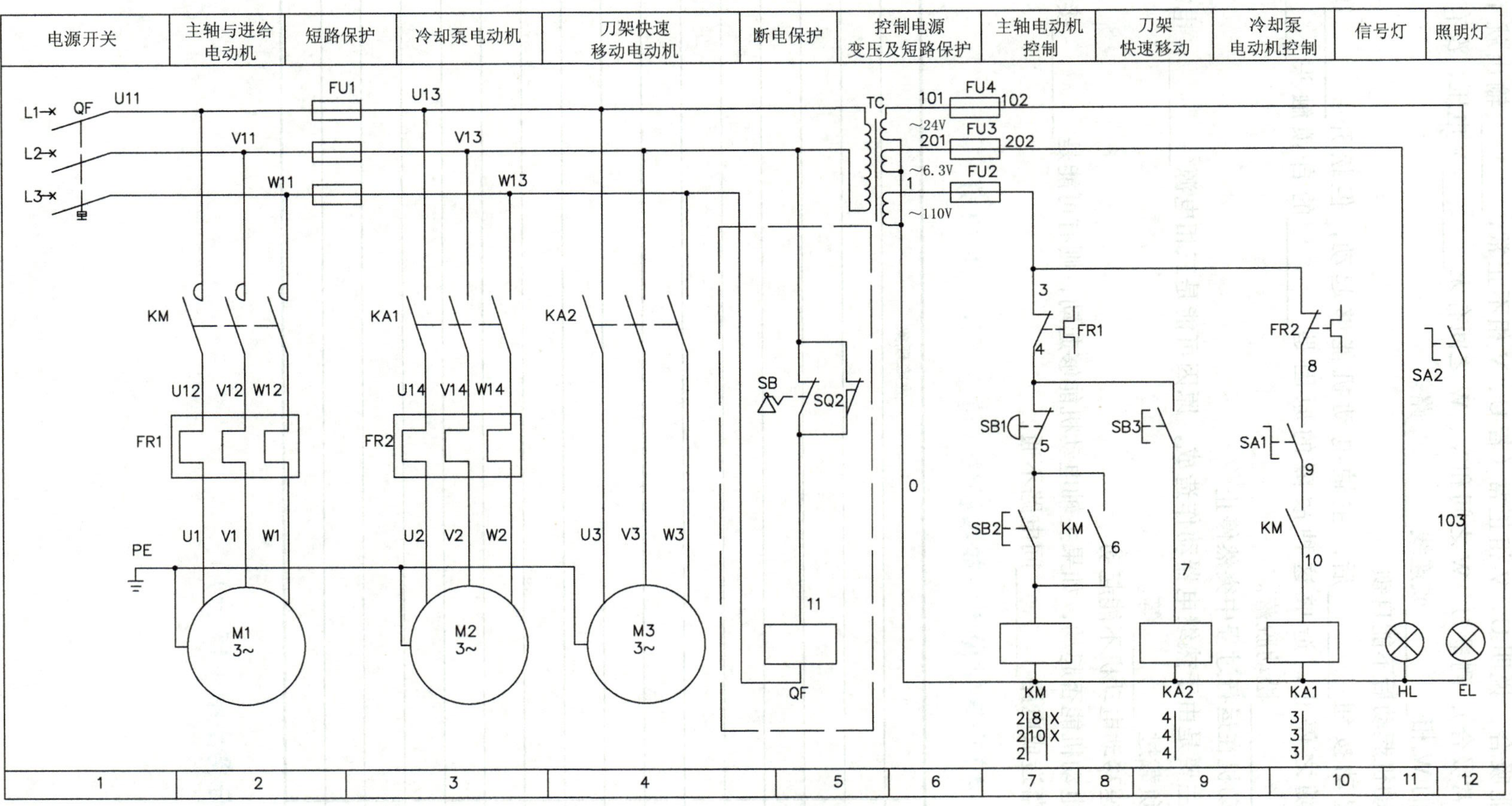

图 6-12　CA6140 型车床电气原理图

注：虚框内部元器件不接线

电源开关	主轴与进给电动机	短路保护	冷却泵电动机	刀架快速移动电动机	断电保护	控制电源变压及短路保护	主轴电动机控制	刀架快速移动	冷却泵电动机控制	信号灯	照明灯

图 6-13 1214D CA6140 型卧式车床故障图（带 15 个故障点）

注：虚框内部元器件不接线

学习单元七

企业实例——

北京德科联创电气科技有限公司生产工序流程

以下内容仅为北京德科联创电气科技有限公司日常流转流程，仅作参考。

一、案例

某日，销售工程师 A 接收到某房地产开发商建设单位发来的图样及相关需求（资料见图 7-6a、b），因房地产需配建潜水泵等，其中 1 台潜水泵控制箱（一用一备）需询价设备供应商，在销售工程师 A 拿到相关资料后，进入公司项目流转。

● 相关资料提供给报价工程师 B，报价工程师 B 在详细看了设计图样之后，得出可以满足设计院方案的结论，因此给出相关报价。报价如图 7-1 所示。

德科联创 Deco Lianc Electric

项目名称：某项目潜水泵控制箱（一用一备） TEL：

联系人： FAX：

报价编号： 报价日期： 2021/5/29

报价单位：北京德科联创电气科技有限公司 单位地址：北京市大兴区天骥 智谷63栋401

1、商务部分

1）总价： 价格为见下表含增值税。

2）报价有效期： 自报价之日起1个月内有效。

2、价格及供货范围：

规格型号	数量	单位	单价（元）	总价（元）
潜水泵控制箱				
微型断路器iC65N 2P C10A	2	只		
交流接触器LC1D09M7C 9A AC220V	2	只		
交流接触器正装触头LADN11C	2	只		
交流接触器热继电器LRD125C 5.5-8A	2	只		
控制箱箱体	1	台		

图 7-1 项目报价表

（续）

规格型号	数量	单位	单价（元）	总价（元）
辅材	1	套		
运费及包装费	1	套		
元器件小计	1	套		
人工服务费	1	台		
税金	1	台		
管理费	1	台		
合计				

说明：1、报价元器件清单表以报价为准；

2、报价所示仅为主要元器件，指示灯按钮等按照常规配置；

以上报价按我公司标准配置，元器件选用按我公司常规产品，如有变动，按实计算。

北京德科联创电气科技有限公司

2021/5/29

图 7-1　项目报价表（续）

- 公司报价以后即进入商务部分，此部分不再展示商务相关信息。
- 销售工程师谈判后拿到订单，进而完成合同签订，合同签署后交于项目经理。
- 项目经理依据合同录入系统，录入系统如图 7-2 所示。

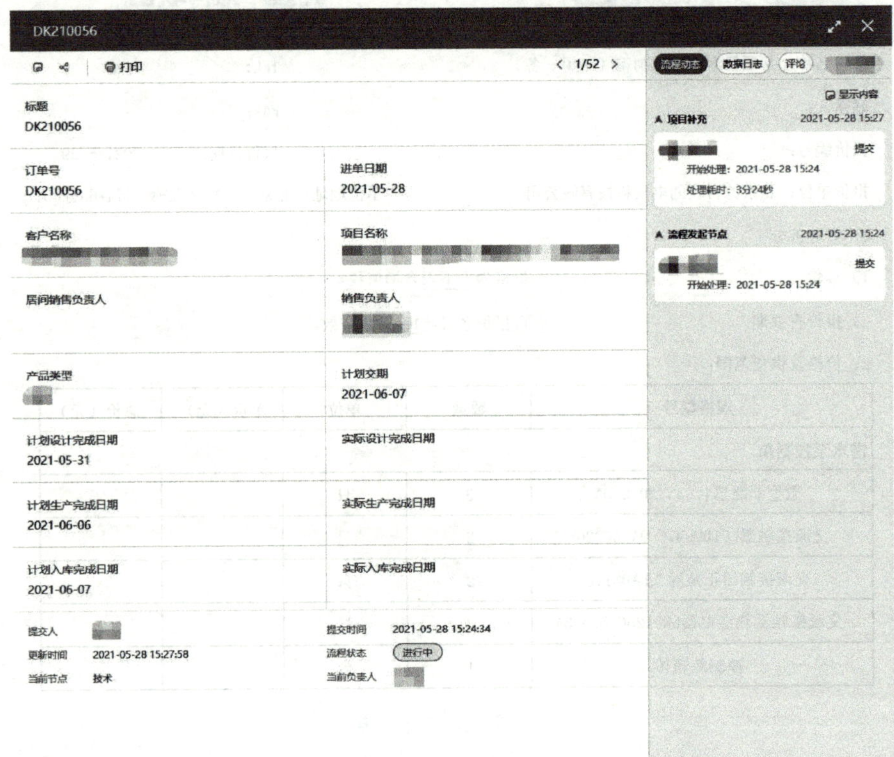

图 7-2　项目信息示意图

●技术部门依据公司订单管理工作台相关资料进行设计，其中设计包含：电气一次设计、电气二次设计、结构设计、面板开孔示意图、号码管文件、物料清单（资料见图 7-6c、d）。

●采购部门依据物料清单 BOM 采购相关物料，BOM 清单示意图如图 7-3 所示。

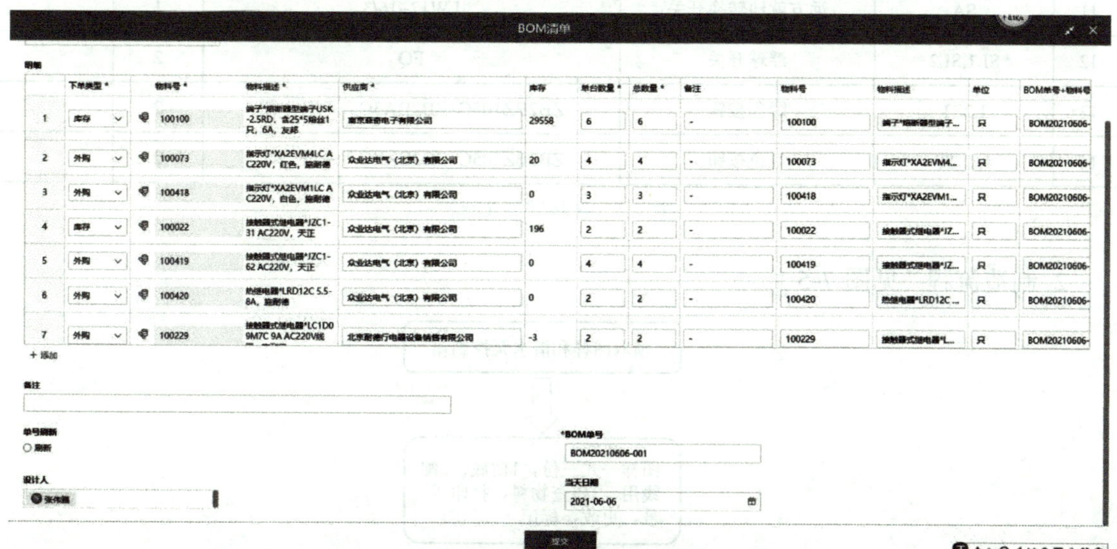

BOM清单

明细

	下单类型 *	物料号 *	物料描述 *	供应商 *	库存	单台数量 *	总数量 *	备注	物料号	物料描述	单位	BOM单号+物料号
1	库存	100100	端子*熔断器型端子USK-2.5RD，含25*5熔丝1只，6A，友邦	南京森奇电子有限公司	29558	6	6	-	100100	端子*熔断器型端子...	只	BOM20210606-
2	外购	100073	指示灯*XA2EVM4LC AC220V，红色，施耐德	众业达电气（北京）有限公司	20	4	4	-	100073	指示灯*XA2EVM4...	只	BOM20210606-
3	外购	100418	指示灯*XA2EVM1LC AC220V，白色，施耐德	众业达电气（北京）有限公司	0	3	3	-	100418	指示灯*XA2EVM1...	只	BOM20210606-
4	库存	100022	接触器式继电器*JZC1-31 AC220V，天正	众业达电气（北京）有限公司	196	2	2	-	100022	接触器式继电器*JZ...	只	BOM20210606-
5	外购	100419	接触器式继电器*JZC1-62 AC220V，天正	众业达电气（北京）有限公司	0	4	4	-	100419	接触器式继电器*JZ...	只	BOM20210606-
6	外购	100420	热继电器*LRD12C 5.5-8A，施耐德	众业达电气（北京）有限公司	0	2	2	-	100420	热继电器*LRD12C ...	只	BOM20210606-
7	外购	100229	接触器式继电器*LC1D09M7C 9A AC220V线	北京耐德行电器设备销售有限公司	-3	2	2	-	100229	接触器式继电器*L...	只	BOM20210606-

+ 添加

备注

单号刷新

○ 刷新

设计人

*BOM单号

BOM20210606-001

当天日期

2021-06-06

提交

图 7-3 BOM 清单示意图

●安装技术员依据一次图样、结构图样安装钣金及固定相关元器件；电气二次配线技术员依据号码管文件、二次图样制作线束等（资料见图 7-6e ～ i）。

具体工作过程如下：

准备工作有：领图样领潜水泵控制箱、领物料、裁线、打印线号和剪线号。

1. 在领物料时需列个清单，物料，即各种元器件、控制按钮和端子，一般情况下，电动机已由组装部安好的。物料清单如图 7-4 所示。

序号	代号	元件名称	型号规格	数量	备注
1	1,2,3,4,5,6FU	熔丝端子	USK-2.5RD 6A	6	
2	1,2,3,4HR	合闸指示灯红	XA2EVM4LC AC220V	4	
3	123HW	电源指示灯白	XA2EVM1LC AC220V	3	
4	K1,K2	分合闸接触器	JZC1-31/Z AC220V	2	
5	1,2,3,4KA	分合闸接触器	JZC1-62 AC220V	4	
6	KH1,KH2	热继电器	LRD12C 5.5-8A	2	
7	KM1,KM2	分合闸接触器	LC1D09M7C+LADN11C AC220V	2	
8	KT	时间继电器	JS14-P AC220 1S-99S	1	
9	M1,M2	电动机	M AC400V 3KW	2	

图 7-4 物料清单

（续）

序号	代号	元件名称	型号规格	数量	备注
10	QF1,QF2	微型断路器	iC65N 3P C10A	2	
11	SA	远方就地转换开关	LW12-16/3	1	
12	SL1,SL2	浮球开关	FQ	2	
13	1,2ST	绿色按钮	ZB2BZ105C+ZB2BA3C 一开一闭	2	
14	1,2STP	红色按钮	ZB2BZ105C+ZB2BA4C 一开一闭	2	

图 7-4 物料清单（续）

2. 制造流程（见图 7-5）

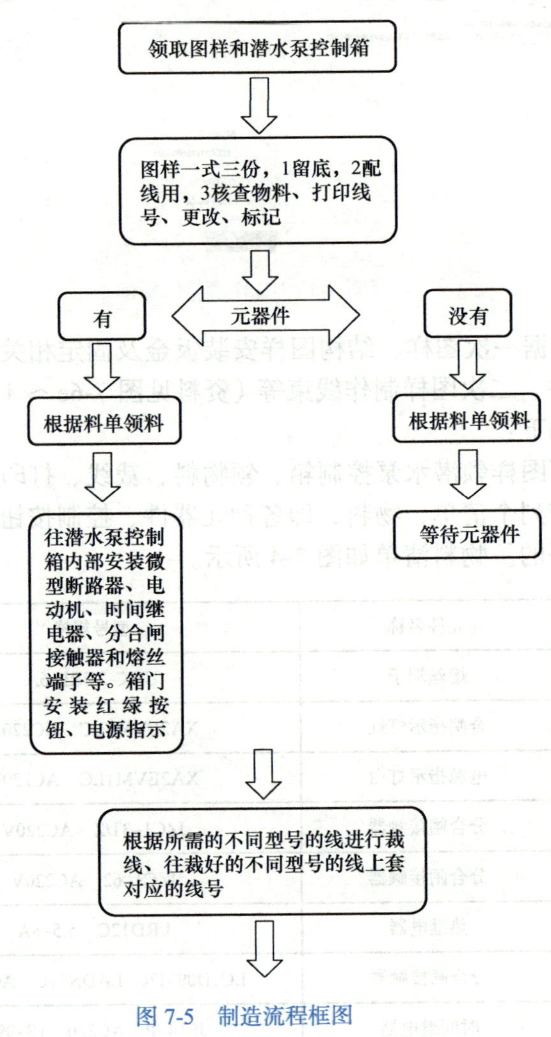

图 7-5 制造流程框图

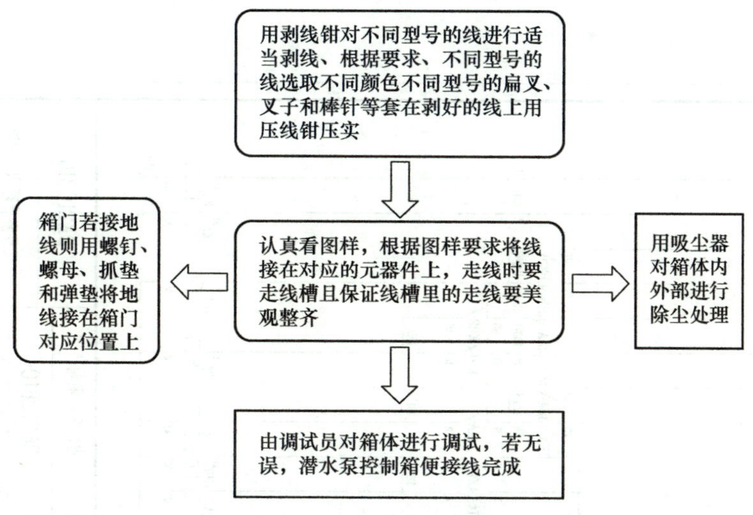

图 7-5 制造流程框图（续）

电气装配应符合安装国标要求（见三、公司内部电气安装标准），特需关注以下注意事项：

① 打印线号：打印线号前一定要仔细查看图样，要根据图样给出的规格格式要求进行打印线号，防止造成打印线号错误。

② 裁线：裁线时根据图样给出的要求，将不同型号不同颜色的线进行裁线。要保证裁线过程中裁出的线的长度精确，做到省工省料，切不可费工废料。这里有同学可能会问裁线是人工裁线吗，在这里可以告诉大家，裁线是用裁线机裁线，但需要人工操作对裁线机输入精确数据。这种情况，也提高了工作效率，省时又省力，并将线分类。往线上套线号时要注意上下端口号再套线。

③ 元器件、按钮：根据图样要求将元器件布置安装在潜水泵控制箱内，而红绿色按钮、指示灯等安装在箱门上，同时也要安装名称牌，但是，在安装过程中，要确保按钮、指示灯和名称牌要摆正再用配套的螺钉固定。

④ 剥线压线：剥线时长短要适当，根据不同型号不同颜色的线选取不同型号的叉子或针形端子进行压接。

⑤ 走线：走线时要走线槽，需要用扎带固定的要用扎带，顺便把多出来的扎带尖剪掉。要保证线走在线槽里整齐和美观。

- 质检工程师依据相关图样进行核验、通电试验等。
- 打包清理，制作发货清单。
- 发货。

完成项目运转流程。

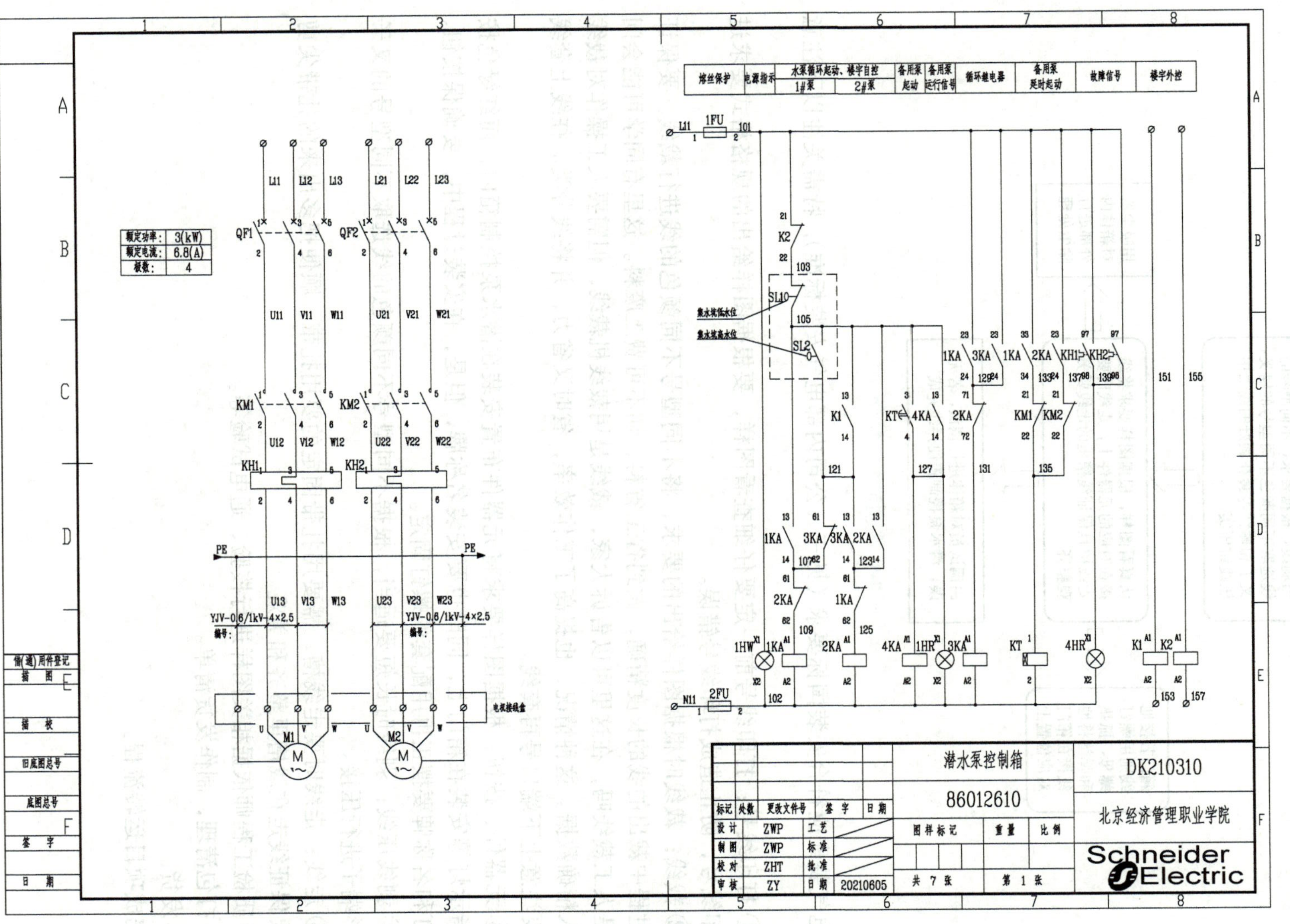

a) 电气原理图一

图 7-6 潜水泵控制箱电气接线图

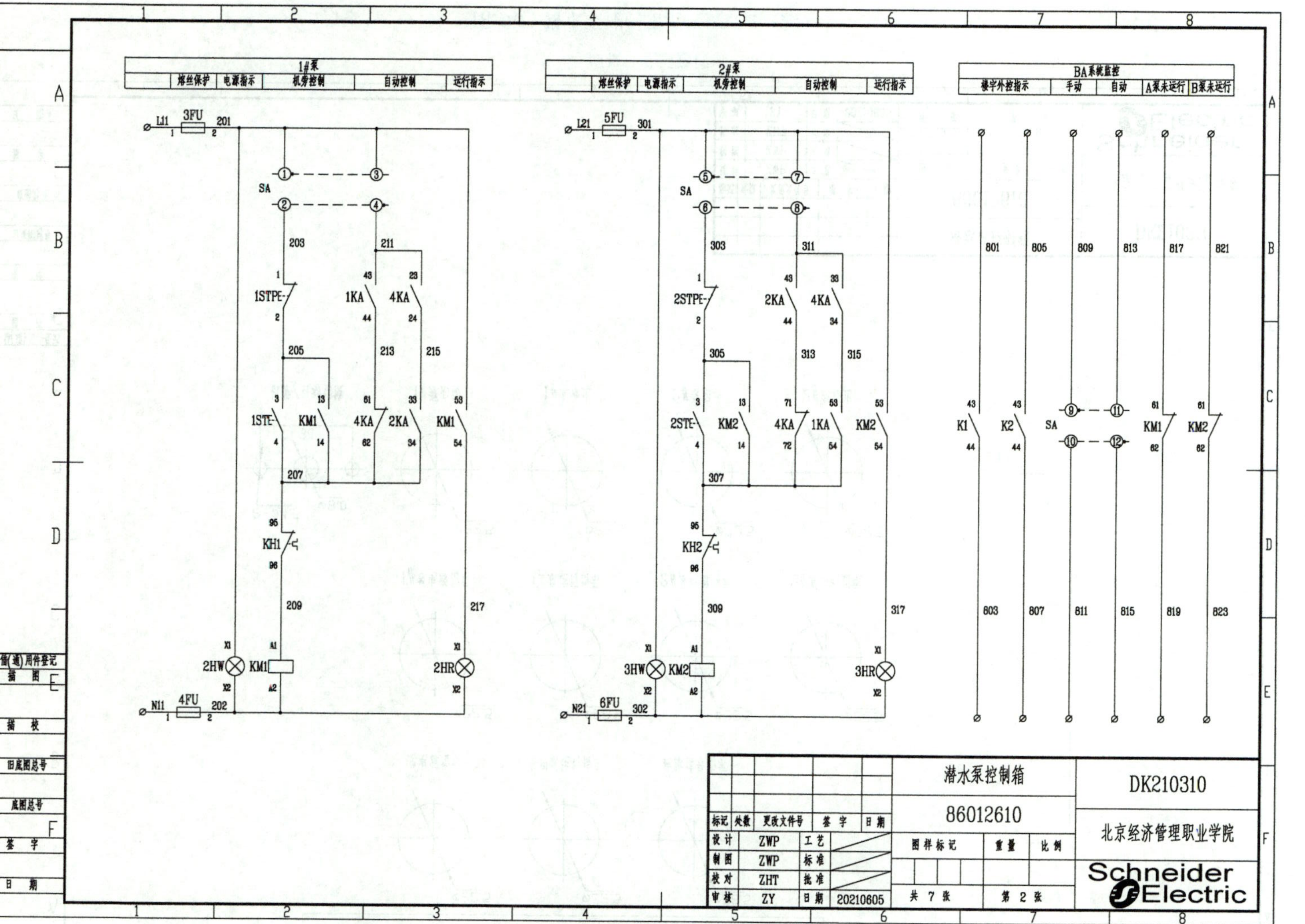

b) 电气原理图二

图 7-6 潜水泵控制箱电气接线图（续）

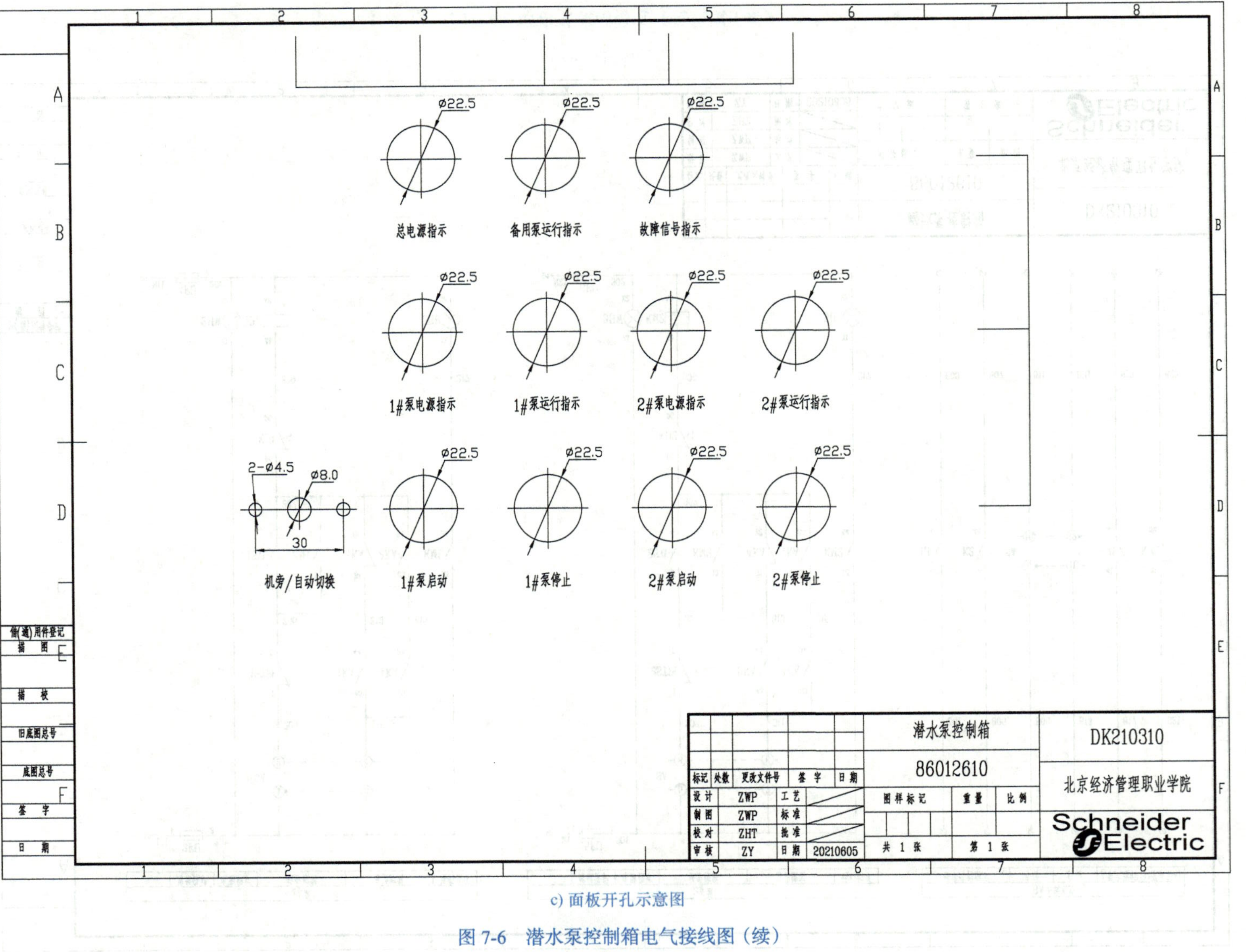

c) 面板开孔示意图

图 7-6　潜水泵控制箱电气接线图（续）

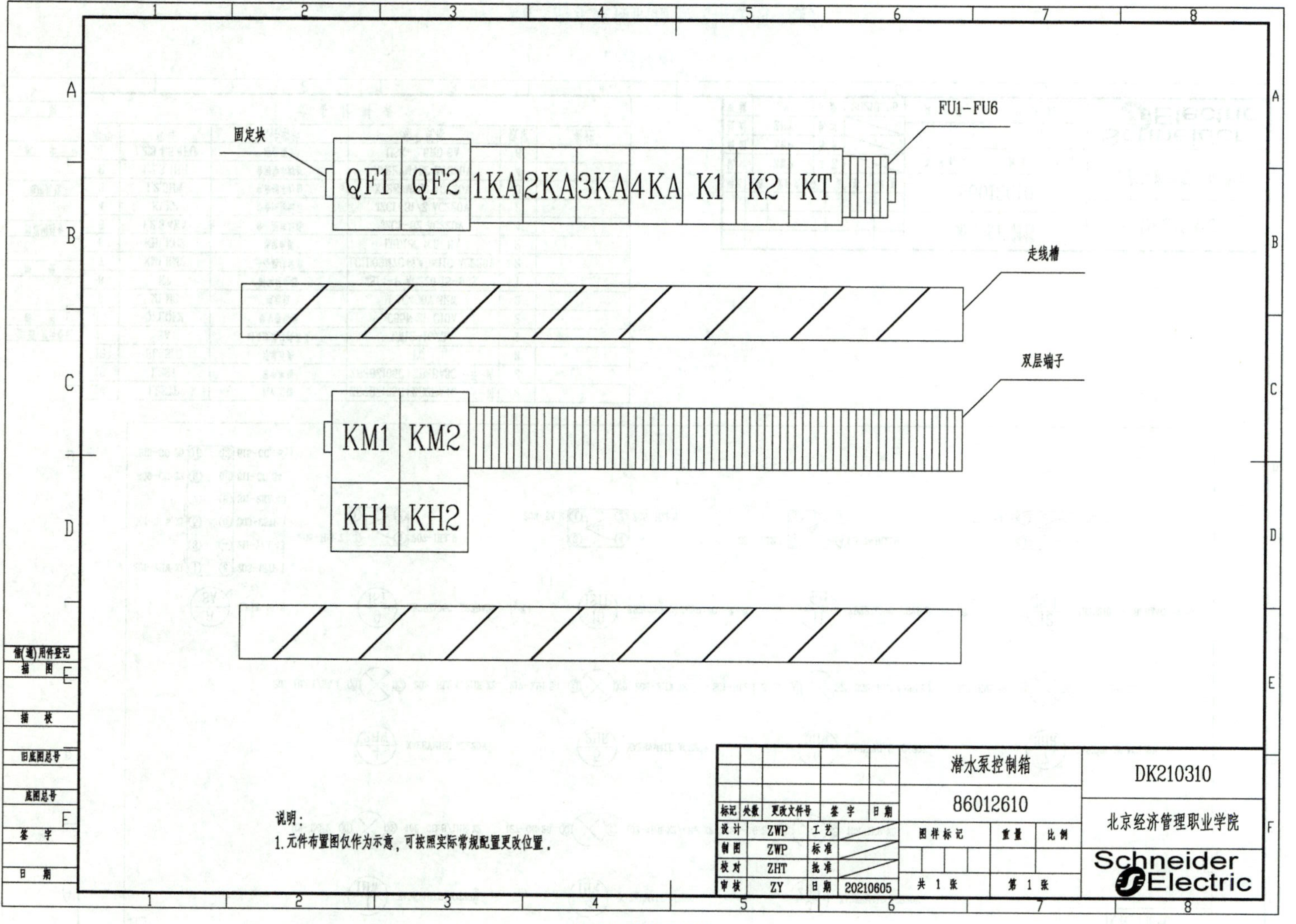

d) 元件布置示意图

图 7-6 潜水泵控制箱电气接线图（续）

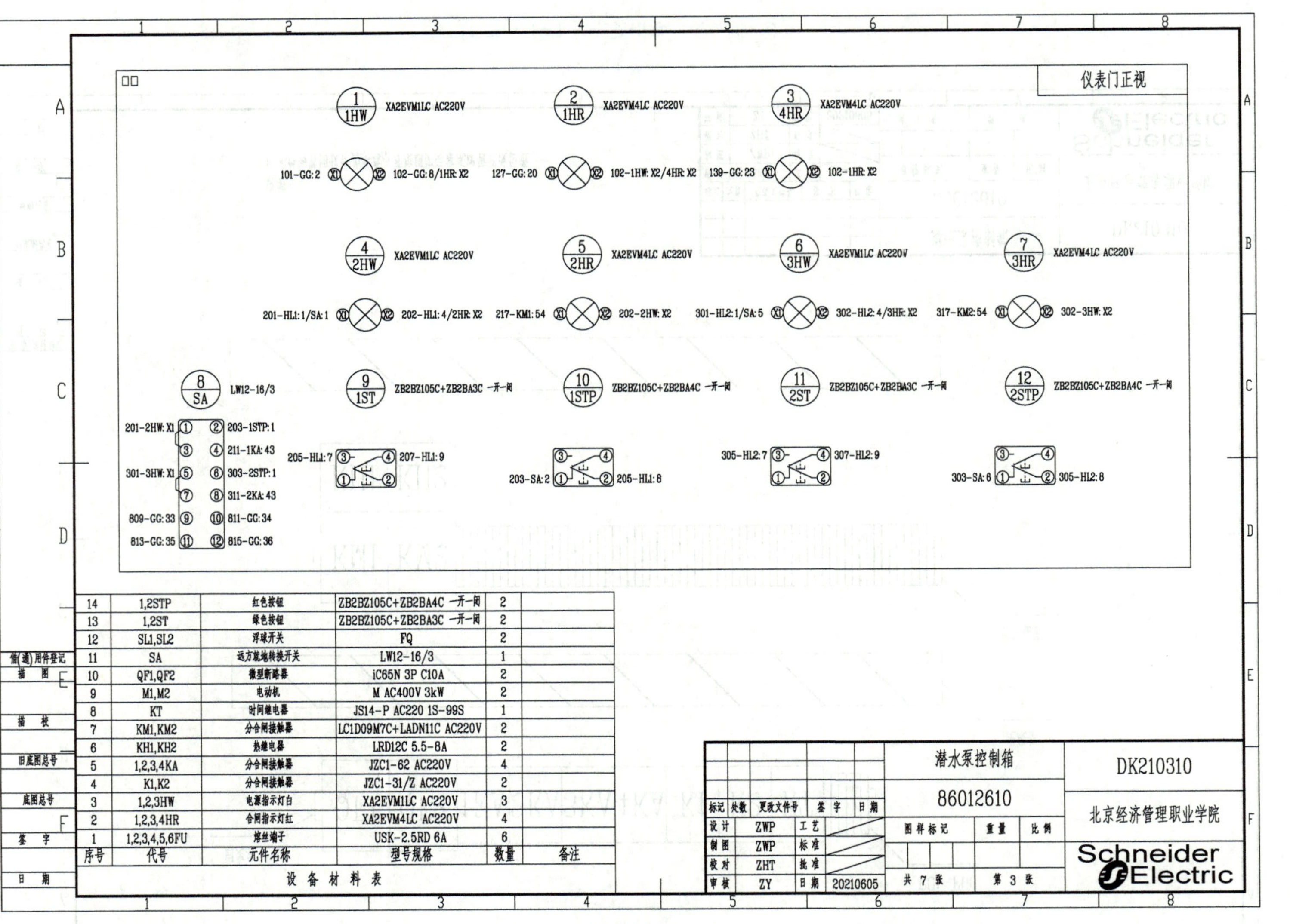

序号	代号	元件名称	型号规格	数量	备注
14	1,2STP	红色按钮	ZB2BZ105C+ZB2BA4C 一开一闭	2	
13	1,2ST	绿色按钮	ZB2BZ105C+ZB2BA3C 一开一闭	2	
12	SL1,SL2	浮球开关	FQ	2	
11	SA	远方就地转换开关	LW12-16/3	1	
10	QF1,QF2	微型断路器	iC65N 3P C10A	2	
9	M1,M2	电动机	M AC400V 3kW	2	
8	KT	时间继电器	JS14-P AC220 1S-99S	1	
7	KM1,KM2	分合闸接触器	LC1D09M7C+LADN11C AC220V	2	
6	KH1,KH2	热继电器	LRD12C 5.5-8A	2	
5	1,2,3,4KA	分合闸接触器	JZC1-62 AC220V	4	
4	K1,K2	分合闸接触器	JZC1-31/Z AC220V	2	
3	1,2,3HW	电源指示灯白	XA2EVM1LC AC220V	3	
2	1,2,3,4HR	合闸指示灯红	XA2EVM4LC AC220V	4	
1	1,2,3,4,5,6FU	熔丝端子	USK-2.5RD 6A	6	

设备材料表

e) 接线图一

图 7-6 潜水泵控制箱电气接线图（续）

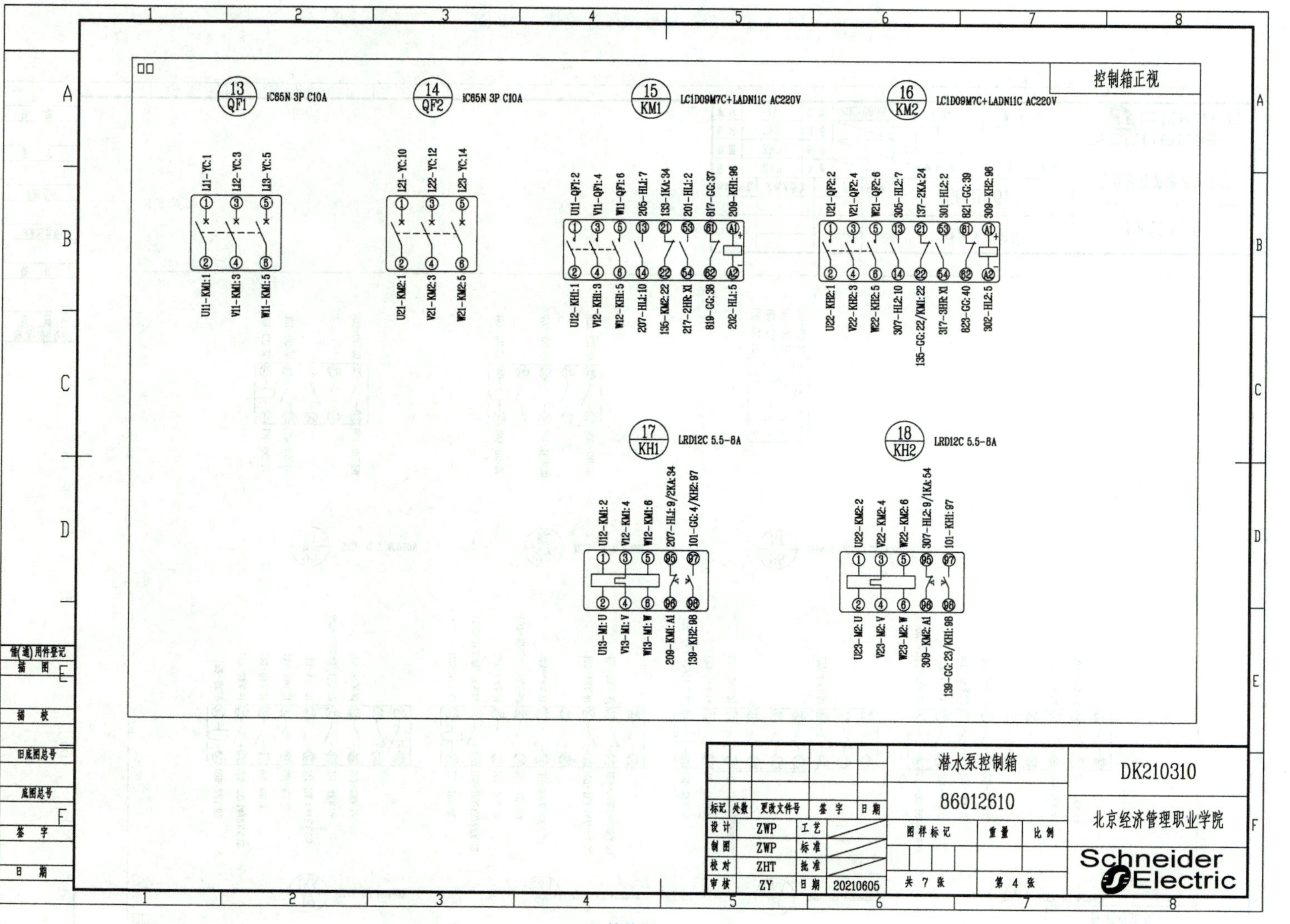

f）接线图二

图 7-6 潜水泵控制箱电气接线图（续）

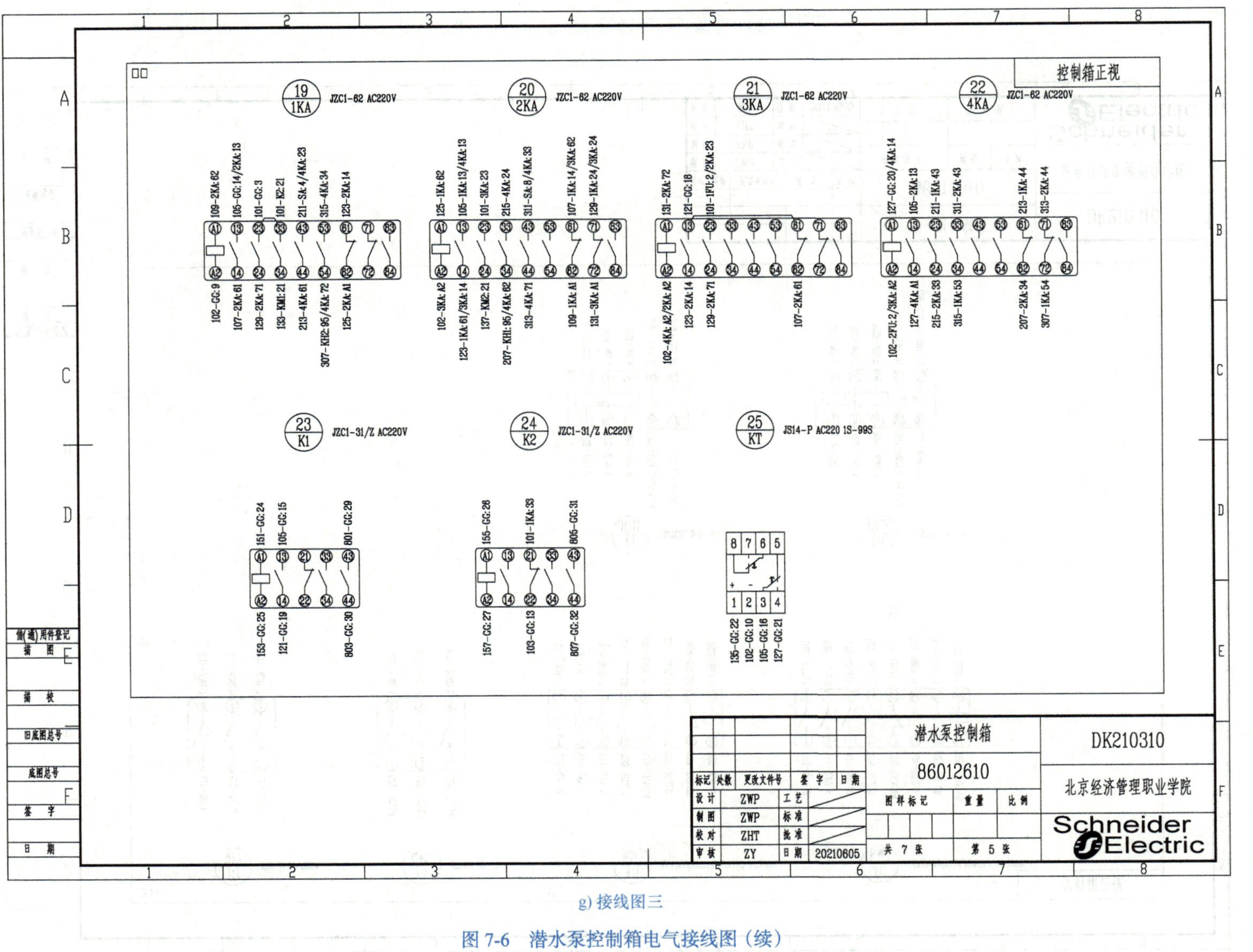

g) 接线图三

图 7-6 潜水泵控制箱电气接线图（续）

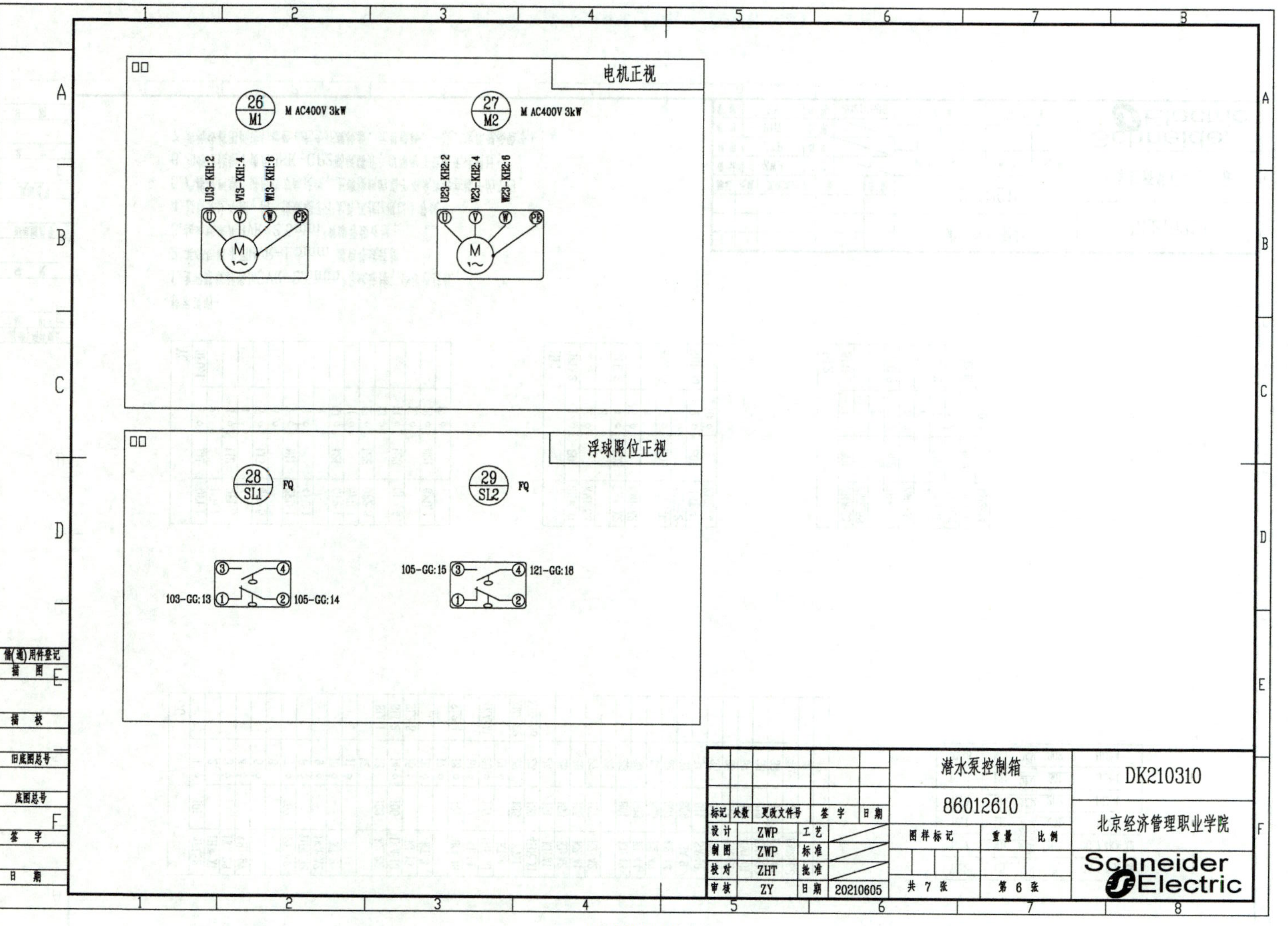

h) 接线图四

图 7-6 潜水泵控制箱电气接线图（续）

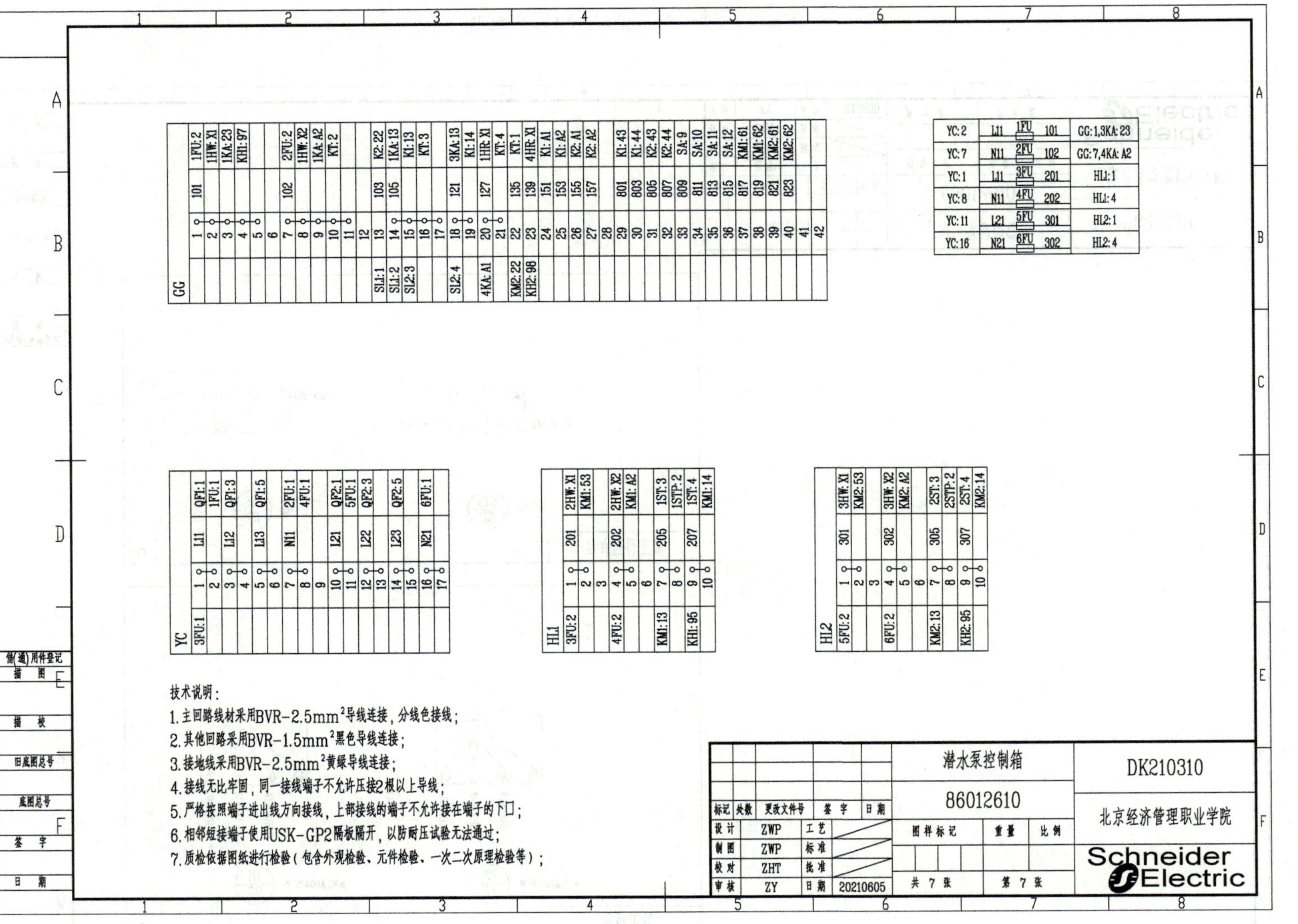

i) 接线图五

图 7-6 潜水泵控制箱电气接线图（续）

二、公司内部电气安装标准

1. 主题内容和适用范围

本工艺守则规定了高低压成套开关设备中二次辅助回路配线加工应遵循的原则。适用生产高、低压成套开关设备辅助回路的二次配线安装。

2. 引用标准

GB50171—2012《电气装置安装工程盘、柜及二次回路结线施工及验收规范》

CECS 49—2003《低压成套开关设备验收规范》

3. 材料

（1）导线

常用二次配线见表 7-1。

表 7-1 常用二次配线

型号	规格	标称截面积 /mm²	颜色	使用场合
BV	1/1.13	1	黑	没有活动的场所
	1/1.37	1.5		
	1/1.76	2.5		
	1/2.24	4		
	1/2.73	6		
BVR	7/0.43	1		有活动的场所
	7/1.52	1.5		
	19/0.32			
	7/0.68	2.5		
	19/0.41			
	7/0.85	4	黑或黄绿相间	接地线
	19/0.52			
	7/1.04	6		
	19/0.64			
RV		0.5	黑	连接电子器件的小电流低电平电路
		0.3		

（2）线夹、绝缘纸板、尼龙扎带、缠绕管、各种规格行线槽、标记套、各色套管、接线鼻等。

4. 设备工具

（1）设备

液压钳

（2）工具

剥线钳、尖嘴钳、斜口钳、弯线钳、压线钳、剪刀、适用套筒扳手、螺钉旋具、内六角扳手、活扳手、对线灯。

5. 工艺过程

（1）安装准备

1）阅读图样，考虑线路排线方案。

2）领取与图样要求相符合的电气元件、导线（必须有合格证）及标记套、线鼻、行线槽等。

3）按二次接线图核对辅助回路元件是否配齐、正确，检查元件表面质量状况。

4）按二次接线图（布置图）粘贴元件标号。标号一般粘贴在该元件正中上方的金属构架上，如元件上方不能粘贴标号时，可就近选择适当位置粘贴。

（2）安装过程及工艺要求

1）配线方式有两种：板前、板后。常用前种方法进行配线。

2）二次接线是用一根根导线，将开关柜、箱上的电气元件按照电气原理图连接起来。既满足设计控制要求又整齐美观和检查方便。二次接线一般采用平行排列配线（扁线）、成束配线（圆线）和行线槽配线三种方法。

常采用后两种方法进行配线。其工艺过程如图 7-7 所示。

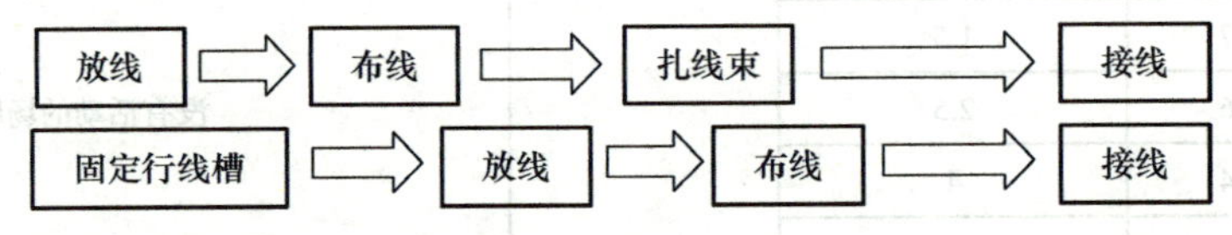

图 7-7　工艺过程框图

3）按配线途径量线，自上而下正确落料。且两端做好记号或套上标记套，即按配线途径进行敷设。应做到横平竖直，层次清楚，用尼龙扎带捆扎时应注意形状美观，保持线束平直挺括，捆扎时扎带应锁紧，扎带锁头位置一般放在侧边上角处，尼龙尾线留有 3mm 长为宜，将总路线束整好。也可将二次线敷设在专为配线用的塑料行线槽内。此时，只需将导线清理整齐而毋需捆扎。

4）二次线在敷设途中可依次分出或补入需要连接的电器之导线而逐渐形成总体线束与分支线束。

5）导线应按二次线图正确接至各电气元件及端子上。在接上前应套上标记套。将多余的导线剪去，用剥线钳剥去适当长度的绝缘层，并除去芯线表面的氧化膜及粘着物。BV 型导线根据连接螺钉大小弯制羊眼圈，弯圈的方向应与螺钉紧固的方向一致。BVR 型导线则在端头套上适用的接线鼻，用压线钳（液压钳）压紧后搪锡。将羊眼圈（或接线鼻）接于所接端头上旋紧螺钉。

6）标号头的加工及安装

① 设备中辅助电路的连接线，均应在两端套装标号头。

② 所有标号头应根据接线图所注明的数字，将其输入 M–1 电脑印字机，打印在专用套管上，套管直径应与套装的导线粗细配合。

③ 标号头的长度一般为根据线号长短电脑自行输出，标号头的套装要求数字排列方向统一。如是水平套装，数字从左到右，如是垂直套装，数字从下到上。标号头要求字迹清晰、正确，一般不得用手写标号头，如图 7-8 所示。

例：

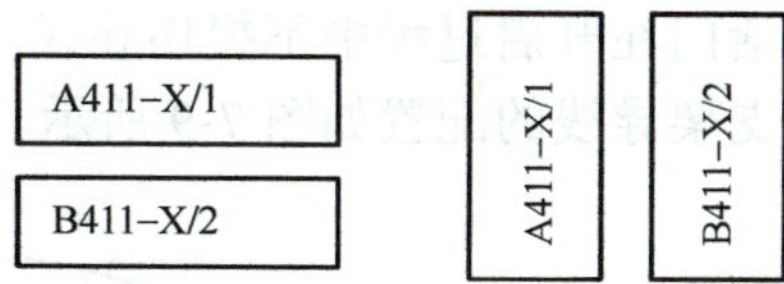

图 7-8 标号头

7）元器件的金属外壳必须有可靠接地。

6. 工艺要求

（1）线路敷设布置时，总体线束与分支线束应保持横平竖直、牢固、清晰美观。

（2）线束原则上应避免在发热元件上方敷设。若必须敷设时应符合表 7-2 所规定的要求。

表 7-2 发热元件工艺要求

发热功率 /W	电气元件、电子元器件等与发热件之间需保持的距离 /mm			
	上方		侧面	下方
	元件允许 50℃时	元件允许 60℃时		
7.5	30	40	10	10
15	30	100	10	10
20 ～ 50	100	200	20	20
75 ～ 100	100	300	30	30
150	150	300	30	30
200	150	400	30	30

（3）塑料行线槽的配置可只配置于纵向（或横向）总体线束，分支线束不配置。也可总体线束与分支线束全部配置。

（4）线束敷设途中，遇有金属障碍物时，则应弯曲绕过，导线与金属间应保持 4mm 以上。

（5）当线束穿过金属件时，金属件上一般要套橡皮圈加以防护。如防护有困难时，二次线束必须包以塑料带。

（6）二次线的敷设不允许从母线相间或安装孔穿出。

（7）二次导线的固定

1）二次导线用支架及线夹固定。支架的间距：低压柜一般情况下，横向不超过 300mm，纵向不超过 400mm；高压柜一般情况下，横向不超过 500mm，纵向不超过 600mm。

2）安装线夹时，可按导线数量之多少选用不同规格的线夹。凡是不接线的螺钉应全部紧固，以防止螺钉脱落。

3）线束固定要求牢固，不松动。在 2 个固定点外不容许有过大的颤动，当线夹与线束间有空档时，可用残余线头去填补，并可适当加垫塑料或黄蜡绸，以防止松动。

（8）过活门处之线束，应将一端固定在柜箱的支架上，另一端固定在活门的支架上，这一段线束的长度应是活门开启到最大限度时，两支架间距离的 1.2 ～ 1.4 倍。并弯成 U

形，外面套上缠绕管，以保证活门在开启过程中不损伤导线。

（9）活门与柜、箱间过门支架导线的配置如图 7-9 所示。

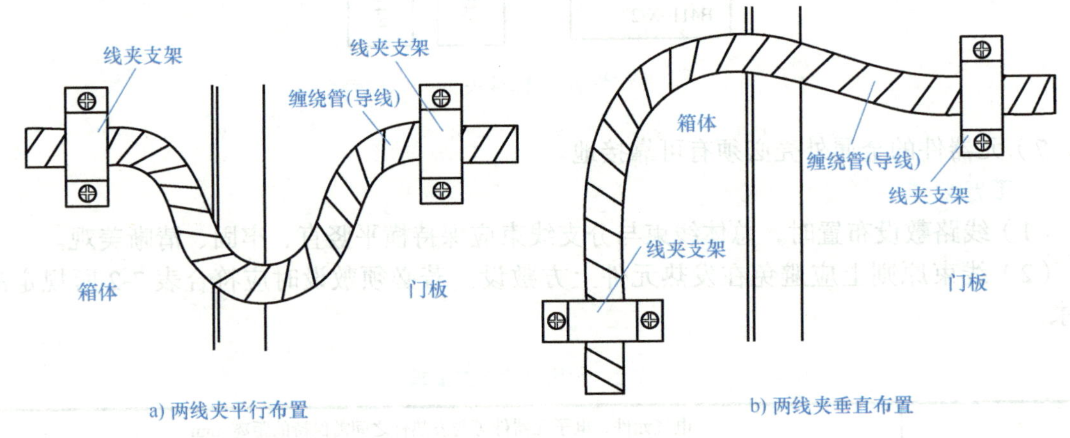

图 7-9 支架布置图

（10）过门处若导线数目较多时，为保证开门关门顺利，及避免损伤导线，可从两处或两处以上过门。

（11）扎带的位置，两扎带捆扎距离一般在 100 ～ 150mm，要求一台产品内或一产品段内距离应一致。在线束始末两端弯曲及分线前后，必须扎牢，而在线束中间则要求均匀分布。

（12）线束或导线的弯曲，不得使用尖口钳或钢丝钳，只允许使用手指或弯线钳，以保证导线的绝缘层不受损坏。

（13）所有仪表、继电器、电气设备、端子排及连接的导线均应有完善、清楚、牢固正确的标记套（号码管），元件本身的连接可不用标记套。标记套的方向，羊眼圈的弯制方向与尺寸如图 7-10、表 7-3 所示。

图 7-10 羊眼圈

（14）绝缘导线绝缘层的剥离用剥线钳，在剥线钳无法使用的情况下可以使用电工刀削去绝缘层，但不能损伤导线。导线的剥削，穿 M3 螺钉剖 11mm，穿 M4 螺钉剖 15mm，穿 M5 螺钉剖 20mm，穿 M6 螺钉剖 22mm。裸导线外露 3 ～ 7mm，线头必须顺时针弯曲成羊眼圈。

（15）导线与电气元件间采用螺栓连接、插接、焊接或压接等，均应牢固可靠。凡是多股软线的连接头，一律用冷压接头压接。螺钉连接时，弯线方向应与螺钉前进的方向一致。为保证导线不松散，多股导线不仅应端部绞紧，还应加终端附件或搪锡。采用压接式终端附件是较好的一种方式。

（16）导线接好后，从接头点垂直方向看去应无羊眼圈导体外露。

（17）同一端头一般只能接一根导线，严禁同一端接三根或三根以上导线。若需要接两根导线时，两导线之间应垫以精制平垫圈。

（18）导线接入电能表时，应将导线剥去一段绝缘层，对折后插入接线盒孔内。导体在接线盒内应有足够长度，确保两只螺钉全部接触，然后将两只螺钉全部紧固。

（19）接至发热元件的一端，导线应套一段瓷珠（套）。

（20）导接在端头上应有防松装置。所有接头螺母及螺钉上紧应使用合适工具，螺母螺钉上紧后不应有起毛及损坏镀层现象。

（21）二次导线接入母线时，需在母排上钻 $\phi 6$ 的孔，用 M5 螺钉连接。

（22）如二次元件本身具有引出线时，应通过端子过渡后才能与盘内二次线连接。接线端应就近固定。若引出线过短时，应采用锡焊的方法与二次导线连接，外面再套上塑料套管。

（23）线束与带电体之间的距离不得小于表 7-3 所列数据。

表 7-3 线束与带电体之间的距离

电压 /kV	距离 /mm	电压 /kV	距离 /mm
0.5	15	6.0	90
3.0	75	10.0	100

（24）元件标号的字体应端正，字迹应清晰，内容符合图样要求；粘贴部位应醒目，不应给导线或元器件、金属构件挡住，并能清楚地指明是属于某一元件的。

（25）端子排

1）端子排的始端必须装可标出单元名称的标记端子；末端装以挡板。同一端子排不同安装单位间也要装标记端子，以便分隔。

2）每一安装单位的端子排的端子都要有标号，字迹必须端正清楚。

3）端子排必须写上顺序号，若不能写顺序号的必须每隔 5 档用漆涂上记号，以便查对。

4）端子排由于空间的限制安装困难时，可分两排或多排进行安装。

5）端子排安装时应注意槽板方向。横向安装时，应使端子不会向下拉出槽板；纵向安装时，应使端子不会向外拉出槽板。端子板水平放置或垂直时，左右上下引出的导线都要弯曲半圈后，再以 40mm 间距进入端子板，有关各种布线方法，参考图 7-11。

6）每只端子接线螺钉只允许接一根导线，连接端子要用连接片，不接导线的螺钉也必须拧紧。

7）线束敷设必须合理，不得妨碍电器的拆换或维修，不允许导线在两只接线柱中间走线，不得遮掩线路标号和观察孔眼。

8）强、弱电回路不应使用同一根电缆，并应分别成束分开排列。

9）双屏蔽层的电缆，为避免形成感应电位差，常采用两层屏层在同一端相连并予接地。

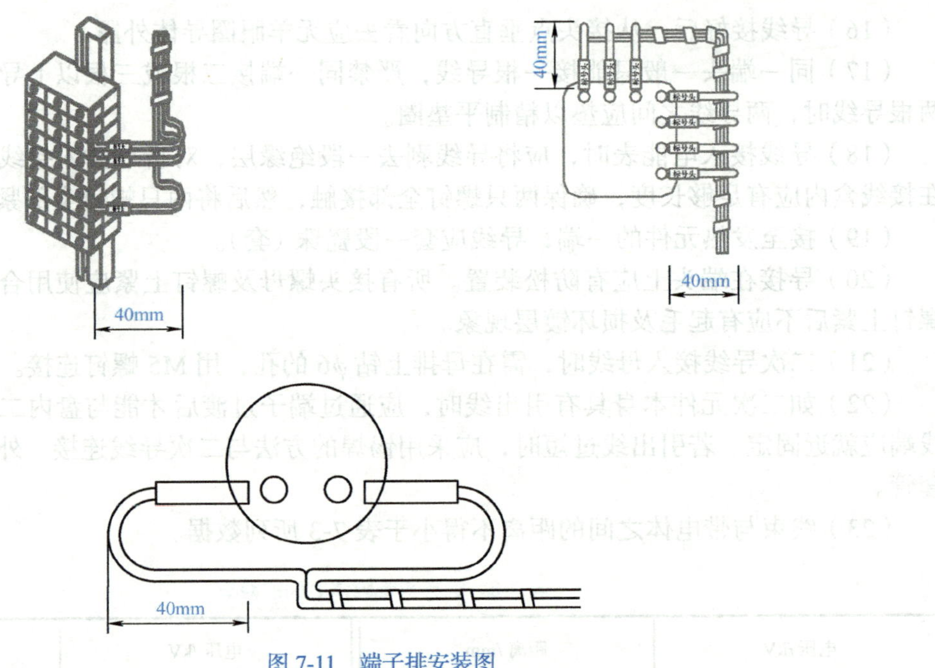

图 7-11 端子排安装图

7. 质量检验

（1）操作者自检：当一、二次线装配完毕后，应进行自检，认真对照原理图，接线图，检查所装电气元件及其附件是否安装牢固端正，是否符合电气元件之技术条件所规定的要求。若有不符之处，进行纠正，并将柜内打扫清洁。

（2）检查接头是否牢固、配线是否符合工艺要求。

（3）通电试检，用万用表测量控制回路是否有短路，试检电源必须加装 0.5 ～ 1A 的熔丝，防止线路故障。

附录

拓展材料

一、低压电器

电器是根据外界特定的信号和要求自动或手动接通或断开电路，断续或连续改变电路参数，实现对电路或非电对象的通断、切换、保护、检测、控制、调节作用的设备。

电气安装中的配件和工具

低压电器指工作在交流1200V、直流1500V及以下的电路中，以实现对电路中信号的检测、执行部件的控制、电路的保护、信号的变换等作用的电器。

电气安装中的操作流程（企业）

（一）分类

电气安装中的机械设备

低压电器根据在电气线路中所处的地位和作用，通常按三种方式分类：

1. 按低压电器的作用分类

1）控制电器：用于各种控制电路和控制系统的电器，例如接触器、电机起动器等；

2）配电电器：用于电能的输送和分配的电器，例如低压断路器、刀开关、隔离开关等；

3）主令电器：用于自动控制系统中发送动作指令的电器，例如按钮、行程开关、万能转换开关等；

4）保护电器：用于保护电路及用电设备的电器，例如熔断器、热继电器等；

5）执行电器：用于完成某种动作或传动功能的电器，例如电磁铁、电磁离合器等。

2. 按低压电器的动作方式分类

1）手控电器：这类电器是指依靠人力直接操作来进行切换等动作的电器，如刀开关、负荷开关、按钮、转换开关等。

2）自控电器：这类电器是指按本身参数（如电流、电压、时间、速度等）的变化或外来信号而自动进行工作的电器，如各种型式的接触器、继电器等。

3. 按低压电器有、无触头分类

1）有触头电器：前述各种电器都是有触头的，由有触头的电器组成的控制电路又称为继电—接触控制电路。

2）无触头电器：用晶体管或晶闸管做成的无触头开关、无触点逻辑器件等属于无触头电器。

（二）结构

1）一般低压电器：检测部分、执行机构。

2）电磁式低压电器：电磁机构、执行机构、灭弧装置。

新一代智能低压电器所具有的高性能、多功能、小体积、高可靠、绿色环保、节能与节材等显著特点的新一代智能绿色环保、节能与节材等显著特点，在制造技术上，已开始向提高专业工艺水平方面转型；在零件加工上，已开始向高速化、自动化、专业化转型；在产品外观上，已开始向人性化、美观化方面转型。其中新一代万能式断路器、塑壳断路器、带选择性保护断路器为中国低压配电系统实现全范围（包括终端配电系统）、全电流选择性保护提供了基础，对提高低压配电系统供电可靠性具有重大意义，在中高端市场有着十分广阔的发展前景。另外，新一代接触器、新一代 ATSE、新一代 SPD 等项目，也正在积极研发，为引领行业积极推进行业自主创新，加快低压电器行业的发展增添了后劲。

二、电气识图的基本知识

电气设备控制系统是把各种电气设备和电气元件按一定要求连接在一起的一个整体。电气控制系统图常见的是电气原理图、平面布置图和安装接线图。

我国参照国际电工委员会（IEC）颁布的标准，制定了我国电气设备有关国家标准。有关的国家标准有 GB4728—2018《电气图用图形符号》、GB/T 6988—2008《电气技术用文件的编制》、GB5094—1985《电气技术中的项目代号》（已废止，暂无替代）和 GB7159—1987《电气技术中的文字符号制定通则》（已废止，暂无替代）。

（一）绘制电气原理图的基本原则

根据简单清晰的原则，电气原理（电路）图采用电气元件展开的形式绘制。它包括所有电气元件的导电部件和接线端点，但并不按照电气元件的实际位置来绘制，也不反映电气元件的大小。

1. 绘制电路图时一般要遵循以下基本规则

1）电路图一般包含主电路和控制、信号电路两部分。为了区别主电路与控制电路，在绘制电路图时主电路（电机、电器及连接线等）用粗线表示，而控制、信号电路（电器及连接线等）用细线表示。通常习惯将主电路放在电路图的左边（或上部），而将控制电路放在右边（或下部）。

2）主电路（动力电路）中电源电路绘水平线；受电的动力设备（如电动机等）及其他保护电器支路，应垂直于电源电路绘制。

3）控制和信号电路应垂直地绘于两条水平电源线之间，耗能元件（如接触器线圈、电磁铁线圈，信号灯等）应直接连接在接地或下方的水平电源线上，各种控制触头连接在上方水平线与耗能元件之间。

4）在电路图中各个电器并不按照它实际的布置情况绘制，而是采用同一电器的各部件分别绘在它们完成作用的地方。

5）无论主电路还是控制电路，各元件一般按照动作顺序自上而下、从左到右依次排列。

6）为区别控制线路中各电器的类型和作用，每个电器及它们的部件用规定的图形符号表示，且每个电器有一个文字符号，属于同一个电器的各个部件（如接触器的线圈和触头）都用同一个文字符号表示。而作用相同的电器用规定的文字符号加数字序号表示。

7）因为各个电器在不同的工作阶段分别作不同的动作，触头时闭时开，而在电路图内只能表示一种情况。因此，规定所有电器的触头均表示成在（线圈）没有通电或机械外力作用时的位置。对于接触器和电磁式继电器为电磁铁未吸合的位置，对于行程开关、按钮等则为未压合的位置。

8）两条以上导线的电气连接处要打一圆点，标一个编号。编号的原则：电源电路和主电路编码是从电源出发，从左往右，从上往下依次编号。

2. 图面区域的划分

为了便于检索电路，方便阅读，可以在各种幅面的图样上进行分区。

按照规定，如图 F-1 所示。分区数应该是偶数，每一分区的长度一般不小于 25mm，不大于 75mm。每个分区内竖边方向用大写拉丁字母，横边方向用阿拉伯数字分别编号。编号的顺序应从标题栏相对的左上角开始。编号写在图样的边框内。

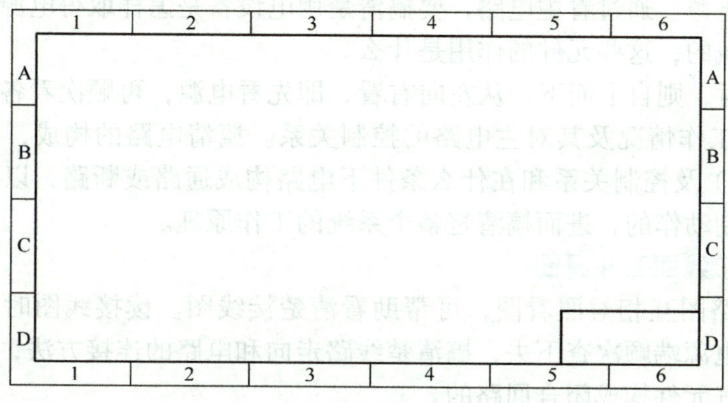

图 F-1 图样的分区

3. 符号位置索引

接触器、继电器这样的电器其线圈和触头在电路中根据需要绘制在不同的地方，为了便于读图，在接触器、继电器线圈的下方绘出其触头的索引表，如图 F-2 所示。对于接触器，其中左边一列为主触头所在的区域，中间为辅助常开触头所在的区域，右边一列为辅助常闭触头所在的区域。对于继电器，其中左边一列为常开触头所在的区域，右边一列为常闭触头所在的区域。

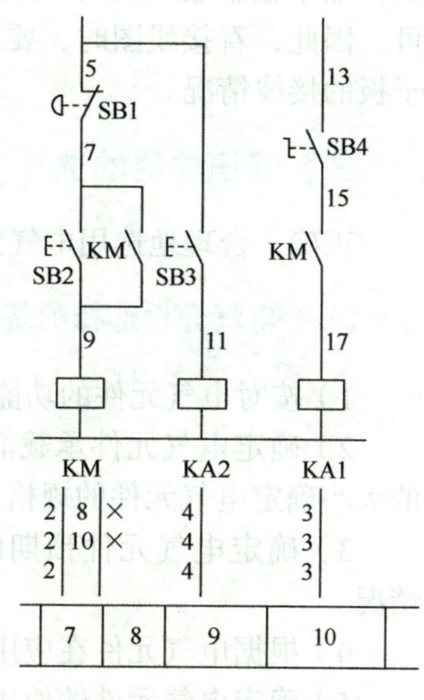

图 F-2 符号索引示意图

（二）识读电气系统图的基本方法

1. 结合电工基础理论看图

无论变配电所、电力拖动，还是照明供电和各种控制电路的设计，都离不开电工基础理论。因此，要想搞清电路的电气原理，必须具备电工基础知识。

2. 看图样说明

图样说明包括图样目录、技术说明、元件明细表和施工说明书等。识图时，首先看图样说明、搞清设计内容和施工要求，这有助于了解图样的大体情况，抓住识图重点。

3. 结合电器的结构和工作原理看图

电路中有各种电气元件，看电路图时，应先搞清这些电气元件的性能、相互控制关系以及在整个电路中的地位和作用，才能搞清工作原理图。

4. 结合典型电路看图

一张复杂的电路图，细分起来不外乎是由若干典型电路所组成。熟悉各种典型电路，对于看懂复杂的电路图有很大帮助，能很快分清主次环节，抓住主要矛盾，而且不易搞错。

5. 读图的顺序

看电动机控制系统电路图时，先要分清主电路和控制电路，按照先看主电路，再看控制电路的顺序识读。看主电路时，通常从下往上看，即从用电设备开始，经控制元件、保护元件顺次看往电源。通过看主电路，要搞清楚用电设备是怎样取得电源的，电源是经过哪些元件到达负载的，这些元件的作用是什么。

看控制电路时，则自上而下，从左向右看，即先看电源，再顺次看各条回路，分析各条回路元器件的工作情况及其对主电路的控制关系。搞清电路的构成，各元件间的联系（如顺序、互锁等）及控制关系和在什么条件下电路构成通路或断路，以理解控制电路对主电路是如何控制动作的，进而搞清楚整个系统的工作原理。

6. 电气图与接线图互补看图

接线图和电路图互相对照看图，可帮助看清楚接线图。读接线图时，要根据端子标志、回路标号从电源端顺次查下去，搞清楚线路走向和电路的连接方法，搞清每条支路是怎样通过各个电气元件构成闭合回路的。

配电盘（屏）内、外电路相互连接必须通过接线端子板。一般来说，配电盘内有几号线，端子板上就有几号线的接点，外部电路的几号线只要在端子板的同号接点上接出即可。因此，看接线图时，要把配电盘（屏）内、外的电路走向搞清楚，就必须注意搞清端子板的接线情况。

三、低压电器的选择

正确、合理地选用电气元件，是控制电路安全、可靠工作的重要保证。

（一）电气元件选择的基本原则

1）按对电气元件的功能要求确定电气元件的类型。

2）确定电气元件承载能力的临界值及使用寿命。根据电器控制的电压、电流及功率的大小确定电气元件的规格。

3）确定电气元件预期的工作环境及供应情况，如防油、防尘、防水、防爆及货源情况。

4）根据电气元件在应用中所要求的可靠性进行选择。

5）确定电气元件的使用类别。

（二）电气元件的一般选择原则

1. 按钮

按钮主要根据所需要的触头数、使用场合、颜色标注、以及额定电压、额定电流进行选择。

按钮的颜色有如下规定：

1）“停止”和急停按钮必须是红色。当按下红色按钮时，必须使设备停止工作或断电。

2）“起动”按钮的颜色是绿色。

3）“起动”与“停止”交替动作的按钮必须是黑色、白色或灰色，不得用红色和绿色。

4）点动按钮必须是黑色。

5）复位按钮（如保护继电器的复位按钮）必须是蓝色。当复位按钮还有停止的作用时，则必须是红色。

2. 行程开关

行程开关主要根据机械设备运动方式与安装位置，挡铁的形状、速度、工作力、工作行程、触头数量，以及额定电压、额定电流来选择。

3. 万能转换开关

万能转换开关根据控制对象的接线方式、触头型式与数量、动作顺序和额定电压、额定电流等参数进行选择。

4. 电源引入开关的选择

机械设备引入电源的控制开关常选用刀开关、组合开关和断路器等。

（1）刀开关与封闭式负荷开关的选用

刀开关与封闭式负荷开关适用于接通或断开有电压而无负载电流的电路，用于不频繁接通与断开且长期工作的机械设备的电源引入。根据电源种类、电压等级、电动机的容量及控制的极数进行选择。用于照明电路时，刀开关或封闭式负荷开关的额定电压、额定电流应等于或大于电路最大工作电压与工作电流。用于电动机的直接起动时，刀开关与封闭式负荷开关的额定电压为380V或500V、额定电流应等于或大于电动机额定电流的3倍。

（2）组合开关的选用

组合开关主要用于电源的引入。根据电流种类、电压等级、所需触头数量及电动机容量进行选择。当用于控制7kW以下电动机的起动、停止时，组合开关的额定电流应等于电动机额定电流的3倍。当不直接用于起动和停机时，其额定电流只需稍大于电动机的额定电流。

（3）断路器的选择

断路器的选择包括正确选用开关的类型、容量等级和保护方式。在选用之前，必须对被保护对象的容量，使用条件及要求进行详细的调查，通过必要的计算后，再对照产品使用说明。

① 断路器的额定电压和额定电流应不小于电路的正常工作电压和工作电流。

② 热脱扣器的整定电流应与所控制的电动机的额定电流或负载额定电流一致。

③ 电磁脱扣器的瞬时脱扣整定电流应大于负载电路正常工作时的峰值电流。对于电

动机来说，断路器电磁脱扣器的瞬时脱扣整定电流值 I 可按下式计算：

$$I \geqslant K \cdot I_{ST}$$

式中 K——安全系数，可取 K=1.7；

I_{ST}——电动机的起动电流。

5. 熔断器的选择

熔断器的选择，首先应确定熔体的额定电流，其次根据熔体的规格，选择熔断器的规格，再根据被保护电路的性质，选择熔断器的类型。

（1）熔体额定电流的选择

熔体的额定电流与负载性质有关。

① 负载较平稳，无尖峰电流，如照明电路、信号电路、电阻炉电路等。

$$I_{FUN} \geqslant I$$

式中 I_{FUN}——熔体额定电流；

I——负载额定电流。

② 负载出现尖峰电流，如笼型异步电动机的起动电流为（4～7）I_{ed}（I_{ed} 为电动机额定电流）。

单台不频繁起动、停机且长期工作的电动机：

$$I_{FUN}=（1.5 \sim 2.5）I_{ed}$$

单台频繁起动、长期工作的电动机：

$$I_{FUN}=（3 \sim 3.5）I_{ed}$$

多台长期工作的电动机共用熔断器：

$$I_{FUN} \geqslant （1.5 \sim 2.5）I_{emax}+\sum I_{ed}$$

或

$$I_{FUN} \geqslant I_m / 2.5$$

式中 I_{emax}——容量最大的一台电动机的额定电流；

$\sum I_{ed}$——其余电动机的额定电流之和；

I_m——电路中可能出现的最大电流。

当几台电动机不同时起动时，电路中的最大电流：

$$I_m=7I_{emax}+\sum I_{ed}$$

③ 采用减压方法起动的电动机：

$$I_{FUN} \geqslant I_{ed}$$

（2）熔断器规格的选择

熔断器的额定电压必须大于电路工作电压，额定电流必须等于或大于所装熔体的额定电流。

（3）熔断器类型的选择

熔断器的类型应根据负载保护特性、短路电流大小及安装条件来选择。

6. 交流接触器的选择

接触器分交流与直流两种。应用最多的是交流接触器。

选择时主要考虑主触头的额定电压与额定电流、辅助触头的数量、吸引线圈的电压等级、使用类别、操作频率等。选择交流接触器，其主触头的额定电流应等于或大于负载或电动机的额定电流。

（1）额定电压与额定电流

主要考虑接触器主触头的额定电压与额定电流。

$$U_{KMN} \geqslant U_{CN}$$

$$I_{KMN} \geqslant I_{N}$$

式中　U_{KMN}——接触器的额定电压；

U_{CN}——负载的额定线电压；

I_{KMN}——接触器的额定电流；

I_{N}——接触器主触头电流。

按照接触器的工作制、安装及散热条件的不同，其额定电流使用值也不同。接触器触头通电持续率大于或等于40%时，额定电流值可降低（10～20）%使用；接触器安装在控制柜内，其冷却条件较差时，额定电流值应降低（10～20）%使用；接触器在重复短时工作制，且通电持续率不超过40%时，其允许的负载额定电流可提高（10～25）%；若接触器安装在控制柜内，允许的负载额定电流仅提高（5～10）%。

（2）吸引线圈的电流种类及额定电压

对于频繁动作的场合，宜选用直流励磁方式，一般情况下采用交流控制。线圈额定电压应根据控制电路的复杂程度，维修、安全要求，设备所采用的控制电压等级来考虑。此外，有时还应考虑车间、乃至全厂所使用控制电路的电压等级，以确定线圈额定电压。

（3）考虑辅助触头的额定电流、种类和数量。

7. 继电器的选择

（1）电磁式通用继电器

选用时首先考虑的是交流类型或直流类型，而后根据控制电路需要，是采用电压继电器还是电流继电器，或是中间继电器。作为保护用的应考虑是过电压（或过电流）、欠电压（或欠电流）继电器的动作值和释放值，中间继电器触头的类型和数量，以及选择励磁线圈的额定电压或额定电流值。

（2）时间继电器

根据时间继电器的延时方式、延时精度、延时范围、触头形式及数量、工作环境等因素确定采用何种类型的时间继电器，然后再选择线圈的额定电压。

（3）热继电器

热继电器结构型式的选择主要决定于电动机绕组接法及是否要求断相保护。

热继电器热元件的整定电流可按下式选取：

$$I_{FRN} = (0.95 \sim 1.05) I_{ed}$$

式中　I_{FRN}——热元件整定电流。

对于工作环境恶劣、起动频繁的电动机则按下式选取：

$$I_{FRN} = (1.15 \sim 1.5) I_{ed}$$

对于过载能力较差的电动机，热元件的整定电流为电动机额定电流的（60 ～ 80）%。

对于重复短时工作制的电动机，其过载保护不宜选用热继电器，而应选用温度继电器。

四、电气安装工具与附件

电气安装工具：

验电器结构及使用注意事项

为能直观地确定设备、线路是否带电，使用验电器是一种既方便又简单的方法。验电器是一种电工常用的工具。

验电器分为：低压验电器、高压验电器

（一）低压验电器

低压验电器又称试电笔，如图 F-3 所示，检测范围为 60 ～ 500V。

类型：钢笔式、旋具式、组合式等多种。

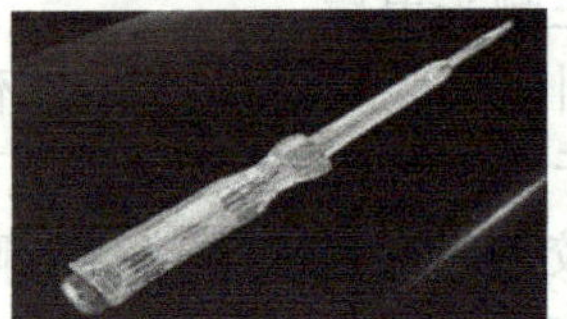

图 F-3　验电器

正确使用：试电笔在使用时，必须手指触及笔尾的金属部分，并使氖管小窗背光且朝自己，以便观测氖管的亮暗程度，防止因光线太强造成误判断。

低压验电器使用注意事项（见图 F-4）：

① 测试带电体前，一定先要测试已知有电的电源，以检查电笔中的氖泡能否正常发光。

② 在明亮的光线下测试时，往往不易看清氖泡的辉光，应当避光检测。

③ 试电笔的金属探头多制成螺钉旋具形状，它只能承受很小的扭矩，使用时应特别注意，以防损坏。

④ 低压验电器可用来区分相线和零线，氖泡发亮的是相线，不亮的是零线。

⑤ 低压验电器可用来区分交流电和直流电，交流电通过氖泡时，两极附近都发亮；而直流电通过时，仅一个电极附近发亮。

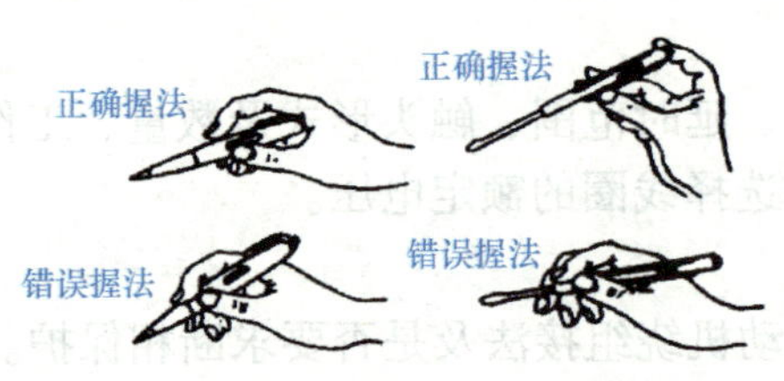

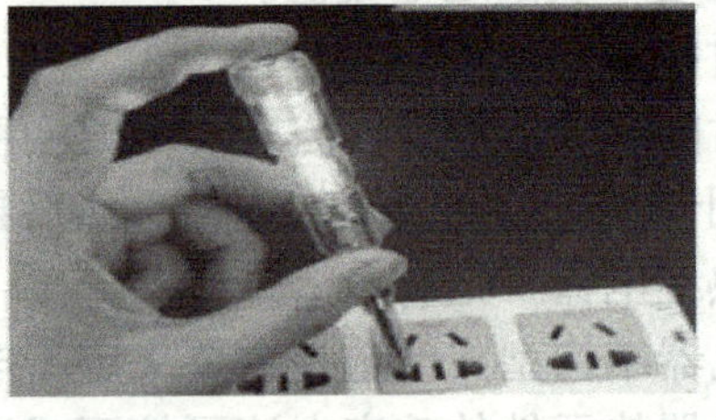

图 F-4　验电器使用注意事项

⑥ 低压验电器可用来判断电压的高低。如氖泡发光为暗红色，轻微亮，则电压低；如氖泡发光为黄红色，很亮，则电压高。

⑦ 低压验电器可用来识别相线接地故障。在三相四线制电路中，发生单相接地后，用电笔测试中性线，氖泡会发亮；在三相三线制星形联结电路中，用电笔测试三根相线，

如果两相很亮，另一相不亮，则这相很可能有接地故障。

（二）高压验电器

高压验电器又称为高压测电器，如图 F-5 所示。

类型：光型高压验电器、声光型高压验电器、风车式高压验电器。

高压验电器的使用方法和注意事项：

① 用高压验电器时必须注意其额定电压和被检验电气设备的电压等级相适应，否则可能会危及验电操作人员的人身安全或造成错误判断。

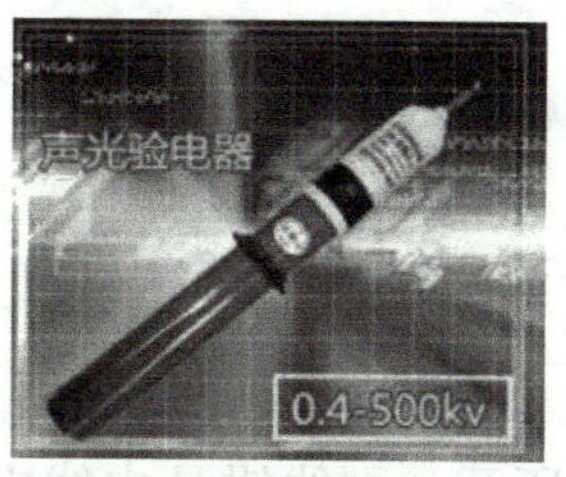

图 F-5　高压验电器

② 验电时操作人员应戴绝缘手套，手握在护环以下的手柄部分，身旁应有人监护。先在有电设备上进行检验，检验时应渐渐移近带电设备至发光或发声止，以验证验电器的性能完好。然后再在验电设备上检测，在验电器渐渐向设备移近过程中突然有发光或发声指示，即应停止验电。

③ 在室外使用高压验电器时，必须在气候良好的情况下进行，以确保验电人员的人身安全。

④ 测电时人体与带电体应保持足够的安全距离，10kV 以下的电压安全距离应为 0.7m 以上。验电器应每半年进行一次预防性试验。

（三）螺钉旋具

1. 结构

如图 F-6 所示，由金属杆头和绝缘柄组成，按金属杆头部形状，分成“一”字形、“十”字形、花形和多用螺钉旋具。

2. 功能

用来旋动头部带一字形、十字形、花形槽的螺钉。使用时，应按螺钉的规格选用合适的旋具刀口。任何“以大代小，以小代大”使用旋具均会损坏螺钉和电气元件。电工不可使用金属杆直通柄根的旋具，必须使用带有绝缘柄的。为了避免金属杆触及皮肤及邻近带电体，宜在金属杆上穿套绝缘管。

图 F-6　螺钉旋具样例图片

（四）尖嘴钳、斜口钳、剥线钳

1. 尖嘴钳

如图 F-7 所示，尖嘴钳因其头部尖细适用于在狭小的工作空间操作，可用来剪断较细小的导线；可用来夹持较小的螺钉、螺母、垫圈、导线等；可用来对单股导线整形（如平直、弯曲等）。

注意事项：使用尖嘴钳带电作业，应检查其绝缘是否良好，并在作业时金属部分不要触及人体或邻近的带电体。

2. 斜口钳

如图 F-8 所示，斜口钳专用于剪断各种电线、电缆。对粗细不同、硬度不同的材料，应选用大小合适的斜嘴钳。

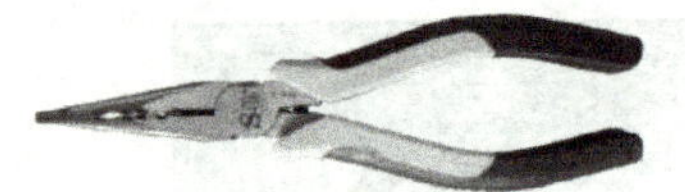

图 F-7　电工尖嘴钳样例图片

图 F-8　电工斜嘴钳样例图片

3. 剥线钳

如图 F-9 所示，剥线钳是内线电工、电机修理电工、仪器仪表电工常用的工具之一。剥线钳适用于直径 3mm 及以下的塑料或橡胶绝缘电线、电缆芯线的剥皮。

剥线钳使用的方法：将待剥皮的线头置于钳头的某相应刃口中，用手将两钳柄果断地一捏，随即松开，绝缘皮便与芯线脱开。

注意事项：选好刀刃孔径，当刀刃孔径选大时难以剥离绝缘层，若刀刃孔径选小时又会切断芯线，只有选择合适的孔径才能达到剥线钳的使用目的。

4. 压线钳

如图 F-10 所示，压线钳主要用于各种端子的压接。压力调整旋钮可调整张开钳口尺寸，方便各种端子使用将铜质裸压接线端头用冷压钳稳固地压接在多股导线或单股导线上。

图 F-9　电工剥线钳样例图片

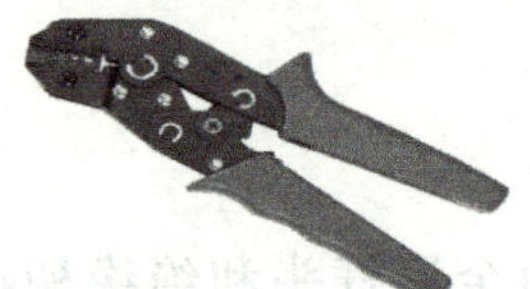

图 F-10　电工压线钳

注意事项：

（1）只有在证明不使用冷压端头比使用冷压端头更为可靠、更为有效时，才能不采用压接端头的形式。

（2）严禁用一个端头将两根二次线铆接在一起施工。

电气安装附件：

（一）线槽

如图 F-11 所示，线槽由锯齿形的塑料槽和盖组成，有宽、窄等多种规格，用于导线和电缆的走线，可以使柜内走线美观整齐。

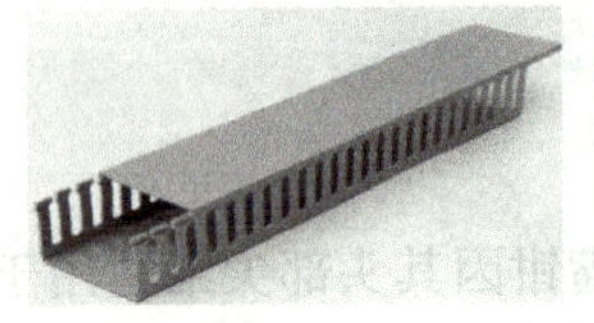

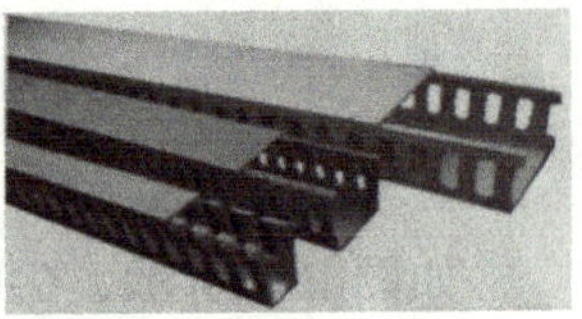

图 F-11　线槽

（二）扎线带和固定盘

尼龙扎线带可以把一束导线扎紧到一起，根据长短和粗细有多种型号，如图 F-12 所示。固定盘上有小孔，背面有黏胶，它可以粘到其他屏幕物体上，用来配扎线带。

（三）波纹管（缠绕管）

如图 F-13 所示，波纹管用于控制柜中裸露出来的导线部分的缠绕，或作为外套保护导线，一般由 PVC 软质塑料制成。

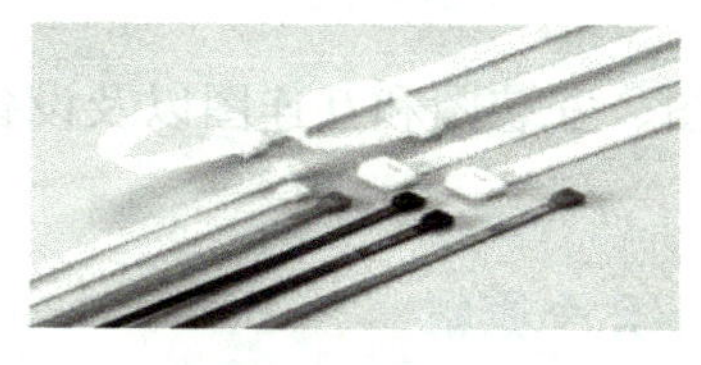

图 F-12　扎线带

图 F-13　波纹管

（四）号码管

如图 F-14 所示，空白号码管由 PVC 软质塑料制成，可用专门的打号机打印上各种需要的符号或选用已经打印好的号码管套在导线的接头端，用来标记导线，注意号码管上的号码要从左往右横着写。

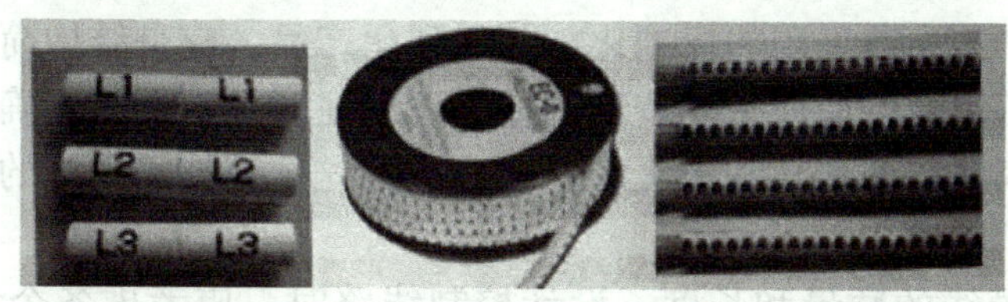

图 F-14　号码管

（五）接线插针、接线端子

接线插针俗称线鼻子，用来连接导线，并使导线方便、可靠地连接到端子排或接线座上，它有各种型号和规格，如图 F-15 所示。接线端子为两端分断的导线提供连接，接线插针可以方便地连接到它上面。现在新型的接线端子技术含量很高，接线更加方便快捷，导线直接可以连接到接线端子的插孔中。

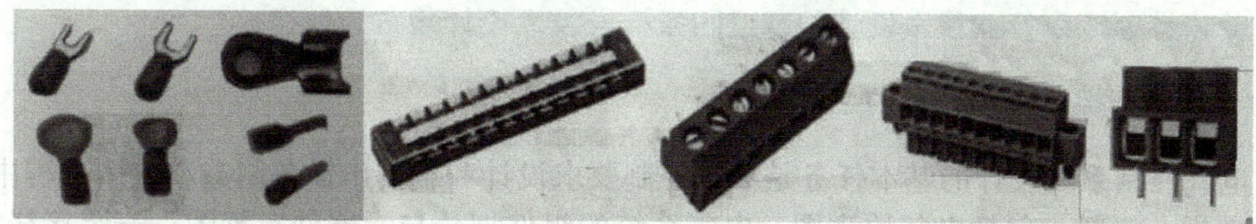

图 F-15　接线插针、接线端子

（六）安装导轨

如图 F-16 所示，用来安装各种有卡槽的元器件，用合金或铝材料制成。

五、电气控制电路的设计规则

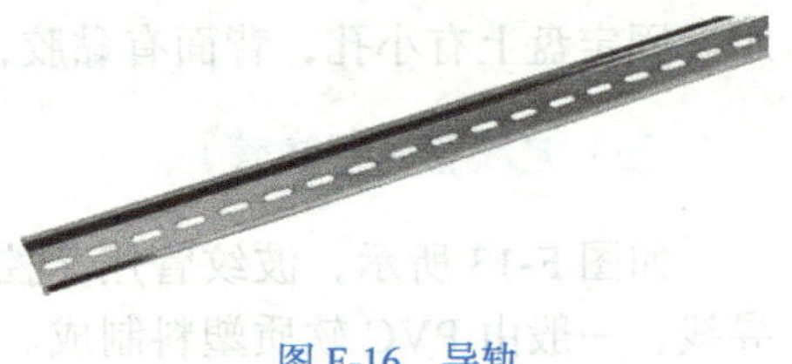

图 F-16　导轨

保证电气系统正常运行的首要条件是严谨而正确的设计，即总体设计方案和主要设备的选择正确、可靠、安全及稳定，无安全隐患。因此，电气控制系统的设计任务就是根据生产工艺的要求，设计出合理的、经济的电气控制线路，并编制出设备制造、安装和维修使用过程中必需的图样和资料，包括电气原理图、安装图和互连图以及设备清单和说明书等。

（一）在电气控制系统设计过程中，通常应遵循以下几个原则

1. 设计方案合理

设计的电气控制系统应能满足生产机械和生产工艺对电气控制系统的要求，具有安全、可靠、维护方便的特点。在满足控制要求的前提下，设计方案应力求简单、经济、便于操作和维修，不要盲目追求高指标和自动化。

2. 有工程实践观念

设计出的电气控制系统所采用的电气元件应为标准化、系列化的产品，不用或少用非标准化、非系列化产品。若采用非标准化、非系列化产品，应是结构简单、设计制造较容易的元件。此外，所用元件应便于安装和调整，还应注意经济性。正确、合理地选用电气元件，严禁使用国家已明令禁止和淘汰的产品，应优先选用技术先进的新产品，确保使用安全。

尽量缩短连接导线的数量和长度。设计控制线路时，应考虑各个元件之间的实际接线，特别注意控制柜、操作台和按钮、限位开关等元件之间的连接线，如按钮一般均安装在控制柜或操作台上，而接触器则安装在控制柜内。

3. 机械设计与电气设计应相互配合

一项电气控制系统的设计，应根据工程项目提出的技术要求、工艺要求，拟订总体技术方案，并与机械结构设计协调，才能开始进行设计工作。设计的先进性和实用性，是由机电设备的结构性能及其电气自动化程度共同决定的。

4. 确保控制系统安全可靠地工作

5. 设计时应以行业技术设计规范或国家标准技术设计规范为依据

（二）电气控制系统设计的主要内容

电气控制系统设计的基本任务是根据控制要求设计和编制出设备制造和使用过程中必需的图样、资料，包括电气原理图、电气系统的组件划分与元器件布置图、安装接线图、电气箱图、控制面板及电器元件安装底板、非标准紧固件加工图等，编制外购成件目录、单台材料消耗清单，设备说明书等资料。

任何生产机械电气控制装置的设计都包含两个基本方面：一个是满足生产机械和工艺的各种控制要求；另一个是满足电气控制装置本身的制造、使用以及维修的需要。因此，电气控制装置设计包括原理与工艺设计两个方面。

1. 原理设计内容

1）拟订电气设计任务书。

2）选择电力拖动方案与控制方式。

3）确定电动机的类型、容量、转速，并选择具体型号。

4）设计电气控制原理框图，确定各部分之间的关系，拟订各部分技术要求。

5）设计并绘制电气原理图，计算主要技术参数。

6）选择电气元件，制订元件目录清单。

7）编写设计说明书。

2. 工艺设计内容

工艺设计的主要目的是便于组织电气控制装置的制造，实现原理设计要求的各项技术指标，为设备的调试、维护、使用提供必要的图样资料。它包括：

1）根据设计的原理图及选定的电器元件，设计电气设备的总体配置，绘制电气控制系统的总装配图及总接线图。

2）按照原理框图或划分的组件，对总原理图进行编号，绘制各组件原理图，列出各部分的元件目录表，并根据总图编号设计各组件的进出线号。

3）根据组件原理电路及选定的元件目录表，设计组件装配图、接线图，图中应反映各电器元件的安装方式与接线方式。

4）根据组件装配要求，绘制电器安装板和非标准安装零件图样，标明技术要求。

5）设计电气箱。

6）根据总原理图、总装配图及各组件原理图等资料进行汇总，分别列出外购清单、标准件清单以及主要材料消耗定额。

7）编写使用说明书。

（三）电气控制系统设计的一般程序

1. 拟订设计任务书

简要说明所设计设备的型号、用途、工艺过程、动作要求，传动参数和工作条件，另外还应说明以下主要技术指标及要求：

1）控制精度和生产效率要求。

2）电气传动基本特性如运动部件数量、用途、动作顺序、负载特性、调速指标、起动和制动要求等。

3）自动化程度要求。

4）稳定性及抗干扰要求。

5）联锁条件及保护要求。

6）电源种类、电压等级、频率及容量要求。

7）目标成本与经费限额。

8）验收标准与验收方式。

9）其他要求，如设备布局、安装要求、操作台布置、照明、指示和报警方式等。

2. 选择拖动方案与控制方式

电力拖动方案是指根据零件加工精度、加工效率要求、生产机械的结构、运动部件的数量、运动要求、负载性质、调速要求以及投资额等条件去确定电动机的类型、数量、传动方式以及拟订电动机起动、运行、调速、转向、制动等控制要求，作为电气控制原理图设计及电气元件选择的依据。

（1）拖动方式的选择

电力拖动方式有单独拖动与分立拖动两种，单独拖动就是一台设备只由一台电动机拖动；分立拖动是通过机械传动链将动力传送到达每个工作机构，且一台设备由多台电动机分别驱动各个工作机构。电气传动发展的方向是电动机逐步接近工作结构，形成多电动机的拖动方式。如有些机床，除必需的内在联系外，主轴、刀架、工作台及其他辅助运动结构都分别用单独的电动机拖动。这样，不仅能缩短机械传动链，提高传动效率，便于自动化，而且也能使总体结构简化。因而在选择时应根据生产工艺及机械结构的具体情况决定电动机的数量。

（2）调速方案的选择

一般金属切削的主运动和进给运动以及要求具有快速平稳的动态性能和准确定位的设备，如龙门刨床、镗床等，都要求具有一定的调速范围，为此，可采用齿轮交速箱，液压调速装置、双速或多速电动机以及电气的无级调速传动方案。在选择调速方案时，可参考以下几点：

1）重型或大型设备主运动及进给运动，应尽可能采用无级调速。这有利于简化机械结构，缩小设备体积，降低设备制造成本。

2）精密机械设备，如坐标镗床、精密磨床、数控机床以及某些精密机械手，为了保证加工精度和动作的准确性，便于自动控制，也应采用电气无级调速方案。

3）一般中小型设备，如普通机床没有特殊要求时，可选用经济、简单、可靠的三相笼型异步电动机，配以适当级数的齿轮变速箱。为了简化结构，扩大调速范围，也可采用双速或多速的笼型异步电动机。在选用三相笼型异步电动机的额定转速时，应满足工艺条件的要求。

（3）起、制动方案的确定

机械设备主运动传动系统的起动转矩一般比较小，原则可采用任何一种起动方式。对于它的辅助运动，在起动时往往要克服较大的静转矩，必要时也可选用高起动转矩的电动机，或采用提高起动转矩的措施。另外，还要考虑电网容量。对电网容量不大而起动电流较大的电动机，一定要采用限制起动电流的措施，如串入电阻减压起动等，以免电网电压波动较大而造成事故。传动电动机是否需要制动，应视机电设备工作循环的长短而定。对于某些高速高效金属切削机床，宜采用电动机制动。如果对于制动的性能无特殊要求而电动机又需要反转时，为使线路简化则采用反接制动。在要求制动平稳、准确，即在制动过程中不容许有反转可能性时，则宜采用能耗制动方式。

电动机的频繁起动、反向或制动会使过渡过程中的损耗增加，导致电动机过载。因此必须限制电动机的起动、制动电流，或者在选择电动机的类型上加以考虑。

3. 选择电动机

电动机的选择包括电动机的种类、结构形式、额定转速和额定功率。

（1）根据生产机械的调速要求选择电动机的种类

感应电动机结构简单、价格便宜、维护工作量小，因此在感应电动机能满足生产需要的场合都宜采用感应电动机，仅在起动、制动和调速不满足要求时才选用直流电动机。近年来，随着电力电子及控制技术的发展，交流调速装置的性能和成本已能与直流调速装置相媲美，越来越多的直流调速应用领域被交流调速占领。在需要补偿电网功率因数及稳定工作时，应优先考虑采用同步电动机；在要求大的起动转矩和恒功率调速时，常选用直流串级电动机；对于要求调速范围大的场合，常采用机械与电气联合调速。

（2）根据工作环境选择电动机的结构模式

在正常环境条件下，一般采用防护式电动机；在人员及设备安全有保证的前提下，也可采用开启式电动机；在空气中存在较多粉尘的场所，宜采用封闭式电动机；在比较潮湿的场所，选用湿热带型电动机；在露天场所，宜选用户外型电动机；在高温车间，可以根据周围环境温度来选用相应绝缘等级的电动机；在爆炸危险及有腐蚀性气体的场所，应选用隔爆型及防腐型电动机。

（3）根据生产机械的功率负载和转矩负载来选择电动机的额定功率

首先根据生产机械的功率负载图和转矩负载图预选一台电动机，然后根据负载进行发热校验，用检验的结果修正预选的电动机，直到电动机容量得到充分利用（电动机的稳定温升接近其额定温升），最后再校验其过载能力与起动转矩是否满足拖动要求。

4. 选择控制方式

电气控制方案的选择对机械结构和总体方案非常重要，因此，必须使电气控制方案设计既能满足生产技术指标、可靠性和安全性的要求，又能提高经济效益。选择控制方案时应遵循的原则如下所述。

（1）控制方式应与设备通用化和专用化的程度相适应

一般的简易生产设备需要的控制元器件数很少，其工作程序往往是固定的，使用中一般不需经常改变原有程序，可采用有触点的继电器—接触器控制系统。虽然该控制系统在电路结构上是呈“固定式”的，但它能控制较大的功率，而且控制方法简单，价格便宜，目前仍广泛使用。对于要求较复杂的控制对象或者要求经常变换工作流程和加工对象的机械设备，可以采用可编程序控制器控制系统。

（2）控制方式随控制过程的复杂程度而变化

在自动生产线中，可根据控制要求和联锁条件的复杂程度不同，采用分散控制或集中控制的方案。但各台单机的控制方案和基本控制环节应尽量一致，以简化设计及制造过程。

（3）控制系统的工作方式，应在经济、安全的前提下，最大限度地满足工艺要求

此外，在电气控制方案中还应考虑：采用自动循环或半自动循环、手动调整、工序变更、系统的检测、各个运动之间的联锁、各种安全保护、故障诊断、信号指标、照明及人机关系等问题。

5. 电气控制原理线路图设计

电气控制原理图设计是在总体方案确定后，具体设计的核心内容。电气控制系统的各项性能指标、功能是通过电气控制原理图来实现的，同时它又是电气工艺设计和编制各种技术资料的依据。电气控制原理图设计完成后，就可选择所需电气元件、编制元器件目录清单。

当机械设备的电力拖动方案和控制方案已经确定后，就可以进行电气控制线路的设计。电气控制线路的设计是电力拖动方案和控制方案的具体化，一般在设计时应该遵循以

下原则：

（1）最大限度地实现生产机械和工艺对电气控制线路的要求

（2）控制线路是为整个设备和工艺过程服务的。因此，在设计之前，要调查清楚生产要求，对机械设备的工作性能、结构特点和实际加工情况要有充分的了解。电气设计人员深入现场对同类产品进行调查，收集资料，加以分析和综合，并在此基础上考虑控制方式，起动、反向、制动及调速的要求，设置各种联锁及保护装置，最大限度地实现生产机械和工艺对电气控制线路的要求。

（3）在满足生产要求的前提下，力求使控制线路简单、经济，并保证控制线路工作的可靠性和安全性。

6. 设计电气施工图

工程项目的电气原理图设计完成后，很重要的一步是进行电气施工图设计，这是具体实现设计目标的重要步骤。包括总装配图、部件装配图、箱柜配线工艺图、箱柜安装图、现场布线图和电缆走线施工图、电缆桥架施工图等，并以此为根据编制各种材料定额清单。

7. 电气工艺设计

为了满足电气控制设备的制造和使用要求，必须进行合理的电气工艺设计。电气工艺设计主要包括控制箱（柜）控制屏和控制台、布线等设计。基本要求是，柜、屏、台和设备的机械结构（包括造型、色彩、布局等）先进合理，符合人体工程学要求。

所用的材料应环保，无公害。有些机柜和机箱结构不仅要求防尘、防水、防腐蚀，还要求具有对高温、低温、潮湿、冲击、太阳辐射、工业大气、电磁屏蔽、抗破坏等特殊环境的防护。

8. 编写设计说明书

设计说明书应包括对设计的文字叙述、设计计算和必要的简图，以及有关计算结果和简短结论。

六、电气控制电路的设计方法

（一）电气控制线路设计的基本方法

1. 经验设计法

经验设计法就是根据生产工艺要求直接设计出控制线路。在具体的设计过程中常有两种做法：一种是根据生产机械的工艺要求，适当选用现有的典型环节，将它们有机地组合起来，综合成所需要的控制线路；另一种是根据工艺要求自行设计，随时增加所需的电气元件和触点，以满足给定的工作条件。

（1）经验设计法的基本步骤

一般的生产机械电气控制电路设计包括主电路和辅助电路等的设计。

1）主电路设计：主要考虑电动机的起动、点动、正反转、制动及多速电动机的调速，另外还考虑短路、过载、欠电压等各种保护环节以及连锁、照明和信号等环节。

2）辅助电路设计：主要考虑如何满足电动机的各种运转功能及生产工艺要求。设计步骤是根据生产机械对电气控制线路的要求，首先设计出各个独立环节的控制电路，然后根据各个控制环节之间的相互制约关系，进一步拟定连锁控制电路等辅助电路的设计，最后考虑根据线路的简单、经济和安全、可靠原则，修改线路。

3）反复审核电路是否满足设计原则：在条件允许的情况下，进行模拟试验，逐步完善整个电气控制电路的设计直至电路动作准确无误。

（2）经验设计法的特点

1）易于掌握，使用很广，但一般不易获得最佳设计方案。

2）要求设计者具有一定的实践经验，在设计过程中往往会因考虑不周发生差错，影响电路的可靠性。

3）当线路达不到要求时，多用增加触点或电器数量的方法来加以解决，所以设计出的线路常常不是最简单经济的。

4）需要反复修改草图，一般需要进行模拟试验，设计速度慢。

2. 逻辑分析设计法

逻辑分析设计法是根据生产工艺的要求，利用逻辑代数来分析、化简、设计线路的方法。这种设计方法是将控制线路中的继电器、接触器线圈的通、断，触点的断开、闭合等看成逻辑变量，并根据控制要求将它们之间的关系用逻辑函数关系式来表达，然后运用逻辑函数基本公式和运算规律进行简化，根据最简式画出相应的电路结构图，最后作进一步的检查和完善，即能获得需要的控制线路。逻辑分析设计法较为科学，能够用必需的最少的中间记忆元件（中间继电器）实现一个自动控制线路，以达到使逻辑电路最简单的目的，设计的线路比较简单、合理。但是当设计的控制系统比较复杂时，这种方法就显得十分烦琐，工作量也大。

因此，如果将一个较大的、功能较为复杂的控制系统分成若干个互相联系的控制单元，用逻辑分析设计方法先完成每个单元控制线路的设计，然后用经验设计方法把这些单元电路组合起来，各取所长，也是一种简捷的设计方法。

为保证电气控制线路逻辑关系的一致性，特作以下规定：

1）接触器、继电器、电磁阀等元件的线圈，得电状态为“1”，失电状态为“0”；

2）各电气元件的触点，闭合状态为“1”，断开状态为“0”；

3）接触器、继电器的线圈和触点用同一字符标示；

4）动合触点用原变量形式表示，动断触点用反变量形式表示。

逻辑分析设计方法的一般步骤如下：

1）将电气控制系统的工作过程及控制要求用文字的形式叙述出来，或以图形的方式示意清楚；

2）根据电气控制系统的工作过程及控制要求绘制逻辑关系图；

3）写出各运算元件和执行元件的逻辑表达式；

4）根据各运算元件和执行元件的逻辑表达式绘制电气控制线路图；

5）检查并进一步完善设计线路。

（二）电路设计需要注意的问题

设计的电气控制电路要既简单又能保证工作的安全和可靠，在设计时要注意以下问题：

1. 控制线路力求简单、经济

1）尽量选用标准的、常用的或经过实际考验的典型环节和基本控制线路。

2）尽量减少电气元件品种、规格和数量，尽可能选用价廉物美的新型元件和标准件，同一用途尽量选用相同型号的电气元件。

3）尽量减少不必要的触点以简化电路，降低故障机率，提高可靠性。

① 合并同类触点：如图 F-17 所示，在获得相同功能情况下，图 F-17b 比图 F-17a 少用了一对触点，但要注意触点容量要大于两个线圈电流之和。

② 在弱电直流电路中利用半导体二极管的单向导电性有效减少触点数量，如图 F-18b 这样做既经济又可靠。

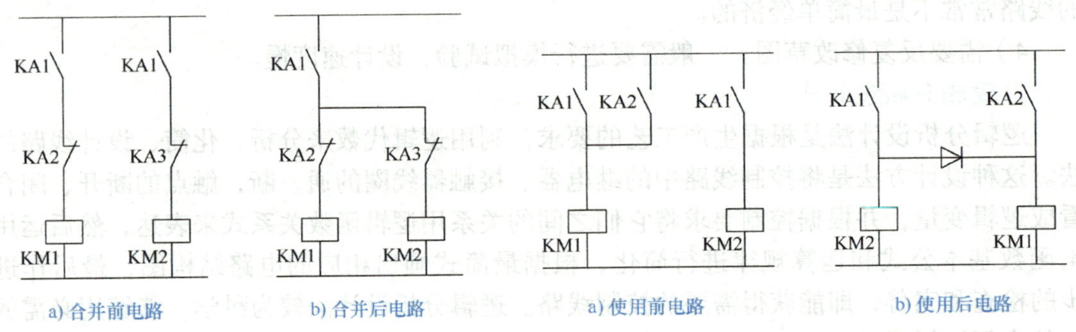

图 F-17　合并同类触点电路示意图　　图 F-18　减少触点电路示意图

③ 设计完成后，利用逻辑代数对电路进行化简，得到最简化的线路。

4）尽量缩短连接导线的数量和长度。设计控制线路时，应合理安排各电器的位置，尽可能合理安排电器柜、操作台、限位开关、按钮等设备之间的连线。如图 F-19 所示，虽然原理上图 F-19a 和 b 两图相同，但由于按钮安装在操作台上，而接触器安装在控制柜内，图 F-19a 从控制柜到操作台要引 4 根导线，而图 F-19b 由于起动按钮和停止按钮相连，保证了两个按钮之间导线最短，且从控制柜到操作台只要 3 根导线。

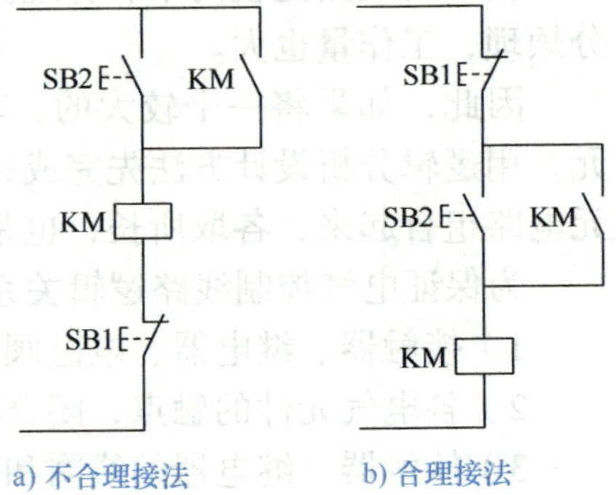

图 F-19　简化导线数量电路示意图

5）尽量减少电器不必要的通电时间。使电气元件只在必要时通电，不必要时尽量不通电。既可节约电能，又可延长电器的工作寿命。图 F-20 是以时间原则的电动机减压起动线路图，图 F-20a 中接触器 KM2 得电后，接触器 KM1 和时间继电器 KT 就失去了作用，不必继续通电，但仍处于带电状态。图 F-20b 合理，KM2 得电后，切断了 KM1 和 KT 的电源。

2. 保证电气控制电路工作的可靠性

1）选用的电气元件要可靠、牢固、动作时间短、抗干扰性能好。

2）电气元件的线圈应正确进行连接。在交流控制电路中，必须按照电气元件的额定电压对线圈进行供电，即使外加电压是两个线圈额定电压之和，也不允许两个线圈串联使用。如图 F-21 所示，由于两个电器动作有先后，不可能同时吸合，先吸合者电压降显著增加远大于额定值，造成烧毁线圈。后吸合者线圈电压达不到动作电压，触点不能动作。因此，若两个电器同时动作，其线圈应当并联。

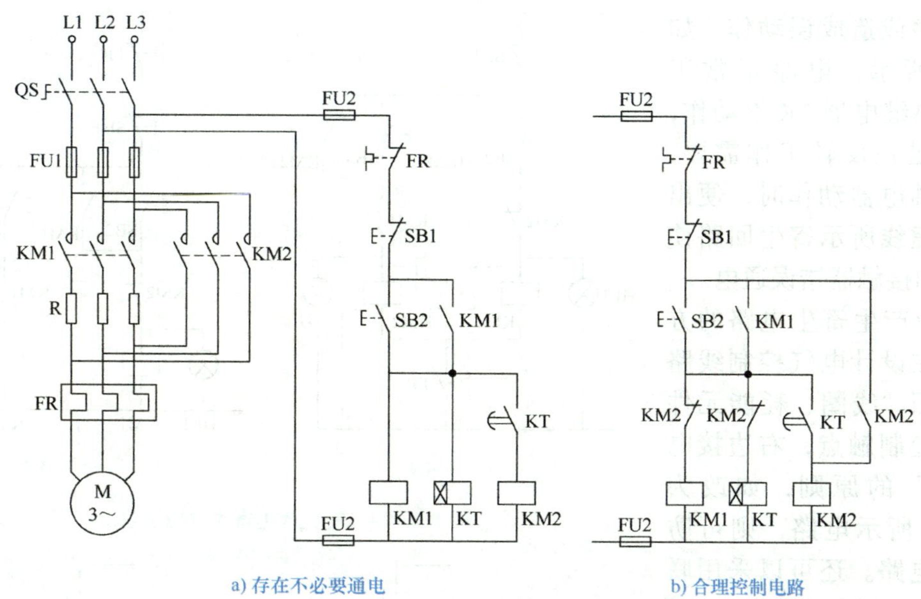

a) 存在不必要通电　　b) 合理控制电路

图 F-20　减少电器不必要通电时间电路示意图

3）正确连接电气元件的触点。同一电气元件的常开和常闭触点靠得很近，若分别接在电源不同的相上，由于各相电位不等，当触点断开时，会产生电弧形成短路，称为飞弧现象。如图 F-22a 所示，若将其改接为如图 F-22b 所示，由于 SQ1 两个触点间的电位相同，就不会产生飞弧，且可减少导线的数量。

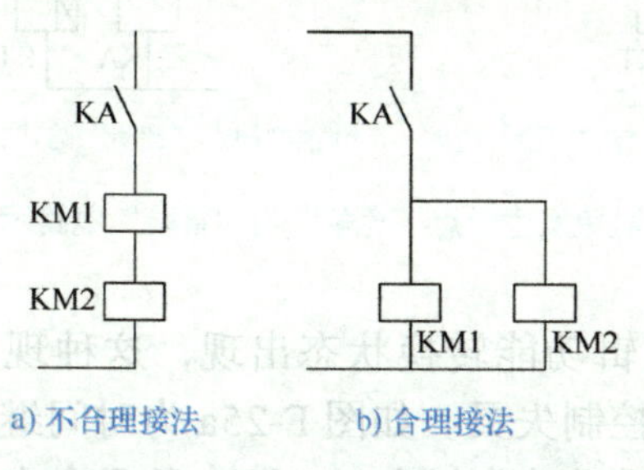

a) 不合理接法　　b) 合理接法

图 F-21　正确连接线圈电路示意图

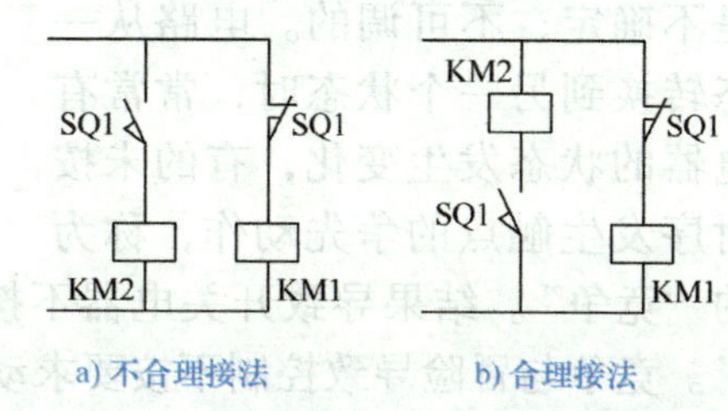

a) 不合理接法　　b) 合理接法

图 F-22　正确连接电气元件触点电路示意图

另外应尽量避免多个元件触点依次动作才能接通某线圈，以增加可靠性。如图 F-23 所示。

4）在控制线路中，采用小容量继电器的触点来接通或断开大容量接触器线圈时，要计算接点容量是否足够，不够时必须加中间继电器或小型接触器转换，以免造成工作不可靠。

5）防止产生寄生电路。在电气控制线路的动作过程中，意外接通的电路称为寄生电路。寄生电路将破坏电气元件和控制线路的

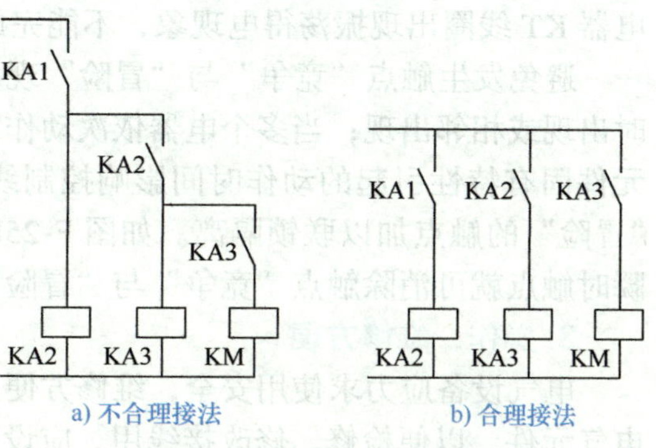

a) 不合理接法　　b) 合理接法

图 F-23　防止产生寄生电路示意图

工作顺序或造成误动作。如图 F-24 所示，电路正常工作时，热继电器 FR 不动作，能够满足正反转工作需要，但当热继电器动作时，便出现图中虚线所示寄生回路使信号灯和接触器错误通电。

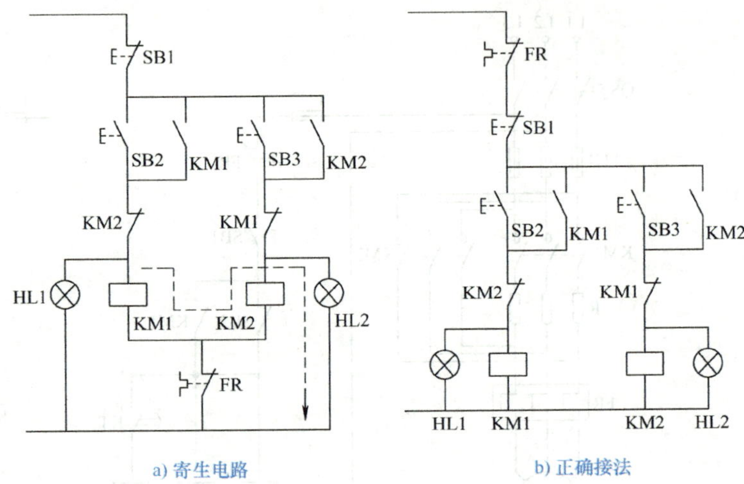

a) 寄生电路　b) 正确接法

图 F-24　避免产生寄生电路示意图

避免产生寄生电路的方法是：在设计电气控制线路时，按照“线圈、耗能元件左边接控制触点，右边接电源零线”的原则，如改为图 F-24b 所示电路，则可防止寄生电路。还可以采用联锁接点进行隔离消除寄生电路。

6）避免发生触点“竞争”与“冒险”现象。通常分析控制电路电器的动作及触点的接通或断开，都是指静态分析的逻辑关系，而未考虑电器的动作时间。电磁线圈的通断过程固有时间一般为几十毫秒到几百毫秒，其时间是不确定、不可调的。电路从一个状态转换到另一个状态时，常常有几个电器的状态发生变化，有的未按预定时序发生触点的争先动作，称为触点的“竞争”。结果导致开关电器不按要求的逻辑功能转换状态出现，这种现象称为“冒险”。竞争与冒险导致控制不按要求动作，引起控制失灵。如图 F-25a 为时间继电器组成的反身关断电路。当 SB2 按下，KT 线圈得电，瞬时动作触点 KT 经 t_1 秒吸合自锁，经延时 t_S 秒常闭接点延时断开线圈回路实现反身关断并解除自锁。若出现 $t_S<t_1$，则时间继电器 KT 线圈出现振荡得电现象，不能完成反身关断。

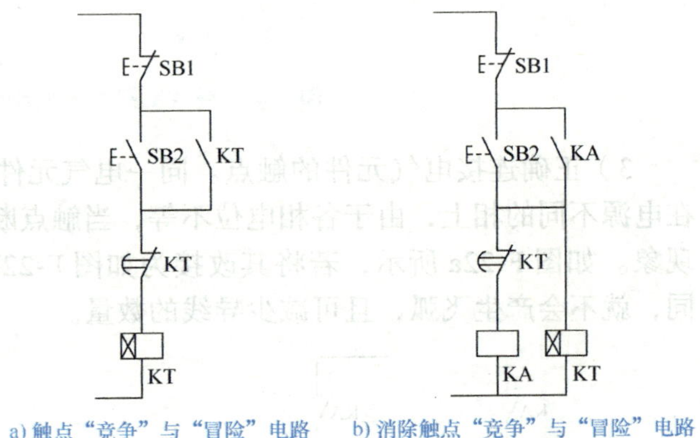

a) 触点“竞争”与“冒险”电路　b) 消除触点“竞争”与“冒险”电路

图 F-25　避免发生触点“竞争”与“冒险”电路示意图

避免发生触点“竞争”与“冒险”现象的方法是尽量避免相互矛盾逻辑关系的触点同时出现或相邻出现；当多个电器依次动作才接通另一个电器的控制线路时，要防止因电气元件固有特性引起的动作时间影响控制线路的动作程序。应将可能产生触点“竞争”与“冒险”的触点加以联锁隔离。如图 F-25b 所示，采用中间继电器 KA 代替时间继电器的瞬时触点就可消除触点“竞争”与“冒险”现象。

3. 操作、维修方便

电气设备应力求使用安全，维修方便。电气元件应留有备用触点，必要时应留有备用电气元件，以便检修、修改接线用。应设置电气隔离，避免带电检修。控制结构应操作简单，能迅速、方便实现控制方式的切换，如自动控制和手动控制的切换。